水循环中的氢氧同位素：原理和应用

袁瑞强　郭丝雨　李志斌 ◎ 编 著

西南交通大学出版社
·成 都·

内容简介

天然同位素已经在水文研究中得到广泛应用。截至目前，氢和氧元素是同位素水文学研究中应用最广泛的同位素，在水文循环研究中发挥了至关重要的作用。本书聚焦于氢氧稳定同位素的理论和方法，系统地总结了其在水文循环方面的理论研究成果和部分应用实例。内容编排上，本书以主要水文过程和水文循环组分为大纲，从理论、方法、实例三个方面逐步展开。本书的编写秉持简洁明了、短小精干和理论结合实践的编写原则。本书可作为地理、环境学科，特别是水文专业的本科生和研究生的教学用书，以及从事相关研究的技术人员的参考书。建议学习过"水文学"等相关课程的学生使用本书。希望本书有助于进一步地推广同位素水文学方法，促进将同位素水文学纳入水科学的教学体系，并在推动相关研究深入发展方面发挥作用。

图书在版编目（CIP）数据

水循环中的氢氧同位素：原理和应用 / 袁瑞强，郭丝雨，李志斌编著. -- 成都：西南交通大学出版社，2024. 8. -- ISBN 978-7-5774-0074-7

Ⅰ. P339

中国国家版本馆 CIP 数据核字第 20243YH558 号

Shuixunhuan Zhong de Qingyang Tongweisu：Yuanli he Yingyong
水循环中的氢氧同位素：原理和应用

袁瑞强　郭丝雨　李志斌 / 编　著

策划编辑 / 牛　君
责任编辑 / 牛　君
封面设计 / 墨创文化

西南交通大学出版社出版发行
（四川省成都市金牛区二环路北一段 111 号西南交通大学创新大厦 21 楼　610031）
营销部电话：028-87600564　028-87600533
网址：http://www.xnjdcbs.com
印刷：四川森林印务有限责任公司

成品尺寸　185 mm×260 mm
印张　14.75　　插页　4　　字数　381 千
版次　2024 年 8 月第 1 版　　印次　2024 年 8 月第 1 次

书号　ISBN 978-7-5774-0074-7
定价　45.00 元

课件咨询电话：028-87600533

前 言
preface

　　同位素水文学是利用同位素技术研究水文学问题的学科，是水文学和核物理学之间的一个交叉学科（庞忠和，2022）。分馏和衰变是同位素水文学可以利用的两个基本的核物理学原理。同位素水文研究通过使用稳定和放射性同位素及核技术研究水圈水的起源、存在、分布、运动和循环，以及与其他地球圈层间的相互作用（顾慰祖等，2011），评估各种水体的年龄、水污染来源以及生态水文过程。同位素水文信息是可以用于检验和标定模型的独立信息，且往往是定量化的信息。

　　20 世纪 30 年代，欧洲和日本进行了最早的同位素丰度测量（Rankama，1954）。然而，同位素水文学是在第二次世界大战后诞生的。一方面在放射性核素沉降物（特别是氚）的环境监测中积累了经验，在地质学中开始使用放射性同位素作为年代测定工具；另一方面在同位素分馏方面获得了理论知识。两方面共同奠定了同位素水文学产生的基础。20 世纪 50 年代末，法国、德意志联邦共和国、以色列、日本、美国和英国开始在与水资源有关的研究中使用放射性同位素，促使成立之初的国际原子能机构（IAEA）于 1958 年进入这一领域（*History of the IAEA，the first 40 years*）。之后，IAEA 在提供必要的分析设施和国际公认的参考标准，协调区域和世界范围的监测活动，训练发展中国家的人员，以及通过组织国际会议和讲习班等方面发挥了这一领域的交流中心的作用。

　　20 世纪 50 年代到 60 年代初，同位素水文学的发展主要体现在利用从核工业获得的短寿命放射性同位素作为地下水和地表径流的示踪剂，以获得系统的局部参数，如混合特性、停留时间、贮水系数、孔隙率和导水率。这项同位素水文技术受到了水文学家的广泛欢迎，并在世界各地得到了广泛应用。但是，放射性物质进入供水系统越来越难以获得许可，而且投加和使用这些物质的时间和空间范围有限，最终导致人工示踪剂的使用逐渐减少。取而代之的是天然或人为来源的所谓"环境同位素"。

　　环境同位素中第一个引起关注的是氚。氚是氢的放射性同位素，半衰期约为 12.4 年，它不仅由衍生宇宙射线在大气中自然产生，而且也由热核爆炸大量生成。大气热核试验生成的氚无意中启动了整个水文循环史上最大的追踪实验。大气中过量氚的引入及其在地表水和地下水中混合，为水文系统动力学的研究提供了前所未有的机会。

监测核爆炸产生的放射性沉降物一直是 IAEA 的一项重要任务。因此，IAEA 同位素水文部门开始负责测量环境中的氚含量，由此开始了全球降水同位素网络（GNIP）观测任务。此外，还在具有代表性的不同气候区的选定地点开展了一项密集测量河流、湖泊和地下水中氚的任务，提供了关于水循环动态方面的宝贵信息。由于热核大气试验产生的热核氚的信号现在基本上已经从大气中消失了，这种表征现代地下水存在的理想工具逐渐变得不可使用。观测项目最初是氚，但随后很快扩展到氢氧稳定同位素。随着降水的稳定同位素组成依赖于气候参数和大气环流模式的发现，变化的降水同位素组成可以成为气候变化的敏感监测指标得到广泛的论证。使用代用材料（冰芯、湖泊沉积物、树木年轮等）进行古气候研究依赖于这些材料中降水的稳定同位素记录。这使得同位素水文学在气候研究中发挥了重要作用。

新的分析方法和分析仪器，以及全球同位素数据的可用性正在稳步取得进展。环境同位素分析中越来越多地使用加速器质谱计（AMS），使得分析小样本地下水中的碳 14 更加容易，从而更广泛地使用碳 14 方法来研究地下水动力过程。另外，激光光谱法测定同位素组成的方法和仪器趋于成熟，其凭借低成本、易维护的优势，推动了同位素水文技术在更加广阔的范围内得到应用。同时，激光光谱法推动了全球范围内对大气水汽同位素的测量，将进一步扩大同位素水文技术在大气环流模式和气候变化研究中的应用。

同位素水文学本身是一门公认的水文科学学科。学术期刊上发表的越来越多的论文表明同位素水文方法和技术已经得到了普遍的应用。毫无疑问，核技术在解决水文问题方面非常有用。核科学家和水文学家之间密切合作，越来越多的同位素被成功地应用于解决水文学问题。这些同位素包括 ^{11}B、^{13}C、^{15}N、^{17}O、^{32}Si、^{34}S、^{36}Cl、^{39}AR、^{81}Kr、^{85}Kr、$^{87}Sr/^{86}Sr$、^{222}Rn、^{224}Ra、^{226}Ra、$^{234}U/^{238}U$ 等。

同位素水文学的发展和应用使得科学工作者对水文学的研究从传统的分子层面深入更微观的原子核层面。同位素水文方法在一定程度上突破了传统水文学测量方法的局限性，扩展了水文学研究的理论和方法。自 20 世纪 70 年代开始，我国开展了同位素水文学研究，取得了令人瞩目的成果。当前，越来越多的水文学者开始关注同位素示踪方法在水文领域的应用，直接或间接地推动了同位素水文学向前发展，但现阶段与同位素方法相关的研究仍存在一些不容忽视的问题。由于存在多解性，在实际研究中往往不能单独使用同位素数据得到可靠的结论。部分研究者同位素基础理论准备不足，既不重视对试验过程的推敲，也不重视对同位素数据多解性问题的探讨，得出很多似是而非的结论（汪集旸等，2015）。

2011 年顾慰祖主编，众多学者通力合作编著的《同位素水文学》出版。这部著作包括 26 章，6 部分的内容，总字数达 170 万，是我国同位素水文研究领域的一部鸿篇巨制。这部著作系统地论述了同位素水文学的原理和应用，讨论了从降水到地面和地下各种水体的同位素特征，同位素和核方法在水资源、水环境、水文基础、土壤侵蚀及地震等领域的应用，以及水中同位素的测定方法和采样方法等，是一部集大成的著作。回溯同位素水文学发展历史，亦不乏优秀著作，如丁悌平的《氢氧同位素地球化学》（1980），张人权的《同位素方法在水文地质学中的应用》（1983），刘存富和王恒纯的《环境同位素水文地质学基础》（1984），张之淦的《环境同位素水文地质概论》（1984），沈照理等的《水文地球化学基础》（1986，1993），沈渭洲的《稳定同位素地质》（1987），尹观的《同位素水文地球化学》（1988），王恒纯主编的《同位素水文地质概论》（1991）等。这些优秀著作为推动我国同位素水文学发展发挥了巨大的作用。

氢元素和氧元素构成水分子本身，水的氢氧稳定同位素参与了完整的水文循环过程，且与放射性同位素 ^3H 相比，氢氧稳定同位素可在更长的时间尺度上保存水文过程的信息。因此，氢氧稳定同位素是研究水文循环最重要、最基本、最普遍的同位素。氢氧稳定同位素已被应用于水循环研究 60 多年。在过去的 20 年中，新的数据和定量方法支持了同位素数据在解决大尺度水循环问题方面的应用。本书聚焦水循环的主要过程中氢氧稳定同位素丰度的变化，整理汇编了相关研究的理论、方法和案例，强调打通"理论-方法-案例"，使理论紧密连接实践。本书的特点是内容聚焦、短小精悍、注重细节、实践性强，体现了相关研究的新进展。

全书共八章，系统地总结了氢氧稳定同位素技术在水文循环方面的理论研究成果和部分应用实例。第一章介绍了水循环和水同位素的基本概念。第二章和第三章分别介绍了蒸发、凝结和凝华等水文过程，以及水同位素技术在上述水文过程研究中应用的理论、方法和实例。第四章到第八章分别介绍了水同位素技术在大气水汽、降水、地表水、地下水和冰川等水循环组分的不同研究中应用的原理、方法和实例等。本书编写分工如下：袁瑞强编写了第一章到第四章，郭丝雨编写了第五章和第八章，李志斌编写了第六章和第七章。袁瑞强完成了书稿的内容设计、组织和统稿，并指导了郭丝雨和李志斌的写作。

本书编写过程中参考引用了大量的文献和图件、数据等，其中绝大部分在文中注明，并在书后参考文献中列出，在此向这些文献的作者表示衷心感谢。山西大学环资学院研究生李泽君、李菲、贾雨琳和段政宇参与了部分图件绘制和文稿校对工作，在此表示诚挚的谢意。

作者在书稿的写作过程中虽然不断地讨论、修改，但是由于多方面的因素限制，书中仍有许多不足与遗憾之处，有待日后改进，真诚地请读者谅解并指正。

2023 年 6 月于山西大学

目 录
contents

第一章　水循环与水同位素

第一节　地球上的水循环

一、水的起源和分布

地球孕育了丰富多彩的生命，是一颗生机勃勃的星球。这使得地球在茫茫无边的宇宙中十分特别。这颗神奇的蓝色星球的奥秘在于拥有充沛的水，更重要的是地球上的水可以同时以固、液、气三态共存。在太阳辐射和地球重力的共同驱动下，地球上的水以三种物理状态的不断转化而运动起来，通过蒸发、水汽输送、凝结、降水、入渗、径流等水文过程彼此连接形成了地球表层系统内的水循环，称之为水文循环。地球上的水文循环通过水通量、能量通量和地球化学通量串联起地球表层的生物圈、大气圈和岩石圈。此外，地球上广泛分布的矿物内部还可能存在水，比如结晶水。它们随着地球板块生消的循环运动进入地球表层系统的水循环过程内，或者从地球表层系统进入岩石圈，完成了水的地质循环。水的地质循环是水合成与分解的过程，具体包括：① 沉积物被埋藏后，经受上覆沉积物的挤压而失水，一部分水返回沉积盆地，在沉积物转变为沉积岩的过程（成岩-后生作用）中保留下来的水的成分在生物化学作用、阳离子交替吸附作用等过程中也发生了一系列的变化。② 在地壳较深处，构造、岩浆活动强烈区，沉积岩发生重结晶并释出水，即在生成变质岩的同时形成了变质成因水。③ 在下地壳、上地幔较高的温压条件下，变质岩重熔而吸水，形成熔融态岩浆。水的存在十分有利于岩浆的形成。④ 这些熔融的岩浆上侵到沉积盆地，岩石脱水、重结晶而释水，同时在岩浆上侵、就位过程中，也会混入或吸收一些沉积成因水；⑤ 在变质过程中，一部分水进入地幔，而在形成岩浆过程中，地幔物质初生水也可被岩石吸收（《中国大百科全书》第三版网络版）。水地质循环促进了地球深部与浅部物质和能量的传输和转化，拓展了水循环的作用范围。水文循环与水地质循环构成了地球上完整的水循环。本书讨论的范畴是地球上的水文循环。

地球上循环运动的水是从哪里来的呢？现有理论认为，宇宙诞生于大爆炸，随即产生不断膨胀的空间和时间。随着宇宙空间不断膨胀和冷却，产生了各种各样的元素。地球诞生于太阳附近的星云物质。人们普遍认为，水圈中的大部分水来自地球存在的近 46 亿年期间火山爆发和熔岩（玄武岩）表面的脱气过程。这一过程的产量估计约为 $1 \text{ km}^3/\text{a}$。然而，众所周知，地球也暴露在与包括冰彗星在内的宇宙物质的碰撞中。现已发现其他行星的一些卫星和许多彗星几乎完全由冰组成，一个著名的例子是哈雷彗星。粗略估计太阳系中水的总质量是地球上海洋中水的总质量的 10 万倍（Kotwicki，1991）。最新的研究表明，新生的地球不断地吸积周边的星子。这些物质中，尤其是地球后期吸积的星子中包含的水分可能是地球上现有水的重要来源（Newcombe et al.，2023）。

据估计，地球上所含水的总量约为其体积的 0.4%，足以形成一个直径约 2 500 km、体积为 8.2×10^9 km³ 的冰球。这些水大部分以化学和物理形式结合在地壳和地幔内的岩石和矿物中。形成水圈的游离水量估计为 1 386 000 000 km³，占地球上总水量的 17%，其中超过 97% 以咸水的形式储存在海洋中。淡水占水圈中游离水量的 3%，形成于盐水蒸发和随后的冷凝过程。超过 68% 的淡水封存在南极洲和格陵兰岛的陆地冰盖和陆地上的山岳冰川中。剩下 30% 的淡水在地下。地表的淡水资源，如江河和湖泊等，只占有 93 100 km³ 的淡水，占全部水量的 1/15 000（图 1-1）。

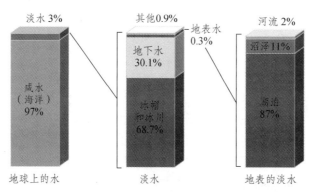

图 1-1   全球的水分布（修改自 USGS 网站）

表 1-1 给出了全球各水体中淡水的估计数量和不同水体的周转时间。其中一些数字有相当大的不确定性，特别是对于较深的地下水。对冰量的估计也有很大差异，从 22 000 km³ 到 43 000 km³ 不等。积极参与水文循环的淡水储量大多分布在地面下几公里内。更深处的水的状态尚不清楚，但大多数水可能由于不透水层的存在而与水文循环隔离，只在地质时间尺度上参与其中。此外，这些水大部分是含盐的，是在沉积物沉积过程中被困住的水（主要是海水）。部分水是成岩作用改变的大气水（即来自大气）或年轻的岩浆水。在俄罗斯北部科拉半岛（Kola Peninsula）深达 12 km 的超深钻孔中，仍能遇到温度为 200 ℃ 的热盐水。这种矿化水通常在与（过去）火山活动或深部断裂有关的热矿泉中到达地表。深度较浅的另一部分地下水可以被归类为"化石水"。它们通常是在不同于目前的条件下形成的，且与活跃水循环隔离开来（要么是由于不透水层的隔离，要么是由于像干旱地区那样缺乏补给）。撒哈拉沙漠和阿拉伯半岛地下有一个赋存于砂岩和石灰岩中的巨大的地下水库（超过 1.0×10^5 km³），局部厚度达 3 000 m。这些水可以追溯到距今 10 000～40 000 年，在末次冰期的雨期得到补给。目前这些水仍然在压力下自流到达地表，构成支持绿洲的水源。虽然这些水没有积极参与水文循环，但它排出的水仍进入活跃的水文循环，增加了海洋水体的水量。无论是自然排泄还是人工开采造成地球上"化石水"储量枯竭，都会使平均海平面上升几分米。

表 1-1   不同水体的体积和占比

水源	水量/km³	淡水的百分比/%	总水量的百分比/%	更新时间/年
大洋、大海和海湾	1 338 000 000	—	96.5	3 000
冰盖、冰川和永久积雪	24 064 000	68.7	1.74	12 000

水源	水量/km³	淡水的百分比/%	总水量的百分比/%	更新时间/年
地下水	23 400 000	—	1.7	500
淡水	10 530 000	30.1	0.76	
咸水	12 870 000	—	0.94	
土壤水	16 500	0.05	0.001	0.8
地下冰和永久冻结带	300 000	0.86	0.022	
湖泊	176 400	—	0.013	
淡水湖	91 000	0.26	0.007	
咸水湖	85 400	—	0.006	
大气水	12 900	0.04	0.001	0.03
沼泽水	11 470	0.03	0.000 8	
河流	2 120	0.006	0.000 2	0.05
生物水	1 120	0.003	0.000 1	
总计	1 386 000 000	—	100	

资料来源：GLEICK P H. 天气气候百科全书[M]. 纽约：水资源，哈佛大学出版社，1996。

二、水文循环过程

水文循环描述地球上不同地方的水储量以及水的运动。地球上的水可以是液态、固态或气态的，储存在大气中、地球表面或地下。水在不同的储存介质之间流动，可能是自然流动，也可能因为人类活动的作用而流动，最终影响水的储存位置以及水质情况。基本的水文循环过程包括蒸发、降水、大气环流输送和径流等（图 1-2）。

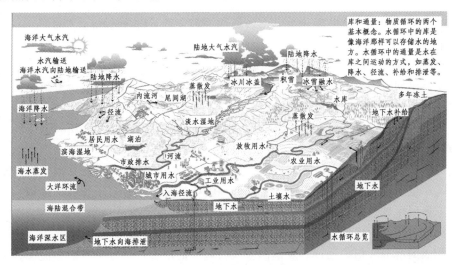

图 1-2　水循环示意图

图片来自 USGS，2022 年发布。

当蒸发表面和大气之间存在水气压梯度时可以发生蒸发。此外，蒸发还需要吸收能量将液态水转化为水蒸气（2.44×10^3 J/g，15 ℃）。通常这种能量来自太阳辐射。然而对于海洋来说，蒸发潜热很大一部分是从水本身储存的热量中提取出来的。因此海水蒸发受到暖流和寒流的影响，其空间分布并不严格符合太阳入射辐射分布的纬度模式。特别地，当相对冷干的空气吹过温暖的洋流时，温暖的水面和干燥的空气之间的高蒸气压梯度加速了向上的蒸汽输送，能量将主要从水中提取。这种特殊情况普遍存在于西太平洋和西大西洋。

控制蒸发的因素主要包括饱和水气压差，即空气的蒸气压与蒸发表面温度下的饱和蒸气压之间的差，和水汽传输速率。薄边界层内水汽的上升运动是通过分子扩散进行的。在薄边界层之上，与风速有关的空气湍流转移和移除水蒸气。因此，蒸发很大程度上取决于决定饱和蒸气压的温度，以及与风速和表面粗糙度有关的空气湍流交换。从广阔的水面（如湖泊或海洋）的蒸发完全取决于可用的能量和大气条件。然而，陆地表面的蒸发往往受到水的可用性的限制。覆盖植被的地表蒸发是土壤水的直接蒸发和植被水分消耗的结合，称为蒸散作用。对于水分充足的植被表面或潮湿的土壤，蒸发量通常接近于开放水面的蒸发量。蒸发的估算方法通常基于特定表面的能量平衡和空气动力条件，如 Penman 公式（1948）。后来 Monteith（1965）通过引入结合植被覆盖结构和生理的生物和空气动力学阻力因素，对 Penman 公式进行了调整，使其也适用于植被表面。对于海洋而言，暖气团平流、风速和湍流交换的季节性变化是影响海洋蒸发在空间和时间上分布的因素。大陆上的总蒸发量不到海洋上总蒸发量的一半。除了陆地上在有利于蒸发的时间和地点降水量常常不足导致蒸发的可用水量亏缺之外，陆地反照率较高导致接收的净太阳辐射较低是重要原因。

由于大气压力随高度而降低，上升空气的绝热膨胀通常引起冷却。当空气冷却到露点时，蒸发形成的水汽凝结形成云、雨或冰晶。冷凝所释放的热量随后会提供额外的能量，导致气团进一步上升，从而可能导致对流雨。大多数产生雨水的蒸汽都受到大气环流平流输送的影响。空气运动本身是由压力梯度驱动的，压力梯度是由地表加热空气的空间差异引起的。因此，一般的大气环流是由入射太阳辐射的梯度来维持的，同时叠加了科里奥利效应、陆地和海洋的分布、地形的影响。

在低纬度地区存在气流的辐合上升带，即热带辐合带（Intertropical Convergence Zone，ITCZ），产生了热带雨林地区的高降水。而高压带通过压缩的方式对空气加热，形成了热带干燥草原和沙漠地区的低降水区。当温度超过 26 ℃ 的温暖海面上形成低压对流单体时，亚热带地区就会出现飓风或台风。它们的能量来自上升和膨胀的空气凝结释放的热量。这一过程是自我维持的，因为海洋温暖潮湿的空气可以不断地被飓风或台风吸入。在飓风或台风过境期间，每天 500 mm 的极端降雨并不罕见。季风系统在大陆地区从高压到低压的季节变化中改变方向，带来集中的降水。印度季风尤其强烈。在夏季，印度次大陆变得炎热，形成了一个强烈的热低压单元。来自海洋的潮湿空气进入，带来了大量降雨。在南半球夏季，向南移动的 ITCZ 也造成了类似的影响，为南部非洲的亚热带地区带来了季节性降雨。地形影响是导致全球格局区域性偏差的一个原因。高降水通常发生在气流受地形强迫而上升的迎风坡，因此在背风坡的降水明显偏低。

到达地表的部分降雨将通过蒸发返回大气，剩余的水有一部分沿着地表流失，部分渗入地下，补充土壤水分。土壤水分的量达到该类型土壤的最大持水率后，水分会进一步向下渗透到达饱和带成为地下水。土壤水分和浅层地下水可能被蒸发或蒸腾。大约 2/3 的大陆降雨源于这种来自陆地表面的再蒸发和蒸腾产生的水汽。根区以下 1~2 m 深处的地下水几乎不参与蒸发过程。

地表水和地下水最终由河流排泄入海，少量的地下水可以直接排入海洋（Submarine Groundwater Discharge，SGD）。全球河流总流量由基流和洪水构成。洪水流量由上游形成的洪水径流，上层土壤大孔隙内快速流动的壤中流，超渗产流或蓄满产流形成的坡面流组成。这些地表水文过程通常在高降雨量或长时间降雨期间形成细沟和冲沟参与排水过程，组成短暂和不确定的系统。河流流量过程的变化特征主要遵循降雨和蒸散的季节性模式，并因区域水量储存过程而衰减和延迟。在土壤浅、坡度陡、入渗能力低的地区，河流径流形成快，易形成洪水。相比之下，具有高入渗能力、高地下蓄水量和高渗透性的平坦地区，河流对降水反应缓慢，形成长期的基流。

土壤水分在与大气的水和能量交换中起着重要作用。潮湿的土壤吸收和储存能量，并通过蒸散作用使水分返回大气。水蒸气最终在同一地区或邻近地区以各种降水形式循环。一般来说，清除地表植被会抑制对流雨的产生，特别是在半干旱地区。在高入渗能力的特定条件下，植被耗水量大，植被减少可增加地下水补给。然而，增加地下水补给并不总是可取的。澳大利亚的半干旱地区植被清除导致地下水位迅速上升到地表附近或地表。这些水的蒸发导致严重的盐碱化。

大陆尺度上的降雨-径流平衡表明，各大洲的年平均降雨量估计为 746 mm，比年平均蒸散量估计值（480 mm）多 50%。许多地区的季节降雨量超过了季节最大蒸发量，而在其他季节由于缺水而没有达到最大蒸发量。土壤水和地下水储存在削弱这些季节变化方面起着重要作用，同时对于将降水转化为径流至关重要。因为土壤水和地下水储存对流量本身有缓冲作用，同时将蒸发从雨季延长到随后的干旱期，从而增加了总蒸散量。

径流中存在着全球性的季节性影响，这主要是由北半球各大陆上的雪的滞留造成的。北美和欧亚大陆的积雪覆盖面积广阔，在 3—4 月达到最大值。夏末积雪覆盖消融达到最大，导致海洋的最大储量出现在 10 月左右。此外，大陆的降水、蒸发和径流分布最终导致印度洋和大西洋的水量过剩，而太平洋和北冰洋的水量净减少。因此，不断有海水从印度洋和大西洋流入太平洋和北冰洋。

三、水均衡

全球水循环从海洋蒸发开始，估计每年蒸发 42.5×10^4 km³（1 176 mm）。海洋上的降雨量估计为 38.5×10^4 km³（1 066 mm），留下超过 4×10^4 km³（110 mm）的水蒸气，由大气环流（平流）输送到陆地。水汽通量主要从温暖的赤道地区向寒冷的高纬度地区辐合流动。大气年平均水汽含量从赤道地区的 50 mm 水当量下降到极地地区的不足 5 mm。每年来自海洋的 4×10^4 km³ 水汽在陆地凝结形成降雨。到达地面的部分降水通过再蒸发被反复循环，其年累积蒸散量估计为 7.1×10^4 km³（480 mm）。因此最终产生的陆地降水总量为 11.1×10^4 km³（746 mm），其中的 4×10^4 km³（266 mm）通过河流、冰川融水和地下水回流到海洋。

四、气候变化

地球是一个动态系统，内部产热驱动内部过程，太阳能驱动外部过程。这两类过程在物质循环和能量流动中相互作用。其中一个系统组件的变化必然导致系统中其他组件的调整，这反过来又可能触发相关组件的变化。水文循环与气候条件和相关植被覆盖密切相关，并可对气候强迫或地表覆盖的大规模变化做出反馈。

人类社会实现工业化以来的全球气候系统变化的主要因素是大气中的 CO_2 含量变化。二氧化碳是全球生物地球化学碳循环的一部分，其主要通量包括：① 光合作用、岩石风化以及钙矿物沉积从大气中吸收 CO_2；② 有机物的分解，植物和土壤的呼吸作用向大气释放 CO_2；③ CO_2 周期性地从海洋逸出并被海洋吸收；④ CO_2 在地球内部的再循环，通过板块俯冲带下降被地幔吸收，通过火山喷发和洋中脊岩浆的挤压脱气释放。海洋形成了一个巨大的碳库，通过与大气的物理化学扩散交换起到缓冲作用。藻类在这个过程中扮演着重要的角色，然而受到大洋贫营养的限制。目前对气候波动原因的认识仍然不完善。大气-海洋系统的内部不稳定性可能触发了一系列反馈循环。外部因素，包括太阳辐射的变化（特别是太阳黑子活动）和火山活动对气候波动也有明显的影响。但这种相关性背后的机制仍需要进一步的研究。气候变化影响了水文循环，导致海洋酸化、海平面上升，降水重新分布，区域陆地水储量出现干化和湿化，同时水的质量、停留时间改变。气候变化还和极端天气事件的频繁发生有关。

五、人类活动

人们改变河流的方向，修建大坝蓄水，从湿地中抽干水等用于发展生产。人们开采河流、湖泊、水库和地下含水层的水生活，供应我们的家园和社区，用于农业灌溉和畜牧养殖，或者用于工业活动。在这些活动中，人类改变了水文循环，同时影响了水质。在农业区和城镇，灌溉和降水将肥料、农药等人为污染物冲入河流和渗入地下水。发电厂和工厂将受热和化学物质污染的水排放到河流中，进入湖泊和水库。被污染的水会导致有害的藻华，传播疾病，并破坏动物的栖息地。了解人类活动的影响有助于实现可持续用水。

在当代，每年大约 3 500 km³ 的水用于灌溉。湿润土壤降低了地表反照率，提高了净辐射。大部分灌溉水被蒸发，导致大气水汽含量增加，较高的大气湿度可能会阻碍周围地区的水分流入。大规模的灌溉能促进对流雨，特别是在半干旱地区。相反地，湿地的大规模排水疏干减少了蒸散量，往往伴随着区域总径流增加，水流情势变化可能更具季节性特征。同时，与蒸发减少有关的大气水分损失和土壤含水率降低导致的更高的地表反照率也可能导致降雨量减少。

半干旱地区地表覆盖物极易受到破坏，导致土壤变干。侵蚀性降雨倾向于产生地表径流而不是渗透，减少蒸发。此外，来自地表和大气的灰尘颗粒反射的太阳辐射可能增加，减少对流雨。地表热和湿度状况的变化将导致反常的大气状况，通过平流传播到周围地区，最终可能在更大范围内影响大气环流，导致大面积的干旱和沙漠化。砍伐热带森林会也导致蒸散量的极大减少。因为树木通常有高截流蒸发，且比草地或农作物消耗更多的水。例如，早期对亚马孙雨林大规模转化为牧场的模拟预测了区域降雨量的大幅减少（高达 30%）。

人类解决水资源时空分布不均衡问题的主要方式包括跨流域调水，修建水库蓄水，流域水资源的统一管理，乃至人工降雨等。人类活动对水文循环的影响和反馈问题仍然是具有挑战性的，需要在研究手段和方法上创新，得到更加深入的科学认识，以指导人类生产和生活活动。

第二节　水文循环中的同位素

一、同位素

原子由电子及其包围的原子核组成。原子的直径约为 10^{-8} cm，原子核的大小则非常小（ ~ 10^{-12} cm）。原子核质量密集，主要由两种粒子组成：中子和质子，它们的质量大致相等。中子不带电荷，而质子带正电。质子数（Z）即原子序数，等于围绕原子核的电子数。电子的质量约为质子质量的 1/1 800，并带相等的负电荷，因此原子作为一个整体是中性的。缺少一个或多个电子的原子称为正离子，电子数超过原子序数的原子称为负离子。

质子和中子是构成原子核的基石，被称为核子。原子核中质子数和中子数（N）的总和就是核质量数：

$$A = Z + N$$

描述元素 X 的特定原子核（=核素）的符号是：

$$_Z^A X_N$$

元素（X）的化学性质主要是由原子中的电子数决定，原子序数 Z 则表征了元素。因此，简写 $^A X$ 就定义了原子核。围绕原子核循环的电子云结构良好，由不同电子层组成。每个电子层有确定的能容纳的电子的最大数量。原子的化学性质主要是由外层不完全填满的电子层中的电子数决定。

同位素是指质子数相同而中子数不同的同一元素的不同原子，这些核素互称为同位素（Isotope）。例如：氢有三种常见同位素，氕（^{1}H）、氘（^{2}H 或 D，重氢）、氚（^{3}H 或 T，超重氢）；氧有三种常见同位素，^{16}O、^{17}O 和 ^{18}O 等。同位素在元素周期表上占有同一位置，化学性质几乎相同（氕、氘和氚的性质有些微差异），但原子质量或质量数不同，从而其质谱性质、放射性和物理性质（例如在气态下的扩散能力）有所差异。在自然界中天然存在的同位素称为天然同位素，人工合成的同位素（如质子、α 粒子或中子轰击稳定的核而人为产生的）称为人造同位素。如果同位素有放射性的话，被称为放射性同位素，否则称为稳定同位素。

1910 年英国化学家索迪提出了一个假说，化学元素存在着相对原子质量和放射性不同而其他物理化学性质相同的变种，这些变种应处于周期表的同一位置上，称为同位素。不久后，人们从不同放射性元素（铀和钍等）得到两种相对原子质量分别是 206.08 和 208 的铅原子。1912 年英国物理学家约瑟夫·约翰·汤姆逊利用磁场作用，制成了一种磁分离器（质谱仪的前身）。当他用氖气进行测定时，无论氖怎样提纯，在屏上得到的却是两条抛物线，一条代表相对原子质量为 20 的氖，另一条则代表相对原子质量为 22 的氖。这就是首次发现的稳定同位素。当阿斯顿制成第一台质谱仪后，进一步证明，氖确实具有原子质量不同的两种同位素，并从其他70多种元素中发现了200多种同位素。到目前为止，已发现的元素有109种，只有20种元素未发现稳定的同位素，但所有的元素都有放射性同位素。稳定核素有252多种，而放射性同位素竟达2800种以上。一般来说，质子数为偶数的元素，可有较多的稳定同位素，而且通常不少于3个，而质子数为奇数的元素，一般只有1个稳定核素，其稳定同位素不会多于2个。最大的稳定核素 ^{208}Pb 的原子序数是82。当质子数大于82时，原子核全部为放射性核素，不存在稳定核。这是由核子的结合能所决定的。

原子核是由核子（质子和中子）之间非常强的作用力联系在一起的，其作用范围非常小。由于质子之间存在静电排斥力（库仑力），中子的存在是稳定原子核所必需的。原子核的不稳定性或者放射性是由过多的质子或中子引起的，如 $^3_1H_2$ 和 $^{14}_6C_8$。对于一种轻元素的丰度最大的同位素核素，质子和中子的数量是相等的，如 $^2_1H_1$、$^4_2He_2$、$^{12}_6C_6$、$^{14}_7N_7$、$^{16}_8O_8$ 等，其原子核是稳定的。对于轻元素，原子核内稍微多一点的中子并不一定会导致不稳定的原子核，例如 $^{13}_6C_7$、$^{15}_7N_8$、$^{17}_8O_9$、$^{18}_8O_{10}$ 是稳定的。然而，对于这些"不对称"核（$Z \neq N$），在元素"创造"过程中生成的概率更小，导致这些核素具有极低的自然丰度。此外，单质子原子核（^1H，氢）也是稳定的。对于重元素，中子的数量远远超过质子的数量，如 ^{238}U 只含有92个质子，却有146个中子。

关于水循环中的同位素，最初的研究主要涉及海水和降水中同位素组成。开始时主要是对 $^{18}O/^{16}O$ 浓度比率变化进行研究，不久之后又对天然水中的 $^2H/^1H$ 比率进行了研究（Friedman，1953）。Dansgaard（1964）详细观测了全球降水 $^{18}O/^{16}O$ 的变化，包括对气象模式的讨论。他的工作是世界气象组织WMO和国际原子能机构IAEA的全球"降水中同位素"网络研究项目的开始。近年来，这些观测得到了理论和数值模拟的支持。Heidelberg 小组在20世纪50年代末开始了对地下水中 ^{14}C 的第一次研究，很快就结合了 $^{13}C/^{12}C$ 的应用（Münnich，1957；Vogel and Ehhalt，1963）。后来，这种方法成为研究地下水运动的重要工具。将核加速器引入质谱仪的革命性发展，极大地刺激了自然界中极低丰度同位素的水文应用。通过这种新的技术方法，^{14}C 研究也获得了巨大的进展。

同位素技术的应用对于研究水的行为和解决与水相关的问题提供了独特的和非常宝贵的帮助。同位素在水循环中的应用是由同位素的放射性和非放射性的特性所决定的。已有的应用可以分为三种不同的类型。

（1）稳定同位素和放射性同位素可以用作示踪剂，标记一个水体或一定量的水。例如，暴雨期间的雨水中，相对于较轻的同位素（^1H，氢和 ^{16}O），重同位素（^2H，氘或 ^{18}O）常常较为贫化。这为跟踪地表径流中的雨水，甚至定量分析径流曲线提供了可能。

（2）在化合物（如水或二氧化碳）从一个相转变到另一个相的过程中，一种元素同位素的丰度比经常发生变化，这就是所谓的同位素分馏。观察稳定同位素丰度比的变化，可以帮助我们了解发生的某些地球化学或水文过程。例如，作为一系列过程的结果，海洋和淡水来源的碳酸钙的碳和氧的同位素组成是不同的。此外，雨水中氧和氢的同位素组成随纬度、海拔、气候和时间的不同而不同。

（3）当满足某些条件的情况下，放射性衰变现象提供了确定水的年龄的一种可靠的方法。通过比较地下水样品中的 ^{14}C 或 ^3H（氚）同位素含量与补给水的同位素含量来确定自水渗入地下以来经过的时间。此外，放射性同位素的浓度差异也可用作示踪剂。

氢氧稳定同位素是研究水文循环最重要的、最基本的、最普遍的同位素。首先，氢元素和氧元素构成水分子本身。其次，与其他常用的同位素（如 ^{14}C、^{15}N、^{34}S、^{224}Ra、^{222}Rn、$^{87}Sr/^{86}Sr$ 等）相比，水的氢氧稳定同位素参与了完整的水文循环过程。最后，与放射性同位素 ^3H 相比，氢氧稳定同位素可在更长的时间尺度上示踪水文过程。

二、同位素的丰度

自然界中，化学元素氧有三种稳定的同位素：^{16}O、^{17}O 和 ^{18}O，丰度（又称天然存在比，指的是该同位素在这种元素的所有天然同位素中所占的质量分数）分别为 99.76%、0.035% 和 0.2%（Nier，1950），同位素比值 $^{18}O/^{16}O \approx 0.0020$。化学元素氢有两种稳定同位素：$^1H$ 和 ^2H，丰度分别约为 99.985% 和 0.015%，同位素比值 $^2H/^1H \approx 0.00015$（Urey et al.，1932）。为了方便，引入同位素丰度比率（R）和千分差值（δ）定义同位素的多少。同位素比率定义为

$$R = \frac{\text{稀有同位素的丰度}}{\text{大量同位素的丰度}}$$

R 前可以用上标表示出对应元素，如，

$$^2R = \frac{^2H}{^1H}, \quad ^{18}R = \frac{^{18}O}{^{16}O}$$

同位素比率一般不以绝对数字报告，主要原因有：① 质谱仪不适合获得可靠的绝对比值；② 结果数字的数位太多，往往有 5～6 位；③ 原则上同位素在相变或分子之间的转变时发生的同位素比率变化更为重要。因此，同位素丰度通常被报道为样品 A 的同位素比值相对于参考样品或标准样品 r 的比值的偏差，即千分差值（δ）。

$$\delta_{A/r} = \left(\frac{R_A}{R_r} - 1\right) \times 1\,000‰$$

对于氢氧稳定同位素，常用的符号为：

$$\delta^2H = \left(\frac{^2R_A}{^2R_r} - 1\right) \times 1\,000‰, \quad \delta^{18}O = \left(\frac{^{18}R_A}{^{18}R_r} - 1\right) \times 1\,000‰$$

需要注意，在书写 δ 符号时常用斜体。天然水体的水同位素组成 δ 值多为很小的负数。对于 δ 值较大的，常用"富集重同位素"或"富集 $^{18}O/^2H$ 同位素"表示；对于 δ 值较小的，常用"贫化重同位素"或"贫化 $^{18}O/^2H$ 同位素"表示。不可以直接说同位素组成"富集"或者"贫化"，这种表达含糊且有歧义。

天然水中 $\delta^{18}O$ 值的自然变化范围接近 100‰。^{18}O 通常在蒸发程度高的（咸水）湖泊中富集，而高海拔和寒冷气候的降水，特别是在南极 ^{18}O 含量低。一般来说，在温带气候的水文循环中，$\delta^{18}O$ 值的变化范围不超过 30‰。δ^2H 值的自然变化范围接近 250‰。在强烈蒸发的地表水中可观察到高 δ^2H 值，而在极地冰中发现低 δ^2H 值。

最初的标准水样"标准平均大洋水（Standard Mean Ocean Water，SMOW）"实际上从未

存在过。Epstein 和 Mayeda（1953）对来自所有海洋的水样的测量结果进行了平均。参考当时在美国国家标准局（US National Bureau of Standards，NBS；1988 年改称 National Institute of Standards and Technology，NIST，国家标准与技术研究所）的参考样品 NBS1（Potomac 河的样本）。通过这种方式，同位素标准水样 SMOW 被 Harmon Craig（1961a）间接定义为

$$\delta^{18}O_{NBS1/SMOW} = -7.94\%$$

SMOW 的绝对同位素比值为：

$$(^{18}O/^{16}O)_{SMOW} = 1.008(^{18}O/^{16}O)_{NBS1} = (1\,993.4 \pm 2.5) \times 10^{-6}$$
$$(^{2}H/^{1}H)_{SMOW} = 1.008(^{2}H/^{1}H)_{NBS1} = (158 \pm 2) \times 10^{-6}$$

国际原子能机构（IAEA）位于奥地利维也纳的同位素水文部门和美国国家标准与技术研究所（NIST）现在提供的标准水样"维也纳标准平均大洋水（VSMOW）"用作 ^{18}O 和 ^{2}H 的标准。VSMOW 由 H. Craig 制备，用于尽可能接近 SMOW 的 $\delta^{18}O$ 值和 δ^2H 值。1976 年国际原子能机构决定用 VSMOW 取代原来的 SMOW 来固定 $\delta^{18}O$ 值和 δ^2H 值的零点。所有水样均参照 VSMOW 标准。通过广泛的实验室对比，早期的 SMOW 和现在的 VSMOW 之间的差异被证明是非常小的（IAEA，1978）：

$$^{18}\delta_{SMOW/VSMOW} = 0.05\%$$

VSMOW 的绝对 $^{18}O/^{16}O$ 比值报告为

$$(^{18}O/^{16}O)_{VSMOW} = (2005.2 \pm 0.45) \times 10^{-6}$$
$$(^{2}H/^{1}H)_{VSMOW} = (155.76 \pm 0.07) \times 10^{-6}（Hagemann\ et\ al.，1970）$$
$$(^{2}H/^{1}H)_{VSMOW} = (155.75 \pm 0.08) \times 10^{-6}（De\ Wit\ et\ al.，1980）$$
$$(^{2}H/^{1}H)_{VSMOW} = (155.60 \pm 0.12) \times 10^{-6}（Tse\ et\ al.，1980）$$

对于同位素非常贫化的样品，另一个标准样品是"标准南极轻降水"（Standard Light Antarctic Precipitation，SLAP）

$$\delta^{18}O_{SLAP/VSMOW} = -55.50\‰$$
$$\delta^{2}H_{SLAP/VSMOW} = -428.0\‰$$

2006 年在原子能机构同位素水文实验室制备了 VSMOW2（Vienna Standard Mean Ocean Water 2）和 SLAP2（Standard Light Antarctic Precipitation 2），以取代耗尽的 VSMOW 标准样品和 SLAP 标准样品。VSMOW2 是从经过仔细校准的蒸馏水样品中混合而来，以获得与原始 VSMOW 尽可能相似的稳定同位素组成。SLAP2 是由来自南极的几个经过仔细校准的天然水样混合而成，以便获得与原始 SLAP 尽可能相似的稳定同位素组成。VSMOW2 和 SLAP2 标准样品被证明是 VSMOW 和 SLAP 标准样品成功的替代品（Lin et al.，2010）。

三、同位素分馏

某元素的同位素在物理、化学、生物等反应过程中以不同比例分配于不同物质之中的现象称为同位素分馏（Isotopic Fractionation）。同位素分馏程度可以通过比较两种化合物 A 和 B

在化学平衡状态或在物理/化学转变过程（A→B）前后的同位素比值变化进行数学描述。为了方便比较过程中同位素组成的变化，定义了同位素分馏系数 α 和同位素富集系数 ε。这两个变量也与同位素比率相关。同位素分馏因子定义为两个同位素比率之比，表达为生成物 B 中元素同位素比率与反应物中元素同位素比率之比

$$\alpha_A(B) = \alpha_{B/A} = \frac{R_B}{R_A}$$

例如，对于 25 ℃ 时 $H_2O(l) \rightleftharpoons H_2O(v)$ 平衡过程

$$\alpha_{l/v}(^{18}O) = 1.009\ 2$$
$$\alpha_{l/v}(^2H) = 1.074$$

对于热力学平衡反应，当系统处于同位素分馏平衡时，此时的分馏系数为平衡分馏系数，它的大小取决于分子本身，并强烈依赖于温度条件（T），满足如下关系（C 为系数）：

$$\ln\alpha = \frac{C_1}{T^2} + \frac{C_2}{T} + C_3$$

根据 Majoube（1971）提供的回归结果［被 Clark and Fritz（1997）引用］，水中 ^2H 和 ^{18}O 的平衡分馏系数和温度（T，单位 K）的回归关系如下：

$$\alpha(^2H) = \frac{24.844(10^6/T^2) - 76.248(10^3/T) + 52.612}{1\ 000} + 1$$

$$\alpha(^{18}O) = \frac{1.137(10^6/T^2) - 0.4156(10^3/T) + 2.066\ 7}{1\ 000} + 1$$

一般来说，同位素效应很小，即 $\alpha \approx 1$。因此，广泛使用的是 α 对 1 的偏差，而不是分馏因子，即富集系数 ε，定义为

$$\varepsilon_A(B) = \varepsilon_{B/A} = \alpha_{B/A} - 1 = \left(\frac{R_B}{R_A} - 1\right) \times 1\ 000‰$$

ε 代表分馏过程的生成物 B 中稀有同位素相对于反应物 A 的富集（$\varepsilon > 0$）或贫化（$\varepsilon < 0$）。$\alpha_{B/A}$ 和 $\varepsilon_{B/A}$ 等价于 $\alpha_A(B)$ 和 $\varepsilon_A(B)$。由于 ε 是一个很小的数字，一般以‰（相当于 10^{-3}）为单位给出。根据 ε 的定义，可得（当 ε 很小时）

$$\varepsilon_{B/A} = \frac{-\varepsilon_{A/B}}{1 + \varepsilon_{A/B}} \approx -\varepsilon_{A/B}$$

比较 ε 和 δ 的定义，唯一的区别是，ε 被定义为一种化合物（B）相对于另一种化合物（A）的同位素比值，而 δ 被定义为一种化合物（A 或 B）相对于标准参考物质（r）的同位素比值。由 δ 的定义式很容易地转化为 R 值的表达式，如对于物质 A 或 B：

$$R_A = R_r \times (1 + \delta_A) \text{ 或 } R_B = R_r \times (1 + \delta_B)$$

代入富集系数 ε 的定义式，可得

$$\varepsilon_{B/A} = \frac{R_B}{R_A} - 1 = \frac{R_r \times (1+\delta_B)}{R_r \times (1+\delta_A)} - 1 = \frac{\delta_B - \delta_A}{1+\delta_A} \approx \delta_B - \delta_A$$

即 $\qquad \delta_B \approx \delta_A + \varepsilon_{B/A}$

物理和化学过程可导致同位素组成出现差异，即同位素分馏。同位素分馏可以表现为一种化合物从一种状态转变为另一种状态（液态水转变为水蒸气）或转变为另一种化合物（二氧化碳转变为植物有机碳）的同位素组成的变化，也可以表现为两种化合物在化学平衡（溶解的碳酸氢盐和二氧化碳）或物理平衡（液态水和水蒸气）时同位素组成的差异。

在物理过程（扩散、蒸发、冻结等）中的分馏是同一化合物的同位素分子由于质量差异引起的速度差异的结果。物理过程中分子平均动能是温度的函数，所有的分子都有相同的平均动能。因为重同位素（H）和轻同位素（L）的动能是相同的，可以根据动能方程推导：

$$E_{\text{kinetic}} = kT = \frac{1}{2}mv^2$$

$$\frac{v_L}{v_H} = \sqrt{\frac{m_H}{m_L}}$$

式中 k ——玻尔兹曼常数；

$\qquad T$ ——绝对温度；

$\qquad m$ ——分子质量；

$\qquad v$ ——平均分子速度。

可见重的同位素分子的扩散速度小于轻的同位素分子，由此造成物理过程中同位素分子的分馏。例如，$^1H_2^{18}O$ 和 $^1H^2H^{16}O$ 的蒸气压比 $^1H_2^{16}O$ 低，不容易蒸发。此外，较重的分子与其他分子的碰撞频率（化学反应的主要条件）较小。这是较轻的分子反应更快的原因之一。

化学过程（包括生物化学过程）中的同位素分馏由以下类型的交换反应引起：

$$1/2C^{16}O_2 + H_2^{18}O \rightleftharpoons 1/2C^{18}O_2 + H_2^{16}O$$

在平衡状态下，上述反应满足：

$$K = \frac{[C^{18}O_2]^{1/2}[H_2^{16}O]}{[C^{16}O_2]^{1/2}[H_2^{18}O]}$$

在 25 °C 时，$K = 1.0412$，这意味着 ^{18}O 略偏向进入 CO_2 分子。在两种化合物之间的同位素平衡中，重同位素通常集中在分子量最大的化合物中。这种偏好引起同位素分馏。根据比格莱森规则（1965），重同位素优先进入具有最强化学键的化合物，导致重同位素具有较高的结合能。上述交换反应中，^{18}O 和 C 形成的共价键比 ^{16}O 的强。这一点可以用分子的振动能量分析：

$$E_{\text{vibrational}} = \frac{1}{2}hv$$

$$v = \frac{1}{2\pi}\sqrt{\frac{k}{m}}$$

式中 h ——普朗克常数；

$\qquad v$ ——振动的频率。

振动的频率取决于原子的质量，所以分子的振动能取决于它的质量。因此，重同位素分子的振动没有那么剧烈，形成能量较低的键。这使得较重的同位素粒子比较轻的位于能量阱的更深处，具有更高的结合能，而不易逃离能量阱发生反应。在大多数化学反应中，轻同位素的反应速度比重同位素快。

综上所述，就动力学而言较轻的同位素在化合物中形成较弱的键，结合能较低，因此它们更容易断裂，反应更快。在受动力学控制的反应中，轻同位素集中在产物中。在高温下，同位素交换的平衡常数趋于统一，即 $T \to \infty$，$K \to 1$，因为当所有分子都具有很高的动能和振动能时，同位素分子结合能的差异变小，质量的微小差异就不那么重要了。

区分动力学分馏、平衡分馏和非平衡分馏是很重要的。动力学分馏是不可逆的，即单向物理或化学过程的结果。例如，水的蒸发过程中蒸汽立即从与水的接触中脱离，气体的吸收和扩散，以及细菌分解有机质或方解石的快速沉淀等不可逆的化学反应。在动力学分馏过程中，较轻的同位素分子具有较高的速度，比重分子反应更快。然而，在某些情况下恰恰相反。这种逆动力学同位素效应最常发生在涉及氢原子的反应中（Bigeleisen and Wolfsberg，1958）。平衡分馏（或热力学分馏）本质上是涉及（热力学）平衡反应的同位素效应。如前述的同位素交换反应。平衡分馏可以通过实验来确定。在一些情况下，实验数据与热力学计算之间已显示出合理的一致性。如果有足够的关于原子和分子结合能的信息，就可以计算出分馏效应、动力学效应（Bigeleisen，1952）以及平衡效应（Urey，1947）。然而，在实践中这些数据往往不为人所知。对于动力学同位素效应，我们还面临着一个额外的困难，这是由于自然过程往往不是纯动力学的或不可逆的。自然界中非纯动力学（即单向过程）的同位素分馏过程称为非平衡分馏。例如，海洋或地表水的蒸发。蒸发不是一个单向过程（存在水蒸气凝结），也不是一个平衡过程，因为存在净蒸发。此外，动力学分馏很难在实验室中测量，因为首先难以保证完全的不可逆性（如部分水蒸气会回到液体中），不能量化不可逆性的程度；其次由于同位素效应发生在化合物表面，受化合物内部非均质性的影响其同位素组成难以测量。

两种化合物之间建立同位素平衡的一般条件是存在同位素交换机制。这可以是可逆的化学平衡，例如前述同位素交换反应；或者是可逆的物理过程，如蒸发/凝结：

$$H_2^{16}O \text{ (vapour)} + H_2^{18}O \text{ (liquid)} \rightleftharpoons H_2^{18}O \text{ (vapour)} + H_2^{16}O \text{ (liquid)}$$

交换过程的反应速率以及达到同位素平衡所需的时间周期变化很大，从数小时到数千年。热力学平衡作用引起的同位素分馏一般弱于动力学作用。此外，在动力学过程中形成的化合物往往贫化重同位素。在热力学平衡过程中，致密相（液体而不是蒸汽）或具有最大分子质量的化合物则相对富集重同位素。

扩散过程也可以引起同位素分馏。由于同位素分子的迁移速率不同，可能发生扩散过程中的同位素分馏。自然界中 CO_2 或 H_2O 在空气中的扩散就是一个例子。

根据菲克定律，气体通过单位表面积的净通量为

$$F = -D \frac{dC}{dx}$$

式中　dC/dx——扩散方向上的浓度梯度；

　　　D——扩散系数。

扩散系数与温度和 $1/\sqrt{m}$ 成正比，其中 m 是分子质量。这种比例是由于气体（混合物）中的所有分子具有相同的温度，即分子的平均动能相同。平均动能为 $\frac{1}{2}mv^2$，可见此时分子的平均速度即分子的迁移速率，与 $\sqrt{m}$ 成反比。

如果讨论的扩散过程涉及气体 A 通过气体 B 的运动，那么 m 必须用 μ 取代：

$$\mu = \frac{m_A m_B}{m_A + m_B}$$

上述方程既适用于丰富同位素，也适用于稀有同位素。由此产生的分馏是由两种同位素的扩散系数之比给出的。分子质量可以用分子和分母的摩尔质量 M 代替：

$$\alpha = \frac{D^*}{D} = \sqrt{\frac{M_A^* + M_B}{M_A^* M_B} \cdot \frac{M_A M_B}{M_A + M_B}}$$

以水蒸气在空气中扩散为例，得到 $H_2^{18}O$ 水汽分子分馏系数为（取空气 M_B 为 29，$M_A = 18$，$M_A^* = 20$）：

$$^{18}\alpha = \left[\frac{20+29}{20\times29} \cdot \frac{18\times29}{18+29}\right]^{1/2} = 0.969$$

因此，通过空气中的扩散，水蒸气的氧 18 含量将减少 31‰（$^{18}\varepsilon = -31‰$）。

四、水样采集、存储和测定

现场采集的样品应对所调查的水体具有代表性。在样品的运输和储存期间应注意的主要问题是避免水样蒸发或水蒸气的扩散损失导致的同位素分馏，以及水样与周围环境和瓶内物质的同位素交换。使用恰当的收集方法和样品瓶可以将这些影响降至最低。此外，采样者还应该遵循负责分析样品的实验室给出的具体说明。

蒸发的同位素效应可能是显著的。样品损失 10% 导致 ^2H 同位素富集约 10‰，而 ^{18}O 富集约 2‰。因此，瓶子和密封件必须采用适当的设计和材料，以防止因蒸发、扩散或与周围环境的水交换而造成的损失。已有经验表明：① 在不破损的情况下，最安全的储存容器是玻璃瓶，可以储存至少 10 年；② 高密度聚乙烯瓶可以在几个月内安全地储存样品，注意水和二氧化碳很容易通过低密度塑料扩散；③ 推荐使用瓶口小的瓶子，且需要带密封良好的内盖（塑料或橡胶）；④ 对于测定 ^2H 和 ^{18}O 的样品，瓶的体积通常为 50 mL；⑤ 如果储存时间可能超过几个月，最好收集更大的体积并将样品储存在玻璃瓶中（可有效地最小化蒸发的相对影响）。

在野外采集样品时需要注意：① 使用笔记本记录现场情况，如天气、采样点情况、水井和河流的情况，将相关信息填写到样品收集表；② 利用全球定位系统确定采样点的地理坐标；③ 测量采样点的海拔，对于地下水需要测量地下水位的埋深；④ 记录其他化学和物理指标数据，如水温、pH 值、碱度、电导率、氧化还原电位等，这对数据解释是有帮助的；

⑤ 获取样品的深度，即在地下水或地表水水面下的距离；⑥ 将样品瓶完全装满，尽量减少瓶内的气泡（如果可能出现水样冻结的情况，则将瓶子装满至三分之二即可）；⑦ 用密封胶带缠绕瓶口；⑧ 用防水记号笔标记所有瓶子（样品编号、项目代码、日期、收集者名称、所需测定指标等）；⑨ 推荐野外用保温箱在较低温度下保存水样，在实验室内可将水样保存于 4 ℃ 的冰箱中。

水样测定前应根据实验室要求取样并且过滤（一般用 0.45 μm 滤膜过滤），并转移至测定仪器的样品瓶中。同位素比质谱仪可以测定水样中 $\delta^{18}O$ 和 δ^2H 组成。基于质谱仪的同位素测量技术不能直接测量水。因为水在质谱仪中存在与金属的黏附，导致严重的记忆效应。因此，一个基本原则是将水转化为可用于设备测量的化合物。要求在转化过程中，同位素组成不得发生变化，或只发生准确已知的变化。常用的转化方式包括平衡和还原。在水的 $\delta^{18}O$ 测定中，通常将水样与二氧化碳气体平衡；在水的 δ^2H 测定中，通常将水样与氢气平衡。典型的平衡时间可达几个小时。此外，可利用 Zn 还原水生成氢气，并送入质谱仪测定 δ^2H。目前常用的方法是 TC/EA-IRMS 法，可以测定液体和固态有机和无机物质的 $\delta^{18}O$ 和 δ^2H 组成。TC/EA 技术利用高温转化元素分析仪（High Temperature Conversion Elemental Analyzer）将微量水样（如 0.5 μL）送入高温（1 400 ℃）石英管中，与玻璃碳颗粒反应转化成 CO 和 H_2 并在气相色谱系统中分离，先后进入同位素比质谱仪（IRMS）。含有不同同位素的气体分子在质谱仪的离子源中电离。正离子在高电压下被加速，并进入垂直于电场的磁场。由于洛伦兹力的作用，离子的路径变成了弧形。半径取决于离子质量，且质量较大的离子沿较大的圆弧运动。通过这种方式，不同的同位素离子得以分离并被收集检测。典型的测定精度可达 0.2‰（ $\delta^{18}O$ ）和 2‰（ δ^2H ）。

基于腔增强吸收光谱技术的激光测量是气体和液体的非破坏性分析方法，起源于 20 世纪 90 年代。进入 21 世纪，激光同位素光谱仪在测定水中 $\delta^{18}O$ 和 δ^2H 组成方面逐渐得到广泛的应用。目前，主要有 3 种同位素光谱测量仪器，包括波长扫描光腔衰荡光谱仪（Wavelength-scanned Cavity Ring Down Spectroscopy，WS-CRDS）、调制式半导体激光吸收光谱仪（Tunable Diode Laser Absorption Spectroscopy，TDLAS）和离轴积分腔输出光谱仪（Off-axis Integrated Cavity Output Spectroscopy，OAICOS）。这类仪器利用了水汽同位素能够吸收特定频率的光的性质，通过检测通过光腔的激光来推算进入光腔的水汽中 $\delta^{18}O$ 和 δ^2H 组成。激光同位素光谱仪能够避免质谱仪方法中样品前处理复杂，测定成本高的问题，具有分析成本低、分析速度快、测定精度高、携带便捷等优点。然而，为了减少记忆效应带来的误差，在实际测量过程中推荐对每个样品连续测试 7 次，剔除前 3 次数据后平均测量值得到测定结果。激光同位素光谱仪的测量精度优于或等于同位素比质谱仪。

本章仅介绍了应用最普遍的液态水同位素样品的采集和测定。关于冰雪样品和水汽样品的采集和测定在后续相关章节中进行介绍。目前，一些同位素数据库列在表 1-2 中，可通过网页获取数据。

表 1-2　主要网络可访问的水同位素数据库和数据集（Bowen et al.，2019）

名称	网址	获取方式	观测对象	观测时间	备注
National Center for Atmospheric Research Climate Data Guide	https://climatedataguide.ucar.edu/climate-data/water-isotopes-satellites	N/A	水汽	2000—	几个主要的卫星蒸汽同位素数据产品摘要：数据必须从供应商处下载
National Ecological Observatory Network (NEON)	http://data.nconscience.org home	开放获取	降水、地下水、地表水、水汽	2015—	来自美国约 30 个站点的记录
Stable Water Vapor Isotopes Database (SWVID)	https://vapor-isotope.yale.edu	开放获取	水汽	2000—	约 40 个全球分布站点的时间序列
Waterisotopes Database (wiDB)	http://waterisotopes.org	开放获取	全部	~1960—	不能直接下载，提供元数据和联系信息
Water Isotope System for Data Analysis,Visualization and Electronic Retrieval (WISER)	https://nucleus.iaca.org/wiser/index.aspx	注册用户	降水、河水	~1960—	GNIP 项目的长期记录，河流监测网络的短时间序列。限制每次下载记录数

第二章 蒸 发

　　一般认为地球上的水循环开始于覆盖地球表面约 71% 的海洋海水的蒸发。这个过程贡献了大气水汽的绝大部分，并推动了全球水分的海陆大循环及其嵌套的海-海、陆-陆小循环。蒸发过程使得被蒸发的水体逐渐富集水的重同位素。在蒸发强烈（蒸发量 E/降水量 $P > 1$）的海洋表面，海水的重同位素略有富集。在红海和地中海中，海水蒸发引起的海水富集重同位素的程度最高，其值可高达 $\delta^{18}O = +2\%$（Craig，1966；Pierre et al.，1986）。同时，海水蒸发引起的海水中 $\delta^{18}O$ 和 δD 变化是相互关联的，且与海水盐度有关。据报道，海水蒸发引起的海水同位素变化的比值 $\Delta^2\delta/\Delta^{18}\delta$ 在北太平洋、北大西洋和红海分别为 7.5、6.5 和 6.0。海水蒸发产生大量的水汽，其同位素组成较原来的水体中同位素组成贫化重同位素。然而，研究发现全球尺度上海洋大气中的水汽既不是简单地由来自海洋的蒸发通量组成，也不是与表层海水处于局部平衡状态的。海洋大气中的水汽与海水表面来的蒸发通量存在交换和混合，同时也与上层大气中的水汽存在交换和混合。因而，海洋大气中的水汽同位素组成与海水表面蒸发产生的水汽不同。

　　雨水到达陆地地表后经历通量分割，成为快速循环的地表径流以及渗透到土壤中形成地下水径流和缓慢交替的地下水储量。被植被截留的降水和部分土壤水乃至埋藏较浅的地下潜水通过直接蒸发或植物蒸腾作用重新进入大气。此外，雨滴在气柱中下落的过程中事实上已经发生了某种程度的蒸发，称为云下蒸发。可见，自雨滴穿过云底开始蒸发就开始了。水同位素组成在蒸发过程中同步变化，记录了周围的气象环境信息。

　　来自陆面的蒸发（E）和植物蒸腾（T）可统称为陆面蒸散发（ET），该通量的最大份额被认为是植物的蒸腾通量。通过气候模型估算的全球的 T/ET 比值在 20% ~ 65%，Jasechko 等（2013）的估算结果表明蒸腾占陆地总蒸散量的 80% ~ 90%。Coenders-Gerrits 等（2014）估算的结果将全球 T/ET 值范围扩大到 35% ~ 80%。Good 等（2015）认为全球蒸腾分数的平均值为 45%。然而，Wei 等（2017）指出蒸腾约占全球陆地蒸散发的(57.2 ± 6.8)%。不同的植被类型的 T/ET 存在明显差异。Schlesinger 和 Jasechko（2014）认为热带雨林的 T/ET 最高[(70 ± 14)%]，而草原、灌丛和沙漠的 T/ET 最低[(51 ± 15)%]。Zhou 等（2016）认为 T/ET 以农田最高，其次为草地和常绿针叶林，落叶阔叶林最低。从同位素的角度来看，蒸腾通量基本上是非分馏的。因此，理论上蒸腾水进入大气可以恢复因降水而损失的湿度，而不改变其同位素组成。实际上，植物的根系在不同的季节选择性地利用不同层位土壤水分产生蒸腾通量，并且降水的同位素组成通常存在较大的季节变化。因此，植被蒸腾通量的同位素组成甚至与大气水汽同位素组成的年平均值亦不相同。

　　蒸发是水循环的关键环节之一。蒸发过程伴随了水的相态变化，是水同位素组成改变的关键环节之一。掌握蒸发过程中水同位素的变化规律对于定量地解释水文过程至关重要，是将同位素水文应用推广到更多研究领域的必然要求。

第一节　瑞利模型

考虑一个简单的"箱子"模型，蒸发过程使得水汽从含有两种同位素分子（低丰度的和高丰度的，数量分别为 N_i 和 N_j，如 $^1H^2H^{16}O$ 和 $^1H^1H^{16}O$）的液态混合体系中脱离，并且该过程引起的同位素分馏可用分馏因子 α（在过程中不发生变化）来描述。对于较轻元素（如 H、N、C 和 O 元素）的自然同位素丰度，若 $N_i + N_j = N$，且 $N \gg N_i$，则可近似有 $N_j \approx N$。

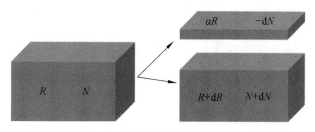

初始水体中水分子数为 N，同位素比率为 R。蒸发过程产生的水汽中水分子数为 dN，同位素比率为 αR。由此可得剩余水体中的水分子数和同位素比率。

图 2-1　瑞利分馏过程示意图

对于这种简单的箱子模型，设 N 为分子总数，R 为同位素比率 $^1H^2H^{16}O/^1H^1H^{16}O$。可得液态水中 $^1H^1H^{16}O$ 分子的数量为 $N/(1+R)$，$^1H^2H^{16}O$ 分子的数量为 $RN/(1+R)$（图 2-1）。当蒸发产生的水汽分子数量为 dN（等于液相中水分子数量在终了状态和初始状态之间的差值，为负）时，若分馏系数为 α（液相变气相 $l \to v$），则水汽中同位素比率为 αR，同位素分子数量为（dN 为负，整个式子为正）

$$-\frac{\alpha R}{1+\alpha R}dN$$

蒸发后剩余水中，同位素比率为 $R+dR$（dR 为液态水中同位素比率的变化量），水分子总数量为 $N+dN$（dN 为负，所以蒸发后剩余水中水分子数量减少）。此时，剩余水中同位素分子的数量为

$$\frac{R+dR}{1+R+dR}(N+dN)$$

根据水同位素分子（如 $^1H^2H^{16}O$）的质量守恒原理可得：

$$\frac{R}{1+R}N = \frac{R+dR}{1+R+dR}(N+dN) - \frac{\alpha R}{1+\alpha R}dN$$

由于 R 是很小的数，可以将上式近似为

$$RN = (R+dR)(N+dN) - \alpha R dN$$

忽略极小的 $dR \cdot dN$ 并化简得

$$\frac{dR}{R} = (\alpha - 1)\frac{dN}{N}$$

设系统初始时，水分子总数为 N_0，同位素比率为 R_0，对上式积分可得：

$$R = R_0 \left(\frac{N}{N_0} \right)^{(\alpha-1)} = R_0 \cdot f^{(\alpha-1)} \qquad (2-1)$$

即瑞利（Rayleigh）方程或瑞利模型，其中 $f = N/N_0$ 是剩余水相对于初始时的分数（在蒸发过程中称为蒸发剩余比）。实际上，该方程描述了从初始条件（R_0，N_0）开始，到任何给定阶段（R，N）剩余水中同位素组成的变化。

当每时每刻被移走的同位素分子与系统中剩余的物质处于热力学平衡时，即为所谓的瑞利蒸馏状态（Gat，1996）。对于瑞利蒸馏状态下水的蒸发过程，分馏因子 $\alpha_{v/1}$ 为热力学平衡常数，即同位素水分子在液（"反应物"）-气（"生成物"）转变过程中的蒸气压比或同位素交换反应的平衡常数（$\alpha_{v/1} < 1$）。对于瑞利蒸馏状态下水的冷凝过程，分馏因子 $\alpha_{1/v} > 1$。

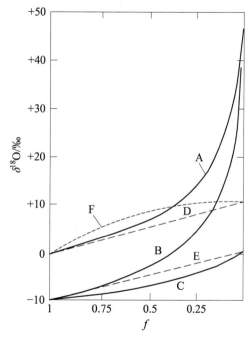

A、B、C—表瑞利条件下的剩余水分、连续移除的水汽和移除的总水汽；
D、E—液相和气相共存的封闭系统内液相和气相的同位素组成变化；
F—液相接近稳态的同位素组成变化（与 x 轴不成比例）。

图 2-2 分馏系数 α 为 0.99 且初始液相同位素组成 $\delta = 0$ 时，分别在瑞利蒸馏状态、封闭状态和稳态条件下的三种分馏过程中同位素变化

经瑞利分馏后，剩余物质和被移出系统的水汽的同位素组成 R 随 f 的函数如图 2-2 所示。显然，每次被去除的物质的同位素组成构成了一条与剩余物质的同位素组成平行的曲线。从物质平衡的角度来考虑，当 $f \rightarrow 0$ 时，全部累积的被去除物质的同位素比率接近 R_0（曲线 C）。

方程（2-1）用同位素组成的千分差表示如下：

$$\delta = \left(\frac{R}{R_r} - 1 \right) \times 1\,000‰$$

$$R = R_r \times (1 + \delta)$$
$$(\delta + 1) = (\delta_0 + 1) \cdot f^{(\alpha - 1)}$$

上面的 Rayleigh 模型方程可以近似为

$$(\delta + 1)/(\delta_0 + 1) \approx (\alpha - 1)\ln f = \varepsilon \ln f$$
$$\delta = \frac{(\alpha - 1)\ln f}{\delta_0 + 1} - 1$$

通常 ε 随着温度的变化而改变。然而，在瑞利蒸馏状态下，ε 被假设是一个常数。在满足瑞利蒸馏状态的蒸发过程中，可以用上述 Rayleigh 模型估算蒸发剩余的水中同位素组成的 δ 值。瑞利方程是基于蒸发过程中蒸发产生的水汽和剩余水体处于瞬时同位素热力平衡的情况而导出的。因此，可以利用水体蒸发过程的平衡分馏系数 $\alpha_{v/1}$ 或富集系数 $\varepsilon_{v/1}$ 和剩余水中同位素组成 δ_1（同上式中的 δ）来估算蒸发水汽的瞬时同位素组成 δ_v。

$$\alpha_{v/1} = \frac{R_v}{R_1} = \frac{R_r(1 + \delta_v)}{R_r(1 + \delta_1)} = \frac{1 + \delta_v}{1 + \delta_1}$$
$$\delta_v = \alpha_{v/1}(1 + \delta_1) - 1$$

或者

$$\varepsilon_{v/1} = \alpha_{v/1} - 1 = \frac{\delta_v - \delta_1}{1 + \delta_1} \approx \delta_v - \delta_1$$
$$\delta_v \approx \delta_1 + \varepsilon_{v/1}$$

当水体的蒸发过程不满足瑞利蒸馏条件时，例如蒸发过程存在动力分馏，可以使用与 Rayleigh 模型类似的方程估算蒸发剩余水的同位素组成。在这种情况下，近似方程需要引入适当的分馏系数，而不是热力学（平衡）分馏系数。

上述 Rayleigh 模型描述了没有额外水量输入的系统在蒸发过程中蒸发产生的水汽和剩余水中水同位素组成的关系。在实践中，可将上述模型应用于没有接受水源补给的湖泊或者小流域的蒸发问题。然而，实际上多数水体蒸发的同时获得了稳定的水源补给。在这样的情况下系统同时存在补给水源带来的输入通量 i 和蒸发产生的输出通量 u，重同位素分子的质量守恒可表示为（Mook，2000）

$$RN + \alpha_i R_i \cdot i dt = (R + dR)[N + (i - u)dt] + \alpha R \cdot u dt$$

对上式分离变量并化简（$\alpha - 1 = \varepsilon$，对于蒸发 ε 为负）：

$$\frac{dR}{(i + \varepsilon u)R - \alpha_i R_i i} = \frac{dt}{N_0 + (i - u)(t - t_0)}$$

代入初始状态（$t = t_0$ 时，$N = N_0$，$R = R_0$），可得蒸发剩余水的同位素比率：

$$R = \frac{\alpha_i R_i}{1 + (u/i)\varepsilon} + \left[R_0 - \frac{\alpha_i R_i}{1 + (u/i)\varepsilon} \right] \left[1 + \frac{i - u}{N_0}(t - t_0) \right]^{\frac{i + u\varepsilon}{i - u}}$$

当 $i = u$ 时，重同位素分子的质量守恒可表示为

$$RN_0 + \alpha_i R_i \cdot i \mathrm{d}t = (R + \mathrm{d}R)N_0 + \alpha R \cdot u \mathrm{d}t$$

类似的，可以得到：

$$R = \frac{\alpha_i R_i}{\alpha} + \left[R_0 - \frac{\alpha_i R_i}{\alpha} \right] \mathrm{e}^{-\alpha(i/N_0)(t-t_0)}$$

当 $t \to \infty$ 时系统达到稳定状态，此时：

$$R = \frac{\alpha_i R_i}{\alpha}$$

用 δ 表示：

$$\delta = \frac{(1+\varepsilon_i)(1+\delta_i)}{1+\varepsilon}$$

该式可近似为

$$\delta = \delta_i + (\varepsilon_i - \varepsilon)$$

上面的式子可应用于湖泊的蒸发与河流的流入水量相平衡的地方（如死海、乍得湖）。在这种情况下流入的水量没有发生同位素分馏，即 $\alpha_i = 1$。当系统达到稳态时有 $R_i = \alpha R$，即输入水量的同位素比率 R_i 等于输出水量（蒸发产生的水汽）的同位素比率 αR。

在 $i \neq u$ 的一般情况下（例如缓慢增加或减少的地表水体，其中 $\alpha_i = 1$），水体的同位素组成 R 取决于汇和源之间的竞争。如果 $u < i$ 且 $t \to \infty$，R 趋近于 $\dfrac{\alpha_i R_i}{1+(u/i)\varepsilon}$；相反地如果 $u > i$，则 R 将逐渐趋近于简单的箱子模型。

对于实际上水体蒸发的同时获得了稳定的水源补给的情况，还可以从分子数量变化的角度推导蒸发水体同位素比率的表达式。考虑 f' 为蒸发系统的输入通量和输出通量之间的关系系数，则输入通量的分子数量和同位素比率分别为

$$(1-f')\mathrm{d}N \text{ 和 } \alpha_i R_i$$

输出通量的分子数量为

$$-f'\mathrm{d}N$$

若 $\mathrm{d}N$ 为蒸发系统前后水分子数量的变化量，其大于零时系统水分子数量增加，否则反之，有下式成立：

$$\mathrm{d}N = (1-f')\mathrm{d}N - (-f'\mathrm{d}N)$$

蒸发过程前后，蒸发系统的水分子数量和同位素比率由 N 和 R 变化 $N+\mathrm{d}N$ 和 $R+\mathrm{d}R$。此时，同位素质量守恒方程为

$$RN + \alpha_i R_i(1-f')\mathrm{d}N = (R+\mathrm{d}R)(N+\mathrm{d}N) - \alpha R f'\mathrm{d}N$$

可简化为

$$\frac{dR}{(\alpha f'-1)R+(1-f')\alpha_i R_i}=\frac{dN}{N}$$

对上式积分并代入初始条件可得：

$$R=\frac{(1-f')\alpha_i R_i}{1-\alpha f'}+\left[R_0-\frac{(1-f')\alpha_i R_i}{1-\alpha f'}\right]\left(\frac{N}{N_0}\right)^{\alpha f'-1}$$

显然，如果蒸发系统的输入通量为 0，即 f' 等于 1，上式即为描述简单箱子模型的瑞利方程。

第二节　Craig-Gordon 模型

大气中的水来自地球表面的蒸发，尤其是海洋和开阔水体的蒸发。来自植物的蒸发（称为蒸腾）和来自土壤的蒸发增加了进入大气的水汽蒸发通量。伴随蒸发过程的水同位素分馏是引起水循环中不同形式的水的同位素组成改变的一个重要因素。

水-空气的相互作用中两种相反的水通量互相平衡，一种是从地表向上的水汽通量，另一种是大气水分向下的通量。在大气水汽饱和时，即当大气湿度为 100% 时，这种相互作用使地表液态水和大气水汽间彼此达到同位素平衡。自然界中，下落的雨滴和云下空气柱中饱和的水汽之间可以出现这种状态。当空气水汽处于不饱和状态时，在蒸发表面和完全湍流的自由空气之间存在湿度梯度，产生向上的净蒸发通量。水蒸发到水面以上空气（不饱和水汽）中的速率受到水汽从接近地表的空气层输送到周围大气的限制，即水汽在空气边界层上的扩散决定了蒸发的速率（Brutsaert，1965）。相比之下，在水-空气界面处液-气平衡可以较快地建立。因此，可以假设在地表水（l）和饱和蒸汽（v）之间的同位素平衡可以在水-气界面处存在，即在平衡条件下满足：

$$\delta_v=\delta_l+\varepsilon_{v/l}$$

其中同位素平衡分馏项 $\varepsilon_{v/l}$ 仅取决于水的温度和盐度。

从界面处的"饱和层"向周围自由大气输送水汽的机制和速率取决于空气边界层的结构和气流情况。对于停滞空气层的简单情况（适用于土壤内部的蒸发以及植物通过气孔开口的水分蒸腾情况），其水汽输送是通过分子扩散，建立固定的线性浓度曲线进行的。水及其同位素分子的蒸发通量由它们各自在空气中的扩散系数 D_m 和 D_{mi} 来确定。对于一个开放的界面，在强风条件下，大部分的水汽输运是通过湍流扩散，分子扩散通过一个非稳定的可变空气层只在接近表面的地方起作用。然后采用 Brutsaert（1965）的瞬态涡模型，其中扩散通量与 $D_m^{1/2}$ 成比例。在较温和的风速下，D_m 的指数可从 1/2 过渡到 2/3（Merlivat and Contiac，1975）。

Craig 和 Gordon（1965）提出了一个蒸发过程中同位素分馏的模型，如图 2-3 所示。该模型基于 Langmuir 线性阻力模型（Sverdrup，1951），除了假设在空气/水界面处存在平衡条件外（相对湿度为 $h=1$，并且 $R_v=\alpha_{v/l}R_l$），还假设垂直气柱中没有散度或辐合，在完全湍流输送过程中没有同位素分馏。在该模型中，水汽通量用类似于欧姆定律的描述，即蒸发产生的水汽通量等于浓度差（表示为湿度差）和输送阻力的商。水分子（E）及其同位素分子（E_i，

HD^{16}O 和 H$_2$^{18}O）的蒸发通量方程为

$$E = (1 - h_N) / \rho$$
$$E_i = (\alpha_{v/l} R_1 - h_N R_A) / \rho_i$$

式中，ρ 为相应的阻抗，如图 2-3 所示；$R = N_i / N$ 为同位素比值（N_i 为同位素丰度较低的同位素；对于轻元素氢、氮、碳和氧有 $N \gg N_i$）；h_N 是相对湿度。蒸发过程中存在的线性阻抗，可用方程描述为

$$\rho = \rho_M + \rho_T$$
$$\rho_i = \rho_{Mi} + \rho_{Ti}$$

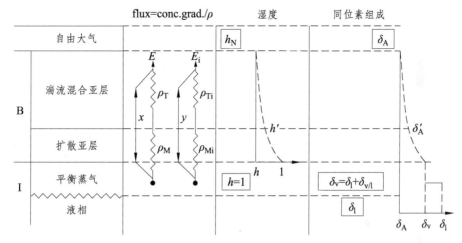

I 和 B 分别表示液气界面和大气边界层；$x = 1 - h_N$，$y = \alpha_{v/l} R_1 - h_N R_A$，
A' 为扩散亚层边界空气水分，h 为相应的相对湿度。
下标 M 和 T 分别表示扩散子层和湍流子层，
A 表示远高于蒸发表面的自由大气。

图 2-3　Craig-Gordon 蒸发模型示意图

引自：Gat，1996。

水汽蒸发通量的同位素组成为

$$R_E = \frac{E_i}{E} = \frac{(\alpha_{v/l} R_1 - h_N R_A)}{(1 - h_N) \cdot \rho_i / \rho} \qquad (2\text{-}2)$$

若使用 δ 值表示，$\delta = (R / R_{std} - 1)$，水汽蒸发通量的同位素组成可以表示为

$$\delta_E = \frac{\alpha_{v/l} \delta_1 - h_N \delta_A + \varepsilon_{v/l} + \varepsilon_{diff}}{(1 - h_N) - \varepsilon_{diff}} \approx \frac{\delta_1 - h_N \delta_A + \varepsilon_{v/l} + \varepsilon_{diff}}{1 - h_N}$$

$$\varepsilon_{v/l} = (\alpha_{v/l} - 1) \times 10^3$$

$$\varepsilon_{diff} = (1 - h_N) \left(1 - \frac{\rho_i}{\rho}\right)$$

$$\varepsilon_{tot} = \varepsilon_{v/l} + \varepsilon_{diff}$$

蒸发过程引起的总分馏包括平衡分馏和动力学分馏两个部分，如图 2-3 所示。液态水蒸发到水汽不饱和的空气后（$h_N < 1$）往往显示出 D 和 ^{18}O 比简单的平衡同位素分馏更强的富集。动力学分馏效应是导致液相和气相之间同位素分馏程度增加的原因。蒸发过程中水由液相变为气相 1→v，$\varepsilon_{v/1}$ 值代表平衡分馏（生成物和反应物之间的同位素差），ε_{diff} 值代表动力学分馏，ε 值为负表明蒸发产生的水汽较液相贫化重同位素。

对于线性阻抗方程，有

$$\frac{\rho_i}{\rho} = \frac{\rho_{Mi} + \rho_{Ti}}{\rho_M + \rho_T} = \frac{\rho_M}{\rho} \cdot \frac{\rho_{Mi}}{\rho_M} + \frac{\rho_T}{\rho} \cdot \frac{\rho_{Ti}}{\rho_T}$$

$$1 - \frac{\rho_i}{\rho} = \frac{\rho_M}{\rho} \cdot \left(1 - \frac{\rho_{Mi}}{\rho_M}\right) + \frac{\rho_T}{\rho} \cdot \left(1 - \frac{\rho_{Ti}}{\rho_T}\right)$$

设 $\rho_{Ti} = \rho_T$，则右边的第二项可以被消去，代入 ε_{diff} 表达式得到

$$\varepsilon_{diff} = (1 - h_N) \left[\frac{\rho_M}{\rho} \cdot \left(1 - \frac{\rho_{Mi}}{\rho_M}\right) \right]$$

如前所述，静止空气层的 $\rho_M \propto D_m^{-1}$，其中 D_m 是空气中水的分子扩散系数。对于在大气强湍流条件下的粗糙界面上 $\rho_M \propto D_m^{-1/2}$。在较温和的风速下，这个关系中 D_m 的指数在 -1 和 $-1/2$。因此，上式中 $1 - \frac{\rho_{Mi}}{\rho_M}$ 可以用 $1 - \frac{D_m^n}{D_{mi}^n}$ 代替 $\left(\frac{1}{2} < n \leqslant 1\right)$。令 $1 - \frac{D_m}{D_{mi}} = \Delta_{diff}$，表示同位素间扩散系数的相对差异，且 Δ_{diff} 是一个非常小的数，所以可以做如下简化：

$$1 - \frac{D_m^n}{D_{mi}^n} \approx n \cdot \left(1 - \frac{D_m}{D_{mi}}\right) = n \cdot \Delta_{diff}$$

已有的实验结果表明，水体的蒸发以与大气的水分子快速交换为特征，与分子的扩散系数相关。求解 Δ_{diff} 需要对空气中 $H_2^{16}O$、$HD^{16}O$ 和 $H_2^{18}O$ 的分子扩散系数进行观测和分析。天然水体中，$H_2^{16}O$、$H_2^{18}O$、$HD^{16}O$ 之比 $= 1\,000 : 2 : 0.3$，同时这些同位素分子的扩散系数不同。这导致了自然界中经历蒸发的水体中氘和氧 18 具有的标记特性。以 D_{mi} 和 D_m 分别代表 $HD^{16}O$ 或 $H_2^{18}O$ 和 $H_2^{16}O$ 在空气中的分子扩散系数。Craig 和 Gordon（1965）应用气体动力学理论估计了水分子扩散系数的比值：

$$\frac{D_{mi}}{D_m} = \left(\frac{M}{M_i} \cdot \frac{(M_i + M_g)}{(M + M_g)} \right)^{1/2}$$

式中 D_m，D_{mi}，M 和 M_i——$H_2^{16}O$ 和 $HD^{16}O$ 或 $H_2^{18}O$ 的分子扩散系数和分子质量；

M_g——水汽扩散进入的气体的分子质量，如水汽在氮气内扩散时即为氮气的分子质量。

水汽在空气中扩散时，氘和氧 18 分子扩散系数比值 D_{mi} / D_m 分别为 0.983 和 0.969。Ehhalt 和 Knott（1965）在实验中测定的上述比值分别为 0.985 ± 0.003 和 0.971 ± 0.001，与上述理论估算值吻合良好。然而，Merlivat（1978）发现 $H_2^{16}O$、$HD^{16}O$ 和 $H_2^{18}O$ 之间的相对质量差异不能单独解释观测到的水分子扩散系数的差异，需要考虑 $HD^{16}O$ 分子的不对称性。通过两个

独立的观测实验，Merlivat（1978）测定了两组同位素分子 $H_2^{18}O/H_2^{16}O$ 和 $^1HDO/^1H_2O$ 在空气中的分子扩散系数比值，比值 D_m/D_{mi} 分别为 1.028 5 和 1.025 1。因此，$\Delta_{diff}(^{18}O) = -28.5‰$，对于 $\Delta_{diff}(D) = -25.1‰$。

通过定义 $\dfrac{\rho_M}{\rho} \equiv \theta$，扩散分馏 ε_{diff} 可表示为

$$\varepsilon_{diff} = n\theta(1-h_N)\Delta_{diff}$$

对于蒸发通量不显著扰动环境湿度的小水体，权重项 θ 可以设为 1(Gat，1995)。然而，对于大水体，如北美五大湖的 θ 值为 0.88（Gat 等，1994），地中海东部的蒸发过程的 θ 值接近 0.5（Gat 等，1996）。$\theta = 0.5$ 似乎可作为大型水体的极限值。自然条件下，对于开放水体取 $n = 1/2$ 比较合适。相反，对于通过停滞的空气层蒸发的水，如土壤水蒸发（Barnes and Allison，1988）或叶片蒸发（Allison et al.，1985）的水，取 $n \approx 1$ 能够很好地拟合数据。

图 2-4 示意性地展示了蒸发过程中 δD 和 $\delta^{18}O$ 的关系。蒸发产生的水汽同位素组成 δ_E 和剩余水的同位素组成 δ_l 在 $\delta^{18}O$-δD 图中定义了一条直线，称为蒸发线（Evaporation Line，EL），其斜率可表示为

$$S_E = \frac{h_N(^2\delta_A - ^2\delta_l) + ^2\varepsilon_{tot}}{h_N(^{18}\delta_A - ^{18}\delta_l) + ^{18}\varepsilon_{tot}}$$

从物质平衡的角度考虑，湖水、表层海水或土壤水的蒸发过程中，水的初始同位素组成、蒸发产生的水汽同位素组成和蒸发剩余水的同位素组成都落在蒸发线上。根据上面的斜率方程，湿度、大气水汽和剩余水的同位素组成，以及分馏因子 $\varepsilon_{v/l}$（平衡分馏因子，依赖温度）和 ε_{diff}（取决于动力分馏过程）决定了蒸发线的斜率。

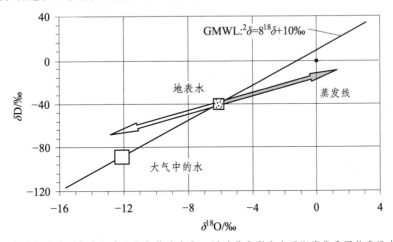

相对贫化重同位素的水汽的同位素组成沿白色箭头变化，同时蒸发剩余水逐渐富集重同位素沿灰色箭头变化。

图 2-4　蒸发产生的水汽以及蒸发剩余水之间 δD 和 $\delta^{18}O$ 值的关系。

修改自 Mook，2000。

特别地，当 δ_A 和 δ_l 处于同位素平衡状态时，蒸发线的斜率 S_E 与湿度 h_N 无关，可用下式表示。

$$S_E = \frac{{}^2\varepsilon_{v/l} + n\theta\,{}^2\Delta_{diff}}{{}^{18}\varepsilon_{v/l} + n\theta\,{}^{18}\Delta_{diff}}$$

此时，对于蒸发通量不显著扰动环境湿度的开放小水体，取 $\theta = 1$ 和 $n = 1/2$ 时，在 20 ℃ 时蒸发线的斜率为 3.80；当边界层处于停滞时，取 $n = 1$，蒸发线的斜率略减小，为 2.71（${}^2\varepsilon_{v/l}$ 和 ${}^{18}\varepsilon_{v/l}$ 见表 2-1）。对于大水体蒸发，取 $\theta < 1$ 时，蒸发线的斜率会相应增加。因此，处于同位素平衡时，大水体在湍流空气中蒸发的蒸发线斜率略高于小水体在停滞空气中蒸发的蒸发线斜率。同时，取 $\theta = 1$ 和 $n = 1/2$ 时，在 10 ℃ 时蒸发线的斜率为 4.09。可见当温度升高时，处于同位素平衡的水体蒸发的蒸发线斜率降低。

表 2-1　平衡体系中液态水（l）和水汽（v）的氢、氧同位素分馏

$t/{}^{\circ}\mathrm{C}$	${}^2\varepsilon_{v/l}/‰$	${}^{18}\varepsilon_{v/l}/‰$	${}^2\varepsilon_{v/l}/{}^{18}\varepsilon_{v/l}$
0	− 101.0	− 11.55	8.7
5	− 94.8	− 11.07	8.5
10	− 89.0	− 10.60	8.4
15	− 83.5	− 10.15	8.2
20	− 78.4	− 9.71	8.1
25	− 73.5	− 9.29	7.9
30	− 68.9	− 8.89	7.7
35	− 64.6	− 8.49	7.6
40	− 60.6	− 8.11	7.4

蒸发产生的水汽是大气水汽的来源，因此 δ_E 与大气水汽的同位素组成 δ_A 有关。通常，蒸发产生的水汽与周围空气中水汽的同位素组成不同。因此两者的混合物改变了大气水分原有的同位素组成。同时，被蒸发的水的同位素组成也发生了变化，蒸发剩余水中重同位素的含量增加。这种重同位素富集的程度取决于蒸发通量与蒸发水体水量的相对大小，以及该系统是开放的还是封闭的。蒸发通量占蒸发水体水量的比重大，开放式的蒸发系统都将导致蒸发剩余水中重同位素更高程度的富集。

Craig-Gordon 模型没有考虑微小水滴和飞沫蒸发对水面总蒸发通量的贡献。此外，如果蒸发水体没有很好地混合，在靠近蒸发表面的浅层水体和深层水体之间可能会形成同位素组成的梯度。此时，需要通过在该线性蒸发模型中引入液体内部的阻力项来考虑和处理（Craig et al.，1965）。尽管如此，Craig 和 Gordon（1965）模型（Craig-Gordon 模型，C-G 模型）是描述蒸发过程中同位素分馏最有用的模型，它经受住了时间的考验，得到了广泛的使用。

C-G 模型可以应用于混合良好的均匀的水体，即在任何时候水体表层和整个水体的同位素组成相同。这个假设并不一定适用于无风条件下的开放水体，或多孔介质（如土壤）中水的蒸发。不完全混合导致水体的表层存在一个边界层，其中的水相对于其他部分的水富集了重同位素，并在水体表层边界层中建立了浓度梯度。因此，通过在 C-G 模型中引入额外的阻力 ρ_l 来考虑这一点。假设水体表层边界层的深度恒定，则通过该边界层的通量为

$$E_i = E \cdot R_1 - \frac{R_s - R_1}{\rho_1}$$

将上式代入式（2-2）（注意 R_1 必须用水的表层同位素组成 R_s 代替）：

$$E_i = [\alpha_{v/1} R_1 (1 + E\rho_1) - h_N \cdot R_A] / (\rho_{Ai} + \alpha_{v/1} \rho_1)$$

因此，

$$\frac{\mathrm{dln}R_1}{\mathrm{dln}N} = \frac{h_N (R_1 - R_A) / R_1 - \varepsilon_{v/1} - \varepsilon_{\mathrm{diff}}}{(1 - h_N) - \varepsilon_{\mathrm{diff}} - \alpha_{v/1} E\rho_1}$$

相比于没有液体阻力

$$\frac{\mathrm{dln}R_1}{\mathrm{dln}N} = \frac{h_N (R_1 - R_A) / R_1 - \varepsilon_{v/1} - \varepsilon_{\mathrm{diff}}}{(1 - h_N) - \varepsilon_{\mathrm{diff}}}$$

显然，当 $\rho_1 \neq 0$ 时，同位素变化被减慢了。研究发现 ρ_1 最大为 $\frac{\rho_1}{\rho} = 0.2$（Mook，2000）。

由蒸发水汽的同位素组成模型可知，δ_E 主要取决于正在蒸发的水体的同位素组成 δ_1。在 δD-$\delta^{18}O$ 图中，δ_E 的值通常位于大气降水线（见第五章）上方，其偏离大气水线的程度取决于剩余水体相对于初始条件的同位素组成富集重同位素的程度。一般地，剩余水中重同位素越富集，蒸发水汽 δ_E 越偏离大气降水线。

第三节　氘盈余

水中氘（δD）和氧 18（$\delta^{18}O$）之间存在一种密切关系。全球降水的 δD 和 $\delta^{18}O$ 的最佳拟合线（大气降水线）为 $\delta D = 8\delta^{18}O + 10$。基于这种关系提出氘盈余（deuterium excess，d-excess）的概念，并定义为 d-excess $= \delta D - 8\delta^{18}O$。

氘盈余的产生与水中氘和氧 18 在相变过程中的分馏特性差异有关。在蒸发过程中，除了平衡条件下的液态水转化为水汽产生水同位素的平衡分馏外，空气中不同的同位素水分子的扩散率不同，也会产生动力学分馏效应。与 $^1H^1H^{18}O$ 相比，$^2H^1H^{16}O$ 的高扩散率导致了额外的同位素分馏，由此产生氘盈余。湿度相对于表面温度和风速是氘盈余大小的主要控制因素。水在较低的湿度下蒸发产生的水汽具有更大的氘盈余，同时剩余水的氘盈余变小。由于大气水汽处于饱和状态，云内形成降水的过程不会显著改变氘盈余。氘盈余可以用来确定水汽源区域。例如，源自地中海的冬季降水的特征是具有明显较高的氘盈余，反映了水汽形成过程中水汽源区的气候条件。当然，蒸发、混合过程也影响着氘盈余的大小，使其变化十分复杂。例如，陆面降水中氘盈余的增加也可能是由于陆面的再蒸发水汽大量混入造成的，而减少可能是云下雨滴的二次蒸发的结果。

蒸发产生水汽的 d-excess 值 d_E 可用下式估算：

$$d_E = \frac{d_1 - h_N d_A + {}^2\varepsilon_{v/1} - 8^{18}\varepsilon_{v/1} + {}^2\varepsilon_{diff} - 8^{18}\varepsilon_{diff}}{1 - h_N}$$

$$= \frac{d_1 - h_N d_A + {}^2\varepsilon_{v/1} - 8^{18}\varepsilon_{v/1}}{1 - h_N} + n\theta({}^2\Delta_{diff} - 8^{18}\Delta_{diff})$$

式中　d_1，d_A——蒸发剩余水和大气水汽的 *d-excess* 值。

几乎在任何情况下，${}^2\varepsilon_{v/1} - 8^{18}\varepsilon_{v/1}$ 都可以近似为零。${}^2\Delta_{diff} - 8^{18}\Delta_{diff}$ 近似等于 202.9‰。对于地表开放水体蒸发，n 可以设为 0.5，则蒸发产生水汽的 *d-excess* 值 d_E 近似为

$$d_E = \frac{d_1 - h_N d_A}{1 - h_N} + 0.1\theta$$

或

$$d_E - d_A = \frac{d_1 - d_A}{1 - h_N} + 0.1\theta$$

对于蒸发通量不显著扰动环境湿度的小水体，权重项 θ 可以设为 1；而 0.5 可作为大型水体的极限值。该方程提供了一个尺度因子，可以利用它比较由蒸发通量混合引起测量结果的变化。

第四节　植物腾发

降水的同位素组成对气象变量十分敏感，同时水汽输送过程中不断地降水和局地水汽的混入对降水同位素组成也有明显的影响。因此降水同位素组成既有明显的规律，也有强的时空变化。大气水、地表水、土壤水和地下水同位素组成都可以在不同的空间和时间上与降水输入联系起来。各种随后的蒸发、混合或与岩石圈的相互作用等过程可以用同位素组成来追踪或量化。然而，如果在水循环的过程中水同位素组成特征保持不变，那么水同位素的示踪能力就完全丧失了。但是，只有在特殊情况下原始的水同位素组成得以在新的相态中完全保存。例如，水池内的水完全蒸发干涸时，水从液相系统全部转移到气相系统同位素组成保持不变。另一个特殊的例子是植物腾发。大多数植物在根系吸收土壤水分的过程中不会引起同位素分馏。虽然相对于根部吸收的水，叶水通常富集重同位素（Cernusak et al.，2016），但质量平衡分析表明，蒸腾水汽的同位素比率在较长的时间尺度上（大于水在植物中的停留时间尺度，如天）与植物水源的同位素比率有较高的一致性。

可以用水体蒸发的同时获得了稳定的水源补给的瑞利模型来解释植物叶水富集重同位素的同时植物蒸腾水分的同位素组成与植物根系吸收的土壤水分同位素组成的一致性（图 2-5）。如第一节所述，对于输入通量等于输出通量的系统（如植物根系吸水通量等于叶片腾发量），当 $t \to \infty$ 时达到稳定状态，此时：

$$R = \frac{\alpha_i R_i}{\alpha}$$

应用于植物蒸腾作用时，可将 R 看作是叶水的同位素组成，R_i 是土壤水同位素组成，α_i 是根系吸水时同位素的分馏系数，α 是叶片蒸腾水汽时的分馏系数，可用 $\alpha_{v/l}$ 表示。通过植物蒸腾，水分经由植物的根、茎、叶、气孔从土壤输送到空气中，而没有净同位素分馏。水被植物根系吸收，并在植物体内的毛细管中输送，毛细管直径小，流速相对较高，可以防止含重同位素的水分子向下扩散而产生分馏。因此可认为 $\alpha_i = 1$，此时叶水的同位素组成可表示为

$$R = \frac{R_i}{\alpha_{v/l}}$$

该式表明，假定叶水是充分混合的，在植物叶片表面腾发伴随着分馏 $\alpha_{v/l}$，则腾发产生的水汽的同位素比率与根系吸收的土壤水同位素比率相同，均为 R_i。因此植物腾发没有净同位素分馏，而叶水中却相对于根系吸收的土壤水富集了重的水同位素。

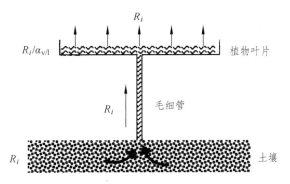

同位素比率为 R_i 的土壤水分经过毛细管内流动不发生分馏，植物叶片表面的蒸发伴随着分馏 $\alpha_{v/l}$。
在静态下，逸出的水汽与蒸腾的水汽具有相同的同位素比率 R_i，假定充分混合的
叶水则相对富集重同位素，其同位素比率为 $R_i/\alpha_{v/l}$。

图 2-5　蒸散发过程示意图

基于"在根吸收过程中水中的氧和氢同位素不会发生分馏"的假设，采集并测量植物根系向叶片输送的水分的氢、氧稳定同位素组成就可以确定植物利用水分的来源。例如，分析植物利用的水分是来自土壤水还是地下水，来自哪一层的土壤，不同位置水分的比率和时间变化等问题。然而，已有研究表明，这个假设对于盐生植物和旱生植物是不成立的。通过根吸收的大部分水在进入根木质部之前穿过内胚层的细胞膜，这会引起水的同位素分馏，导致根木质部水分的 ^{2}H 相对于周围土壤中的水减少。Ellsworth 和 Williams（2007）在控制条件下研究了 16 种木本盐生和旱生植物在根-土界面吸收水分过程中氢同位素的分馏。结果表明，12 种植物的木质部水同位素组成和周围土壤水的同位素组成存在明显偏差，Δ^2H 的范围为 3‰ ~ 9‰，且植物的耐盐性与 Δ^2H 的大小呈显著正相关。牧豆树（*Prosopis velutina*）的茎段、边材和根部水分中的 δ^2H 值显著低于土壤水分，是 16 种植物中 Δ^2H 值最大的。另外，植物吸收的水分通过 *Artemisia tridentata*（三叶蒿）和 *Atriplex canescens* 的完整根系时导致 δ^2H 值随着水流速率的增加而降低。因此，在使用稳定同位素方法研究盐生植物和旱生植物的水分来源时应十分谨慎。

第五节　叶水同位素组成

陆地上的水归根结底来自降水，可分为"蓝水"和"绿水"两部分。蓝水是指通过地表径流和地下径流最终回到海洋的部分；绿水是指被植物吸收获取并通过蒸发和蒸腾以水汽形式返回大气的部分（Rockström and Falkenmark，2000）。尽管绿水只占全球淡水储量的一小部分，但它通过支持光合作用和生态系统功能使陆地上的生命得以生存。特别地，生命对绿水的依赖在蓝水有限的干旱区尤其明显。地球上长期或季节性缺水的地区约占陆地面积的45%。干旱区植物的碳和水分吸收对降雨的敏感性高于湿润环境中的植物（Feldman et al.，2021）。植物从干旱区土壤中吸收的水不仅用于植物生长，而且还作为生态系统初级消费者的液态水来源。因此，干旱区叶水分是支持生态系统生产力和生物多样性的重要水资源。

基于叶水的稳定同位素组成能够追踪这一重要的绿色水库中的水的来源。在蒸腾过程中，相对于叶片吸收的源水，叶水变得富集氧和氢的重同位素（^{18}O 和 ^2H）。这种同位素富集程度受周围大气相对湿度的影响最为显著，温度的影响较小。因此，在叶水同位素组成的模拟中输入的相对湿度仅限于白天的值，以准确地代表蒸腾。叶水的 d-excess 反映了叶片周围的气象条件，并会影响大气水汽 d-excess 值（Simonin et al.，2014）。水汽同位素组成对叶水的水同位素比率和 d-excess 也有很大影响（Cernusak et al.，2022）

氧（$\delta^{18}O$）和氢（δ^2H）同位素比率及其相互关系（d-excess）随着水从大气到地表、进入土壤和植物并返回大气而改变。在蒸腾过程中，同位素分馏程度主要受气象条件控制，因此可以使用基于过程的模式和气象数据进行预测。叶水同位素特征的空间变化可以模拟和映射为等值线图，以方便地获得无资料地区的数据。叶水同位素组成的全球等值线在大空间尺度叶水氧和氢同位素比率变化的机制研究中十分有效（West et al.，2008；Woo et al.，2021）。在区域尺度的生态水文问题的研究中要考虑区域异质性的影响，需要高分辨率的叶水同位素等温线。对植物的叶温和通过气孔和叶边界层扩散过程中的动力学分馏（ε_k）等参数的经验校准可以实现对区域异质性的刻画。此外，水汽经常被假定与降水处于同位素平衡状态。虽然这种平衡可以在历时较长的降雨事件中发生，但在更大的时间尺度上，大气水汽通常与当地年降水不平衡（Fiorella et al.，2019）。最近在量化大气水汽非平衡性质及其对叶水同位素比率的影响方面取得的进展（Cernusak et al.，2022）提供了非平衡水汽的有效校正，改进了叶水同位素组成模拟（图 2-6）。叶水同位素比率不仅在空间上而且在时间上是高度可变的。源水、气象参数和蒸腾速率的短期波动均可导致一天内、单株内和叶片内叶水同位素比率出现波动。通过采用基于过程的模型，可以可靠地预测观测结果。

蒸腾引起的叶水氧和氢同位素富集可以使用改进的 Craig-Gordon 模型进行估算（McInerney et al.，2023）。该模型采用双池混合来确定处于稳态叶水同位素比率，如图 2-6 所示。叶水相对于源水的同位素富集可表示为（Δ_e，‰）：

$$\Delta_e = \left\{ \left(1 + \frac{\varepsilon_{1/v}}{1\,000}\right) \cdot \left[\left(1 + \frac{\varepsilon_k}{1\,000}\right) \cdot \left(1 - \frac{\omega_\alpha}{\omega_i}\right) + \frac{\omega_\alpha}{\omega_i} \cdot \left(1 + \frac{\Delta_v}{1\,000}\right) \right] - 1 \right\} \times 1\,000$$

式中　$\varepsilon_{1/v}$——液态水和气态水间的平衡富集馏系数，‰；

ε_k——通过气孔和边界层扩散的动力学富集系数；

ω_α / ω_i——空气中水汽与气孔内胞间空气水汽的物质的量分数之比（假定胞间水汽处于饱和状态）。

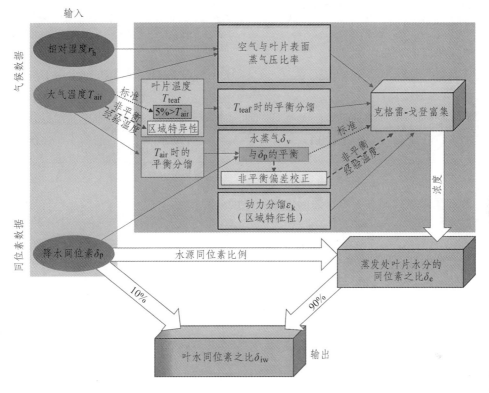

说明了两种模式选择："标准"和"非平衡经验温度"（NEET），并指出了它们之间的差异。
区域植物参数（叶-空气温度关系和动力学分馏）的具体经验估计用下划线表示
（Cernusak et al.，2016）。

图 2-6　叶水模型输入、参数和输出的示意图

水汽通过气孔扩散引起的氧和氢的重同位素经验分馏值可取 28‰ 和 25‰（Merlivat，1978），通过叶片边界层的相应值分别为 19‰ 和 17‰（Farquhar et al.，1989）。West 等（2008）使用的通过气孔时氧和氢重同位素经验分馏值分别为 32‰ 和 16.4‰，通过叶片边界层的值分别为 21‰ 和 11‰（Cappa et al.，2003）。ε_k 值也可以是根据不同类型植物的田间气孔阻力测量和基于风速和叶片大小对边界层阻力的估算结果而计算得到（Cernusak et al.，2016；Cernusak et al.，2022；Munksgaard et al.，2017）。

$$\varepsilon_{1/v} = (\alpha_{1/v} - 1) \cdot 1\,000$$

式中，平衡分馏系数 $\alpha_{1/v}$ 取决于叶片温度（T，℃）。根据 Horita 和 Wesolowski（1994）的算法分别计算叶温下氧和氢的平衡分馏系数：

$$\alpha_{1/v}^{18} = \exp\left[\frac{-7.685 + 6.712\,3\times\left(\dfrac{10^3}{T+273.15}\right) - 1.666\,4\times\left(\dfrac{10^6}{(T+273.15)^2}\right)}{1\,000} + \frac{0.35041\cdot\left(\dfrac{10^9}{(T+273.15)^3}\right)}{1\,000}\right]$$

$$\alpha_{1/v}^{2} = \exp\left[\frac{1\,158.8\times\left(\dfrac{(T+273.15)^3}{10^9}\right) + 794.84\cdot\left(\dfrac{T+273.15}{10^3}\right)}{1\,000} - \frac{1\,620.1\times\left(\dfrac{(T+273.15)^3}{10^6}\right) + 2.999\,2\cdot\left(\dfrac{10^9}{(T+273.15)^3}\right) - 161.04}{1\,000}\right]$$

Δ_v 为大气中水汽相对于源水的同位素富集度：

$$\Delta_v = \frac{\delta_v - \delta_p}{1 + \dfrac{\delta_p}{1\,000}}$$

式中　δ_v——大气水汽同位素组成，‰；

δ_p——降水同位素组成，‰。

降水同位素作为源水的同位素组成，则分馏后剩余叶水同位素组成 δ_e 可用下式估算：

$$\delta_e = \left(\Delta_e\left(1 + \frac{\delta_p}{1\,000}\right) + \delta_p\right)$$

由于 Péclet 效应以及与源水的混合，叶水同位素值通常低于 Craig-Gordon 模型的估计值。为了调整这些影响，可以使用蒸发点的水和源水之间的双池混合来估计叶水同位素组成。这里富集重同位素的叶水和源水按 9∶1 混合来估计叶水，以使得与经验观察结果最匹配。

$$\delta_{lw} = 0.1\delta_p + 0.9\delta_e$$

叶片温度参考 Lloyd 和 Farquhar（1994）的经典方法，按叶温（T_{leaf}）比白天气温（T_{air}）高 5% 估算。此外，McInerney 等（2023）使用了如下经验关系估算叶温：

$$T_{leaf} = 0.94 + 0.94\cdot T_{air}$$

可用两种方法估算大气水汽同位素组成 δ_v。第一种方法假定降水和水汽之间达到同位素平衡，使用白天平均气温计算得到的 $\varepsilon_{1/v}$ 和 $\alpha_{1/v}$ 估算与降水平衡的大气水汽同位素组成：

$$\delta_v = \delta_p - \varepsilon_{1/v}$$

然而，大气水汽通常无法与当地年降水处于同位素平衡状态。Fiorella 等（2019）估算了大气水汽同位素组成与平衡状态同位素组成的偏移量及其空间分布。基于该偏移量的估值可对大气水汽同位素比进行偏差校正，得到非平衡状态下的大气水汽同位素组成。

第六节　双水世界假说

Brooks 等（2010）发现美国俄勒冈州季节性干燥的区域内紧密结合在土壤表面的那部分土壤水可在漫长的夏季中保留下来并被树木吸收利用，同时不参与到雨季径流过程。换句话说，土壤水中存在这样一部分水，即它没有通过入渗水流被推动或者混合而从土壤表面置换掉，从而不会进入径流系统，而是通过植被的蒸腾作用参与水循环。基于这样的发现，加拿大的流域水文学家 Jeffrey J. McDonnell（2014）提出了"双水世界"假说：一个水世界被束缚在土壤颗粒表面由树木使用，不会对径流系统产生影响；另一个水世界是流动的，与渗透、地下水补给、坡面径流、地下水径流和河流等有关，与树木吸收的水无关。"双水世界"假设挑战了传统水文研究中的概念框架，指出了供应植物蒸腾的水与供应地表径流和地下径流的水是分离的（Bowen，2015；Evaristo et al.，2015；Good et al.，2015）。这个假说得到了同位素水文研究的数据支持（Hervé-Fernández et al.，2016；Luo et al.，2019）。

McDonnell 指出要理解"双水世界"假说，就要理解森林集水区的水的稳定同位素循环。图 2-7 显示了已有研究中观测到双水世界的集水区获得的氢氧稳定同位素数据。与世界各地湿润集水区的研究结果一样，流动水包括降水、负压装置提取的土壤水、地下水、坡面径流和河流都落在大气水线上[图 2-7（a）]。与来自这些地区的大多数数据集一样，降水的 δ 值跨越了最大的取值范围，土壤水、河流水和地下水的 δ 值范围逐渐减小。在 Brooks 等之前，我们认为如果对生长在潮湿集水区的树木的木质部水进行采样，那么 δ 值也会落在局地大气降水线上，处于土壤水或地下水 δ 值范围区间内。图 2-7（b）显示了 Brooks 等和 Goldsmith 等研究中木质部 δ 值在双同位素空间中的实际情况，即木质部水落在一个比局地降水线的斜率小得多的直线上。这就引出了一个问题：如果通过负压装置采集的土壤水分落在局地大气水线上，那么树木从哪里获得水分？通过 West 等的低温提取方法得到完整的土壤水样品（吸力低至 – 15 MPa）并测定其土壤水同位素组成，才得到答案：树木木质部内的水是通过吸收土壤颗粒表面紧密结合的土壤水（结合水）获得的。这表明植物所使用的水不是用普通负压装置获取的那部分土壤水，而是在更大的吸力下得到的束缚在土壤表面的那部分土壤水。这部分土壤水（结合水）在现有以水文学为基础的土壤水研究中很少得到关注，因为我们普遍倾向于认为这部分不能活跃地参与到水循环中。可见树木使用的水不是水循环系统里流动性更好的水。基于已有同位素研究的证据，"双水世界"假说认为植物正在使用结合更紧密的土壤水。考虑到水通过水势梯度在植物中移动，使用紧密结合在土壤颗粒表面的水而不是流动性更好的土壤水似乎是违反常理的。因为植物通常对降水有较灵敏的反应，降雨使土壤中流动性强的水显著增加，同时植物耗水量在降水事件后可显著增加。植物为什么更喜欢不容易获得的水令人费解。完整地论证或深入地理解"双水世界"假说需要进一步研究这种用水行为的植物生理和土壤物理基础，以及植物用水策略问题。

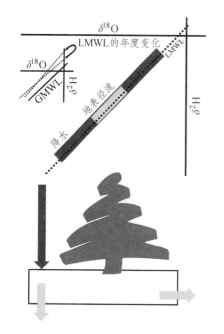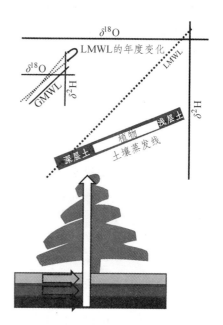

（a）流动的水混合空间和混合示意图　　　（b）低流动的水混合空间和混合示意图

相对于降雨输入信号，水流是滞后和受到阻尼的，因此其同位素值的分布较窄。同样，植物水分值的范围比紧密结合的土壤水分值的范围更窄。较浅的土壤水离大气水线最远（由于蒸发）；最深的土壤水在大气水线上。

图 2-7　两个水世界假设的图解形式（彩图见附录）

修改自 Jeffrey J. McDonnell，2014。

　　关于植物水源利用的早期研究往往使用单水同位素方法，通过植物木质部水的同位素信号识别植物利用的水源（Dawson et al.，1991）。这些研究包括了中纬度的蒙古（Li et al.，2007）、欧洲（Bertrand et al.，2012）和低纬度热带地区（Bonal et al.，2000；Moreira et al.，2000）。这些研究都使用 ^{18}O 或 ^2H 来确定空间和时间上的树木水源，没有使用双同位素方法来识别木质部水的同位素组成与大气水线的关系。在"双水世界"假说的验证研究中需要使用双水同位素，并且需要同时关注植物、土壤和河流中水的同位素组成。研究区域的蒸发影响不明显时，其他方法，如线性偏差（line-conditioned excess，*lc-excess*）和分段同位素平衡（the piecewise isotope balance，PIB）法可以用于该项研究（Luo et al.，2019）。其中，*lc-excess* 方法（Landwehr and Coplen，2006）比较水样的同位素组成偏离局地降水线 LMWL 的偏离程度（量化水样与 LMWL 的 δ^2H 偏差）。PIB 方法基于嫩枝木质部水分和降水的高频采样估算根区获取的水分中不同来源水分的比例。

　　"双水世界"假说的验证对同位素水文研究的采样提出了较高的要求，需要重新评估已有的采样技术（Dubbert et al.，2019）。例如，低温提取技术无法获得全部的土壤水样品，因此无法恢复土壤水真实的同位素组成。同样的原因，普通土壤水抽提装置在相对较低的吸力（＜60 kPa）下抽提的土壤水样品与高张力（＞1 100 kPa）低温蒸馏法得到的土壤水样品具有不同的同位素组成（Penna et al.，2018；Thoma et al.，2018）。目前，如何从土壤中提取并区分紧密结合的水和更具流动性的水仍然是"双水世界"假说研究的一个重要问题，开发新的更加精确的采样技术对该项研究是至关重要的（Liu et al.，2020）。同时，需要指出"双水世界"假说中提到的紧密结合在土壤表面、"不流动"的水具体是什么样的水，如何界定仍不明确。有部分学者认为用"土壤基质水"（Soil Matrix Water）来描述这部分水较为合适。这里使用"结合水"，一方面考虑其水力性质相似，另一方面是为了方便叙述。

"双水世界"是由土壤中孔隙水速度（Berkowitz and Zehe，2020）和张力（Berry et al.，2017）的差异产生的两个同位素不同且生态水文分隔的水域（Sprenger and Allen，2020），因此"双水世界"假说也被称为"生态水文分隔"假说（The Ecohydrological-separation Hypothesis）。目前，相关研究主要在林区开展。"双水世界"假说中的生态水文分隔现象一般出现在降水季节变化明显的地区（Liu et al.，2020）。在这些地区植物利用的水分主要来源于土壤中的结合水，但是植物仍可以利用土壤中的更具流动性的水，乃至河水和地下水。土壤水中流动性强的部分可以在数天到数月的时间尺度上与流动性较差的、被束缚在土壤颗粒表面的水不发生明显的混合，从而产生这种水文分隔现象。土壤中的大孔隙产生的优先流通过较快的流速而限制了与土壤表面结合较紧密的土壤水的混合，水动力限制是产生这种水文分隔现象的一种机理。然而，Radolinski 等（2020）认为这种物理分隔应该很少在自然界中被观察到。因为土壤中普遍存在的大孔隙引起的优先流可导致上述两个水域间的混合，使得土壤结合水的同位素组成对降雨特征的变化更敏感。这种混合可以在强降雨下触发更多的优先流动。Dubbert 等（2019）的研究结果表明，浅层土壤、植物水与地下水和河流水之间的同位素组成差异不是由于流动性和被束缚的土壤水之间的不完全混合或缺乏混合造成的，而是由干-湿循环过程中同位素蒸发富集的时空差异导致的。同时，一些研究指出土壤有机矿物优先结合 ^{18}O，因此土壤本身可以不依赖于蒸发富集而引起水同位素的动态分馏，使得利用如氘盈余等识别两个水世界的情况更加复杂。此外，干旱区的土壤水蒸发形成的再循环水汽还会影响降水的稳定同位素特征。冠层下的水汽循环，即来自土壤蒸发和树木蒸腾的水汽通过再凝结返回土壤，也可能导致土壤水分同位素组成变化。鉴于过程和机理的复杂性、自然地理条件的空间变异性和生物物种的多样性，"双水世界"假说或"生态水文分隔"的验证研究需要将双同位素方法与降水、土壤含水量、植物液流、土壤/植物水势等高频观测相结合，并首先在土壤物理方面确认土壤孔隙中保持两个水域分隔的明确机制，使用加权方法考虑混合作用和其他分馏过程等的影响，进行更详细的研究（Allen et al.，2019；Dubbert et al.，2019）。

第七节　蒸散发分割

有植被覆盖的区域同时存在土壤水蒸发 E 和植物腾发 T，这两种水汽通量合称为陆面蒸散发 ET。在大多数情况下，E 通量和 T 通量的同位素组成 δE 和 δT 是不同的。经过同位素分馏，从土壤中蒸发的水汽相对于土壤水将贫化重同位素，即同位素比低于土壤水。然而，植物腾发产生的水汽同位素组成与土壤水一致。假设土壤水混合均匀，水同位素测量可用于将陆面蒸散发划分为蒸发和蒸腾两个组分。

相对于 δE，δT 以重同位素富集为特征，总 ET 通量的同位素组成 δET 介于前述两种端元之间，则 T/ET 的比值可以用混合模型方程来估计（Wang and Yakir，2000）：

$$\frac{T}{ET} = \frac{\delta ET - \delta E}{\delta T - \delta E}$$

在该方法的应用中，蒸腾的同位素比率 δT 通常通过植物水源或茎干水的测量来估计，而蒸发同位素比率 δ_E 通常使用适用于土壤的 Craig-Gordon 模型来计算。陆面蒸散发的同位素组成 δ_{ET} 通常可以使用基林图、通量梯度法或者涡度相关法估算（Good et al.，2012）。

一、基林图法（Keeling Plot Method，KP）

Keeling（1958）利用观测到的沿海空气样本中 $\delta^{13}C$ 变化与 CO_2 含量之间的相关性来确定大气中 CO_2 升高的来源。自 1958 年以来，该方法得到广泛应用，特别是森林和农业用地上（Yakir and Sternberg，2000；Williams et al.，2004；Griffis et al.，2004；Yepez et al.，2005；Wang et al.，2010）。Keeling（1958）基于一个双端元混合模型，假设测量位置的气体含量是大气边界层中的气体含量和局地源贡献的混合，且两个端元的同位素组成是恒定的。需要注意，各端元同位素组成的空间异质性影响了基林图法的可靠性。此外，Lee 等（2012）指出基林混合模式也没有考虑大气边界层之上的水分输入对地面测量位置观测值的影响。在非稳态扩散条件下，基林图变为非线性，其基本假设失效（Nickerson and Risk，2009）。

用基林图法估算 δ_{ET} 需要测量大气水汽同位素比率和水汽含量。假设地表通量（δET）和大气边界层通量（δ_{abl}）的同位素组成不变，则测量位置的水汽同位素组成（δ_v）的关系式为

$$\delta_v \chi_v = \delta_{abl} \chi_{abl} + \delta_{ET} \chi_{ET}$$

式中 χ_v（mol H_2O/mol Dry Air）——在采样高度测量的水汽与干空气的摩尔（物质的量）混合比；

χ_{abl}（mol H_2O/mol Dry Air），χ_{ET}（mol H_2O/mol Dry Air）——测量位置每摩尔干空气中来自大气边界层或来自陆面蒸散发的水汽的物质的量（摩尔混合比）。需要注意，测量位置的水汽必须来自上空的气团和陆地表面（即满足 $\chi_v = \chi_{abl} + \chi_{ET}$），上面的方程可以整理为

$$\delta_v = \delta_{ET} + \chi_{abl}(\delta_{abl} - \delta_{ET})\frac{1}{\chi_v}$$

若两个端元是稳定的，即 δ_{ET}、χ_{ET}、δ_{abl}、χ_{abl} 是常数，则上式可看作是 $\frac{1}{\chi_v}$ 和 δ_v 的线性回归方程，其 y 轴截距即 δ_{ET} 可由图形计算得到。按照这个基林图法估算 δET，不需要获得 χ_{ET}、δ_{abl}、χ_{abl} 的值，实际上也无法求解它们。然而，基林图法要求线性回归的区间超出观测范围（Yakir and Sternberg，2000）。因此，利用基林图法时需要在不同的高度上进行 δ_v 和 χ_v 的测量，或者是在同一高度上获得不同的测量值。

Yepez 等（2003）利用基林图法进行了站点尺度陆面蒸散发分割。利用通量观测塔（图2-8），空气通过低吸附塑料管（Bev-a-Line IV，Thermo plastic Inc.）从 10 个高度（14 m、12 m、

10 m、8 m、6 m、4.6 m、3 m、1 m、0.5 m 和 0.1 m）收集，采集时间为 09:00—11:00 和 14:00—16:00，每次收集水汽 30 min，停 30 min，调节流量至 300 mL/min。空气中的水汽利用冷阱捕集。通过绘制每个高度的基林图，获得线性回归关系的 y 截距，即蒸散发通量（δ_{ET}）的同位素组成，并通过绘制不同高度的基林图得到冠层下部和上部的水汽通量同位素组成。

图 2-8　通量观测塔（图片为一个 AmeriFlux 观测网络的站点）

二、通量梯度剖面技术（Flux-gradient Profile Technique，FG）

通量梯度法基于 Monin 和 Obukhov（1954）提出并由 Businger 等（1971）进一步发展的相似性理论（Monin-Obukhov Similarity Theory，MOST），利用大气表层气体含量的垂直梯度估算气体组分通量（Griffis et al.，2004，2005）。假设蒸散发的水汽通量 F_{ET} [mol/(m$^2 \cdot$ s)] 与测量的水汽摩尔混合比随高度的变化 $\Delta\chi_v / \Delta z$ 成比例，即

$$F_{ET} = -K\,\frac{\overline{\rho_a}}{M_a} \cdot \frac{\Delta\chi_v}{\Delta z}$$

式中　K——水汽的涡流扩散系数，m^2/s；

　　　ρ_a——干空气的密度，kg/m^3；

　　　M_a——干空气的摩尔质量，kg/mol；

　　　Δz——观测高度的变化量，m。

分别写出重同位素（α，如 ^{18}O）和轻同位素（β，如 ^{16}O）的水汽通量 $^{\alpha}F_{ET}$ 和 $^{\beta}F_{ET}$ 表达式，则蒸散发通量的同位素组成可简单地表示为比值：

$$R_{ET} = \frac{^{\alpha}F_{ET}}{^{\beta}F_{ET}}$$

也可以用 δ 值表示为

$$\delta_{ET} = \left(\frac{R_{ET}}{R_{std}} - 1\right) = \left(\frac{^{\alpha}F_{ET}/^{\beta}F_{ET}}{R_{std}} - 1\right) \tag{2-3}$$

在估算短时间内（如≤1 h）的地表蒸散发通量的同位素比率时，假设每个同位素的涡流扩散系数、干空气密度和观测的高度位置相同，通量梯度法就大大简化了（Griffis et al., 2007; Drewitt et al., 2009）。则

$$R_{ET} = \frac{\Delta^{\alpha}\chi_{v}}{\Delta^{\beta}\chi_{v}}$$

即 R_{ET} 相当于 $^{\alpha}\chi_{v}$（mmol ^{18}O/mol Dry Air）和 $^{\beta}\chi_{v}$（mmol ^{16}O/mol Dry Air）之间线性回归的斜率 B_{FG}：

$$^{\alpha}\chi_{v} = A_{FG} + B_{FG}\,^{\beta}\chi_{v} \tag{2-4}$$

根据 δ 值定义有 $\quad B_{FG} = (\delta_{ET}+1)R_{std}$

因此，利用测量的水汽摩尔混合比 $^{\alpha}\chi_{v}$ 和 $^{\beta}\chi_{v}$ 的线性回归斜率 B_{FG} 可以估算陆面蒸散发通量的同位素组成 δ_{ET}：

$$\delta_{ET} = \frac{B_{FG}}{R_{std}} - 1$$

可以证明利用通量梯度法估计的 δ_{ET} 与用基林图法回归得到的 δ_{ET} 是近乎一致的。利用测量的水汽物质的量混合比可得：

$$\delta_{v} = \frac{^{\alpha}\chi_{v}/^{\beta}\chi_{v}}{R_{std}} - 1$$

则方程（2-4）两边同除以 $^{\beta}\chi_{v}R_{std}$ 可得：

$$\delta_{v} = \delta_{ET} + (A_{FG}/R_{std})\frac{1}{^{\beta}\chi_{v}}$$

该式与基林图法的方程近似。考虑到两种方法的假设条件都满足，且使用相同的数据时（ χ_{v} 近似等于 $^{\beta}\chi_{v}$ ），基林图和通量梯度方法将得到对地表通量的同位素组成相同的估计。Kammer 等（2011）也观察到了这种密切的相似性，证明当进行平均的时间间隔较短时（如小于 400 s），从重同位素和轻同位素的通量梯度回归斜率确定 R_{ET} 的通量梯度法和基林图法的结果之间的差异可以忽略不计。

Monin-Obukhov 相似性理论建立在平坦和水平均匀地形的假设上，这是该理论主要的局限性来源。考虑植被冠层引起的地面粗糙度，植被与湍流气流直接相互作用，导致涡流扩散系数变化。因此，通量梯度测量必须在冠层区域以上进行。由于观测方便，许多采用这种方法的同位素通量研究都是在均匀的农田上开展的。另外，该方法也不适合不稳定条件和小垂直梯度的情形（Sturm et al., 2012）。

三、涡度相关法（Eddy Covariance Method，EC）

涡度相关法使用高精度传感器高频率（≥1 Hz）观测由大气湍流运动所引起的风速、温度、水汽、二氧化碳等气象要素的脉动值，通过计算脉动量与垂向风速脉动的协方差来确定

近地层湍流输送通量。1951年，澳大利亚微气象学家 W. C. Swinbank 首先提出利用涡度相关原理来测定近地层大气中的热量和水汽垂向输送通量。20 世纪 90 年代以来，随着气象传感器技术、数据采集和计算机存储、数据分析和自动传输等技术的进步，涡度相关技术逐步发展成熟。目前，涡度相关技术在全球陆地生态系统通量观测网络（AmeriFlux、CarboEurope、AsiaFLUX、CarboAfrica 等）中被广泛采用为估计陆气之间水、碳和能量交换通量的标准方法（Lee et al.，2004）。对于不同同位素水分子的通量 $F[\mathrm{mmol/(m^2 s)}]$ 可用下式计算：

$$^{\alpha}F_{\mathrm{ET}} = \overline{\rho_\mathrm{a}} \cdot \overline{w'^{\alpha}\chi'} + S \text{ 和 } ^{\beta}F_{\mathrm{ET}} = \overline{\rho_\mathrm{a}} \cdot \overline{w'^{\beta}\chi'} + S$$

式中　$\overline{w'^{\alpha}\chi'}$ 和 $\overline{w'^{\beta}\chi'}$——重同位素（α）和轻同位素（β）的物质的量混合比率 χ 和垂向风速 w 的协方差；

　　　S——存储项，定义为地面与涡度相关测量高度之间 H_2O 的变化率。

忽略空气密度的波动和存储项。陆面蒸散发通量的同位素组成可用观测的重同位素和轻同位素通量的比率进行估算，即使用式（2-3）计算同位素组成 δ_{ET}。

此外，Griffis 等（2008，2010）利用基于激光光谱仪的高频同位素测量来估计碳和氧同位素的通量。类似的，δ_{ET} 的值也可以直接用水汽同位素组成的高频观测数据直接计算出来。同样忽略空气密度的波动和存储项，陆面蒸散发的同位素通量 I_{ET} 可定义为同位素组成和蒸散发通量的乘积：

$$I_{\mathrm{ET}} = \overline{F_{\mathrm{ET}}\delta_{\mathrm{EF}}} = \overline{\rho_\mathrm{a} w \chi_\mathrm{v} \delta_\mathrm{v}} = \rho_\mathrm{a}\overline{(\overline{w}+w')(\overline{\chi_\mathrm{v}}+\chi'_\mathrm{v})(\overline{\delta_\mathrm{v}}+\delta'_\mathrm{v})}$$

将上式展开为

$$I_{\mathrm{ET}} = \rho_\mathrm{a}(\overline{\delta_\mathrm{v}}\ \overline{\chi'_\mathrm{v}w'} + \overline{\chi_\mathrm{v}}\ \overline{\delta'_\mathrm{v}w'} + \overline{\chi'_\mathrm{v}\delta'_\mathrm{v}w'}) \tag{2-5}$$

其中，乘积 $\overline{\chi'_\mathrm{v}\delta'_\mathrm{v}w'}$ 比其他所有项都小几个数量级，可认为是零。此外，通量的同位素组成与通量大小无关，因此 $\overline{F_{\mathrm{ET}}\delta_{\mathrm{ET}}} = F_{\mathrm{ET}}\delta_{\mathrm{ET}}$。将方程式（2-5）除以标准 EC 通量 $F_{\mathrm{ET}} = \rho_\mathrm{a}\overline{w'\chi'_\mathrm{v}}$，则可以将 δ_{ET} 表示为

$$\delta_{\mathrm{ET}} = \frac{\overline{w'\delta'_\mathrm{v}}}{\overline{w'\chi'_\mathrm{v}}} \cdot \overline{\chi_\mathrm{v}} + \overline{\delta_\mathrm{v}} \tag{2-6}$$

基于涡度相关技术的观测数据，利用方程（2-6）可计算陆面蒸散发的同位素组成。方程（2-6）中 $\overline{w'\delta'_\mathrm{v}}$（‰·m/s）被称为陆气间的同位素强迫（Isoforcing，The Isotopic Forcing Values，I_F）（Lee et al.，2009）：

$$I_\mathrm{F} = \overline{w'\delta'_\mathrm{v}} = \frac{F}{C_\mathrm{v}}(\delta_{\mathrm{ET}} - \delta_\mathrm{v})$$

式中　$\overline{w'\delta'_\mathrm{v}}$——垂向风速 w 和水汽同位素组成 δ_v 的平均协方差；

　　　F——水分子的通量；

　　　C_v——水分子的物质的量浓度，$\mathrm{mmol/m^3}$。

基于同位素方法进行陆面蒸散发分割有明显的优缺点。在其他方法受到限制而难以应用的情况下，基于同位素的方法仍可以对 ET 进行有效的划分。例如，同位素方法可以应用于

草地生态系统的蒸散发分割，而树液径流测量方法无法应用于草地。然而，利用同位素方法研究区域到全球尺度 ET 分割时遇到了一些困难（Bowen et al.，2019）。首先，同一生态系统内的植物可能使用具有不同同位素组成的水源（Evaristo & McDonnell，2017），这使 δT 的估计复杂化。其次，在植物水分平衡未到达稳定状态时，估算蒸发量的同位素比率更具挑战性（Simonin et al.，2013；Dubbert et al.，2014），这限制了该方法在小时间尺度（如亚日尺度）过程研究的适用性。最后，土壤异质性给 δE 估算带来了显著的不确定性。新测量技术的发展有助于解决这些问题。例如，使用现场便携式激光光谱仪与原位土壤探针相结合，可以解析土壤水同位素分布和 δE 的高频动态（Volkmann and Weiler，2014；Oerter and Bowen，2017）。原位测量蒸腾水汽（Wang et al.，2012）和茎干水（Volkmann et al.，2016）的同位素组成的技术可以提高对生态系统水平 δT 的估计。使用同位素来估计全球尺度的 T/ET 时，由于一些方法上的假设（Schlesinger and Jasechko 2014）可能导致较大偏差。如 Jasechko 等（2013）基于同位素方法估计全球平均 T/ET 达 80%，明显高于非同位素方法和陆地表面模型的估计值（Good et al.，2015；Wei et al.，2017）。尽管存在明显的不确定性，陆地表面模型（Land Surface Models，LSMs）已开始纳入水同位素模拟（Wong et al.，2017），并与土壤-植物-大气连续体的水同位素观测相结合，改进这些模型中陆-气间水通量的表达。

综上所述，基于同位素的蒸散发分割结果的精度随着端元组分间同位素差异程度的提高和同位素组成的测定精度的提高而提高。在蒸散发分割中，蒸腾通量和蒸发通量通常在同位素组成上有明显的差异（如 $\delta^2 H$ 可相差 10‰）。然而，即使是场地尺度的观测研究，蒸腾通量和蒸发通量的同位素组成在空间和时间上仍可能有很大变化。因此，获得精确的蒸腾和蒸发水汽的同位素组成是蒸散发分割结果可靠的基本保证。

第三章　凝结和凝华

凝结和凝华是将物质从气态或气相转化为液态或固相的物理过程。当气相物质的温度降低和/或蒸气压力增加到其饱和点时，气态的分子密度达到其上限，通常会出现这种现象。若气体遇冷或加压后直接变成固体，则称为凝华。如果是气体混合物，则当气体混合物中某一给定组分在给定温度下的分压超过该组分在给定温度下的液体或固体形式的蒸气压时，就会发生该组分的凝结或者凝华。如果气体遇冷而变成液体，如水汽遇冷变成水，也可以称为冷凝，并且温度越低，凝结速度越快，其逆过程称作蒸发。在热力学里，三相点是指可使一种物质三相（气相、液相、固相）共存的温度和压强。水的三相点为 0.01 ℃（273.16 K）和 610.75 Pa。水的相图显示了不同温度和压力条件下水的三种状态（固态、液态、气态）之间的转变。

水汽凝结是水循环中的重要环节，如空气中的水汽接触到固体、液体表面，或是接触到云凝结核，便开始在水汽中形成团簇结构因而发生相变，形成液体或固体。对于一定压力下的水汽必须降到该压力所对应的凝结温度才开始凝结成液体。凝结对水循环至关重要，因为它是云形成的原因。这些云可能产生降水，是水返回地球表面的主要途径。当水在气态、液态和固态之间变化时，水分子的排列也会发生变化。水汽中的水分子比液态水的分子排列更加无序和随机，蕴含了更多的能量。当冷凝发生时，水汽变成液态水，其中的能量以热量的形式被释放到大气中，水分子的排列随即变得更有组织。随着空气的上升和冷却，其中的水汽会凝结出来，形成云。即使在清澈湛蓝的天空中没有云，空气中仍然存在微小的水滴。不过这些小水滴因太小而看不见。水分子与空气中的灰尘、盐和烟雾等的微小颗粒结合，形成云滴。云滴结合并生长，组成云。云滴的大小从 10 μm（百万分之一米）到 1 mm，甚至大到 5 mm。不断长大的云滴可能形成降水。降水本质上是从云的底部降落到地面的液态（雨）或固态（雪、雹、霰）形式的水。云的形成将来自地表的能量通过潜热的形式释放到高空中，调节了大气和地面之间的能量传递。云还通过将一些入射的太阳短波辐射反射回太空和将一些出射的陆地长波辐射反射回地球表面来调节着来自太阳的辐射能量进出地球系统的通量，对地表的净能量乃至地球的气候有明显的影响。特别地，晚上的云就像一条"毯子"将一部分热量保持在地表附近，对地表发挥了重要的保温作用。尽管云十分重要，但是云层的模式不断变化且难以预测，仍是地球系统模型中最大的不确定性来源之一。

凝结也发生在地面。湿度较高的空气遇到较冷的地表并冷却到露点时，水汽凝结就会形成雾。暖湿的空气沿地表移动时形成的雾称为平流雾。如果空气相对静止，在夜间地面温度下降时可能形成辐射雾。雾和云的区别在于形成过程中不需要上升的空气。除了雾以外，在不同的微气象条件下地面的水汽还可以通过结露或水汽吸附的形式凝结为液态水。这些来自大气并以露、雾和水汽吸附等形式凝结并沉积附着在地表和地物表面的液态水统称为非降雨水（Non Rainfall Water）。非降雨水是陆地水平衡的重要组成部分（Li et al.,

2021），作为一种有效的补充水源减少了干旱和半干旱区的水资源短缺（Groh et al., 2018）。墨西哥草原旱季的露水量可以占降雨量的22.5%（Aguirre-Gutiérrez et al., 2019）。中国夏季风过渡带在干旱的非季风季节非降雨水量可以达到降水量的3.5倍（Zhang et al., 2019）。非降雨水是干旱和半干旱区的重要水源，可缓解植被的水分胁迫（Guerreiro et al., 2022；Jia et al., 2019），可被叶片直接吸收利用（Xu et al., 2022；Binks et al., 2021；Zhang et al., 2019），提高植物的含水量（Zhuang et al., 2021），延长光合作用（Lakatos et al., 2012；Reyes-García et al., 2008）。露水可能是荒漠绿洲边缘梭梭林的稳定水源，对建立固沙植被稳定沙丘具有重要意义（Zhuang et al., 2017）。非降雨水还可以激发生物结壳的光合活性（Chamizo et al., 2021；Zheng et al., 2018）。此外，一些动物是靠非降雨水这种凝结而来的水作为水分来源，如魔蜥、拟步行虫、黄粉虫、壁虎。因此，非降雨水对维持干旱和半干旱地区的生态系统具有重要意义。

凝结和凝华是理解云、雾、露和水汽吸附以及与之相关的水循环和能量传递过程的核心环节。水同位素在凝结和凝华研究中可以发挥独特的作用。由于较轻的水分子 $^1H^1H^{16}O$ 具有较高的蒸气压，即相对于较重的水分子在气相中有更大的容量空间，可以"优先"进入气相中。因此水汽中常常相对富集了较轻的同位素 ^1H 和 ^{16}O，并导致海洋上空水汽中的 δD 和 $\delta^{18}O$ 均为负值。相反地，当云中的水汽冷凝形成雨滴时，液相中便会相对气相富集较重的同位素 D 和 ^{18}O。由于 D 和 ^{18}O 不断地由潮湿的空气中优先冷凝，从而使剩余的气相中越来越富集 ^1H 和 ^{16}O，δD 和 $\delta^{18}O$ 越来越小。相应地，随着降水的不断进行，降水的 δD 和 $\delta^{18}O$ 随着水汽的 δD 和 $\delta^{18}O$ 的减少而减小。当密集的云内水汽通过凝结过程形成降水时，雨滴中按照氢元素和氧元素分馏系数的比例富集 D 和 ^{18}O，导致全球降水线的斜率约为8（张应华等，2006）。全球年总蒸发量大约是 505 000 km^3，其中 434 000 km^3 是蒸发自海洋。海洋蒸发量约占全球总蒸发量的 86%（Schmitt and Wijffels, 1993），其中绝大部分发生在低纬度海洋上。因此，大气水汽输送通量的总体方向是海洋向陆地和低纬度海洋向高纬度地区。水汽输送过程中不断发生的凝结过程使得总体上向内陆方向和向高纬方向的降水中 δD 和 $\delta^{18}O$ 逐渐减少。因此，在陆地河流的河口地区（来自内陆）和寒冷的极地地区，海水的 δD 和 $\delta^{18}O$ 值略为负，相对于平均海水（$\delta = 0$）略贫化重同位素。

第一节　云内水同位素垂直分布的瑞利模式

降水的形成是气团在空气动力或地形因素下抬升的结果。在绝热膨胀过程中，空气团冷却，直到达到露点。如果存在适当的凝结核，就会凝结成云滴并逐步变大成为雨滴。通常认为在云中相对温暖的部分，云滴和空气中的水汽之间发生了快速的同位素交换并处于局部的同位素平衡。然而，在云中较寒冷的部分，由于含重同位素的水汽分子"优先"向固体冰粒扩散，会发生额外的同位素分馏（Jouzel and Merlivat, 1984）。当云滴彼此结合成为雨滴并开始从上升的空气中降落到地面时，进一步的同位素交换过程乃至云底至地表空气柱内的雨滴蒸发发生了，放大了液相和气相之间的同位素分馏程度。因此，许多学者将云模拟为多级垂直精馏塔模型（Kirschenbaum, 1951；Tzur, 1971）。

Ehhalt（1967）发现云内水汽同位素组成的垂直梯度可以用理想的瑞利定律很好地描述。经典瑞利过程适用于开放系统，即假设水汽凝结产物一经形成便迅速从云中移去。湿气团在上升过程中不断凝结，导致剩余水汽分数 f 减少，分馏过程使得水汽同位素组成不断贫化重同位素，形成云内高度越高水汽越贫化重同位素的垂直梯度。这一过程中水汽同位素组成用瑞利蒸馏方程描述为

$$R_v = R_v^0 f^{\alpha-1}$$
$$\alpha = \frac{R_l}{R_v}$$

式中　R_v——剩余水汽同位素比；

　　　R_v^0——初始水汽同位素比；

　　　f——剩余水汽分数。

　　假定在云团中的水汽在凝结过程中温度变化不大，且由于云团内部湿度较高可近似忽略动力分馏的影响，从而 α 可用凝结过程的平衡分馏系数 $\alpha_{l/v}$ 替代（表3-1）。实际上云内温度和水汽分子总量的变化（湿度）会导致 α 的变化。但是实际中大多数降水形成过程所发生的云内分馏往往接近平衡分馏模式。在靠近云顶的高层，重同位素变得极端贫化。雪或冰雹不受同位素交换的影响保留了高空的同位素组成。所以冰雹被用来探测云的内部结构（Facy et al.，1963；Bailey et al.，1969；Macklin et al.，1970；Jouzel et al.，1975）。在冰雹由外而内的不同层中测得的稳定同位素含量可以与 Rayleigh 蒸馏模型预测的云内垂直同位素剖面相匹配（图3-1）。

　　上述云内水汽凝结过程的瑞利方程用 δ 值的形式可表示为

$$\delta_v = (\delta_v^0 + 1) f^{\alpha_{l/v}-1} - 1$$

式中　δ_v——剩余水汽同位素 δ 值；

　　　δ_v^0——初始水汽同位素 δ 值。

则凝结形成的雨滴同位素组成 δ_l 为

$$\delta_l = \alpha_{l/v}(\delta_v^0 + 1) f^{\alpha_{l/v}-1} - 1$$

对于已知同位素组成的水汽首次凝结产生雨滴的同位素组成（$f=1$）可简化为

$$\delta_l = \alpha_{l/v}(\delta_v^0 + 1) - 1$$

　　例子：赤道地区地表水的蒸发导致水汽团的形成，与海水相比，水汽贫化 ^{18}O 和 D。这种潮湿的空气被迫进入北半球更偏北、更冷的空气中，在那里水凝结。假设水汽中 $\delta^{18}O_v = -13.1‰$，$\delta D_v = -94.8‰$，取平衡分馏系数 $\alpha_{l/v}(O) = 1.009\,2$，$\alpha_{l/v}(H) = 1.074$，则该水汽首次凝结形成降水的同位素组成可做如下估算：

$$\delta^{18}O_l = 1.009\,2(-13.1‰ + 1) - 1 = -4.0‰$$
$$\delta D_l = 1.074(-94.8‰ + 1) - 1 = -27.8‰$$

由计算结果可知，凝结水中同位素组成较原始水汽富集重同位素，这是凝结过程中重同位素

"优先"进入液相造成的。随着 ^{18}O 和 D "优先"从水汽中除去，剩余的水汽越来越贫化重同位素，由剩余水汽凝结形成的降水也随之贫化重同位素，δ 值逐渐偏负。

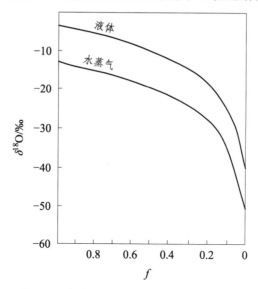

图 3-1　水汽凝结过程的瑞利模式示意图

表 3-1　液态水相对于水汽的平衡分馏因子 $\alpha_{l/v}$（Majoube，1971），以及由水温计算的液态水上覆空气的饱和水汽压 p_{SAT}（Ward and Elliot，1995）。

$t/^{\circ}C$	$^{18}\alpha_{l/v}$	$^{2}\alpha_{l/v}$	p_{SAT} /hPa	$t/^{\circ}C$	$^{18}\alpha_{l/v}$	$^{2}\alpha_{l/v}$	p_{SAT} /hPa
0	1.011 73	1.112 55	6.110	16	1.010 15	1.090 06	18.192
1	1.011 62	1.110 99	6.570	17	1.010 07	1.088 82	19.388
2	1.011 52	1.109 44	7.059	18	1.009 98	1.087 60	20.651
3	1.011 41	1.107 92	7.581	19	1.009 89	1.086 39	21.986
4	1.011 31	1.106 42	8.136	20	1.009 80	1.085 20	23.396
5	1.011 21	1.104 95	8.727	21	1.009 72	1.084 03	24.884
6	1.011 11	1.103 49	9.355	22	1.009 63	1.082 88	26.455
7	1.011 01	1.102 06	10.023	23	1.009 55	1.081 74	28.111
8	1.010 91	1.100 65	10.732	24	1.009 46	1.080 61	29.857
9	1.010 81	1.099 26	11.486	25	1.009 38	1.079 51	31.697
10	1.010 71	1.097 88	12.285	26	1.009 30	1.078 41	33.635
11	1.010 62	1.096 53	13.133	27	1.009 22	1.077 34	35.676
12	1.010 52	1.095 20	14.032	28	1.009 14	1.076 27	37.823
13	1.010 43	1.093 89	14.985	29	1.009 06	1.075 23	40.083
14	1.010 34	1.092 59	15.994	30	1.008 98	1.074 19	42.458
15	1.010 25	1.091 32	17.062				

对于封闭系统，如云中水汽凝结成小水滴悬浮在云内未降落，系统内总水分子数量 N 同时也是系统内水汽凝结前水汽分子数量的初始值 N_0，且有任意时刻水汽分子数量 N_v 与水滴中分子数量 N_1 之和等于系统内水分子数量总数 $N(N_0)$，即封闭系统内满足质量守恒。同理，在水汽凝结过程中的 t 时刻，由重同位素分子的质量守恒可得：

$$N_1 R_1 + N_v R_v = N_0 R_0$$

方程两边同除以 N_0，代入凝结过程中剩余水汽比率 $f(N_v / N_0)$ 可得：

$$(1-f)R_1 + fR_v = R_0$$

分别代入 $\alpha_{1/v} = R_1 / R_v$，可得：

$$R_v = \frac{R_0}{\alpha_{1/v} - (\alpha_{1/v} - 1)f}$$

$$R_1 = \frac{\alpha R_0}{\alpha_{1/v} - (\alpha_{1/v} - 1)f}$$

表示为 δ 值的形式，如：

$$\delta_v = \frac{\delta_0 + 1}{\alpha_{1/v} - (\alpha_{1/v} - 1)f} - 1$$

$$\delta_1 = \frac{\alpha_{1/v}(\delta_0 + 1)}{\alpha_{1/v} - (\alpha_{1/v} - 1)f} - 1$$

第二节 云内水汽凝结物同位素组成模拟

在大多数模式中，云内水汽凝结物的同位素比值的演化是使用瑞利模型计算的，忽略了云内微物理和对流动力学特征对同位素分馏的影响。近年来，Flossmann 和 Wobrock（2010）利用描述云微物理的 Descam 模型以云内液滴和冰晶中水的 ^{18}O 质量作为上述微粒大小的函数，模拟云内冷凝/蒸发过程中的同位素分馏。Hiron 和 Flossmann（2020）将 Descam 模型与一个简单的对流云动力学模型耦合，模拟追踪了云内气溶胶粒子形成降水的水滴和冰晶颗粒的演变过程和水同位素的变化。结果表明，云内液滴和冰晶的大小对同位素比值有一定的影响。在类卷云形成早期，分馏因子的减小可导致水汽凝结物的同位素比值减小。然而，在水汽凝结物达到其沉降半径之前，分馏因子改变的影响是十分有限的。一旦水汽凝结物开始降落，就会失去同位素平衡，导致水汽凝结物的同位素比率降低。在高海拔地区云内形成的冰晶很少到达沉积半径，因此有更长的停留时间。由于这些海拔的云内冰水占总水的比重相对较高，水汽的在持续凝结后变得十分贫化重同位素。在模型模拟的结果中，冰晶停留时间越长，地面降水的同位素比值越低。降水同位素特征可以识别出云内形成降水微物理路径，但降水中同位素比率变化的主要推动因素可能是云的动力演化。

云内水汽凝结过程中，考虑云微物理和动力学特征的水汽凝结物的同位素 ^{18}O 演化过程可按如下方法表示（Hiron 和 Flossmann，2020）。在该方法中同位素比率被表示成所有重同位素分子和轻同位素分子的总质量比。云内液水的同位素比 R_l 定义为

$$R_l = m_{l,18} / m_{l,16}$$

式中　m_l——水滴质量

18——由 ^{18}O 原子组成的水分子；

16——由 ^{16}O 原子组成的水分子，近似为总水量。

云内液滴与周围气团之间处于同位素平衡状态，平衡分馏系数仅是温度的函数，在低于 $-15\ ^{\circ}C$ 时可表示为

$$\alpha_{l/v}(^{18}O) = \exp\left(\frac{1\ 137}{T^2} - \frac{0.415\ 6}{T} - 2.066\ 7 \times 10^{-3} \right)$$

式中　T——开尔文温度。

然而，这种平衡分馏只在云内液滴和气团之间的界面上有效。需要考虑水汽中由气块和水滴表面的温度差异，以及重水分子和轻水分子扩散率的差异等产生的同位素梯度。考虑这种动力学分馏效应，云内凝结过程的分馏系数可表示为（Bolot et al.，2013）：

$$\alpha = \frac{\alpha_{l/v}}{1 + (\beta_l - 1) \cdot (1 - [S_l^{\text{eff}}]^{-1})}$$

式中　β_l——重水分子和轻水分子扩散率相关的比值；

S_l^{eff}——云内气块温度下液滴表面的有效饱和度，详见 Bolot 等（2013）的附录 B。

液滴中的重同位素分子物质量的变化可以表示为

$$\frac{\mathrm{d}m_{l,18}}{\mathrm{d}t} = R_l \cdot \frac{\mathrm{d}m_{l,16}}{\mathrm{d}t} + m_{l,16} \cdot \frac{\mathrm{d}R_l}{\mathrm{d}t}$$

这个方程包含两种物理现象。等号右边第一项对应于液滴表面的冷凝（或蒸发）过程中重水同位素分子随时间的质量增量；液滴与其周围环境处于同位素平衡状态。等号右边第二项对应于液滴中同位素比值与周围环境趋近平衡状态的弛豫过程中（Bolot et al.，2013），重水同位素分子随时间的质量增量。弛豫过程（Relaxation，非平衡系统慢慢演变为平衡态）可用下式表示：

$$\frac{\mathrm{d}R_l}{\mathrm{d}t} = \frac{1}{\tau}(\alpha R_v^{\infty} - R_l^s)$$

式中　τ——特征弛豫时间（Bolot et al.，2013）；

R_v^{∞}，R_l^s——云内气块中和液滴表面重同位素分子的水汽密度。

将上式积分可得到弛豫过程中同位素比率的时间变化。最后，可得到液滴中重同位素水分子质量在凝结（或蒸发）过程中的时间演化方程：

$$m_{l,18}(t + \Delta t) = m_{l,18}(t) + R_l^s(t)\Delta m + m(t)[\alpha R_v^{\infty} - R_l^s(t)]\left(1 - \exp^{-\frac{\Delta t}{\tau}}\right)$$

$$\tau = \frac{r^2}{3} \cdot \frac{\rho_1}{\rho_v^\infty} \cdot \frac{\alpha}{D_{v,18} f_{v,18}}$$

$$\rho_v = \rho q_v$$

式中　　r——液滴半径；

　　　　ρ_v——水汽含量，$g \cdot cm^{-3}$；

　　　　ρ——空气密度；

　　　　q_v——比湿度（空气中水蒸气的混合比，单位质量空气中水汽的质量）；

　　　　D_v——重同位素水分子扩散系数；

　　　　f_v——系数。

与云中液滴相似，冰晶颗粒的水同位素比 R_i 定义为

$$R_i = m_{i,18} / m_{i,16}$$

式中　　m_i——冰晶颗粒中水的质量。

云中水汽凝华生成冰晶颗粒的平衡分馏因子可表示为（Majoube，1970）

$$\alpha_{i/v}(^{18}O) = \exp\left(\frac{11.839}{T} - 2.8224 \times 10^{-2}\right)$$

考虑动力学分馏的凝华过程分馏因子 α 的定义与液滴相同。理想情况下，冰晶的每一层冰壳的同位素组成是不一致的。然而，通常情况下假设冰晶中的同位素比例是均匀的，忽略这种同位素组成的变化。对于冰晶，液滴中的弛豫现象同样被忽略了。对于升华过程，同样假设冰晶不发生分馏。因此，冰晶颗粒中重同位素水分子质量的变化可表示为

$$\frac{dm_{i,18}}{dt} = \begin{cases} \alpha R_v^\infty \cdot \dfrac{dm}{dt} & \left(\dfrac{dm}{dt} \geqslant 0\right) \\[3mm] R_i \cdot \dfrac{dm}{dt} & \left(\dfrac{dm}{dt} < 0\right) \end{cases}$$

综上所述，在 Descam 模型中可以估算出凝结在气溶胶上的液滴或冰晶的重同位素水分子和总水分子的质量变化，进一步可以得到云内水汽凝结物的同位素比率 R_1 和 R_i 在凝结过程中的变化。根据同位素 δ 值的定义式，可以得到水汽凝结物的同位素组成。

$$\delta_{sample} = \left(\frac{R_{sample}}{R_{standard}} - 1\right) \times 1\,000$$

式中　　R_{sample}——云内水汽凝结物的同位素比率 R_1 和 R_i；

　　　　$R_{standard}$——维也纳平均海水（VSMOW）的同位素比率，对于 ^{18}O 该比值为 2.228×10^{-3}。

该模拟方法除了可以模拟云内水汽凝结物的同位素组成变化，也可以模拟水汽凝结物蒸发过程的同位素组成变化。

第三节 对流层顶层脱水过程

水汽是最重要的温室气体之一。水汽反馈机制可以导致平流层冷却。在对流层上层（The Upper Troposphere，UT）和平流层下层（The Lower Stratosphere，LS），水汽、液态云滴和冰粒在很大程度上影响辐射平衡、大气环流和大气化学，是气候系统的关键组成部分。已有观测表明热带对流层顶温度出现下降（Randel et al.，2000），这有利于冷池扩大加深，因此将加强热带对流层顶层脱水。然而，在过去的半个世纪里，平流层湿度仍然翻了一倍（Rosenlof et al.，2001），表明从对流层进入平流层的水汽依然增加了。据估计，进入平流层下层的空气中水汽含量（体积分数，余同）为 $(3\sim4.1)\times10^{-6}$（WCRP，2000），低于在全球平均对流层顶温度下通过冷冻干燥确定的饱和混合比（4.5×10^{-6}）。

了解对流层上层和平流层下层中水的来源和汇以及平流层脱水的机制是地球科学中仍然存在的重要挑战之一。一般认为脱水主要发生在距地表 13~19 km 高度范围的热带对流层顶层（The Tropical Tropopause Layer，TTL），存在两种相互竞争的机制："对流脱水"和"逐渐凝结脱水"。对流脱水是由于上升气团对流过冲（Overshooting）超过其中性浮力高度（The Level of Neutral Buoyancy，LNB，凝结水的重力大小等于气流的浮力的高度）而发生水汽冷凝和脱离气流，使得上升气流脱水（水汽含量 $\leq1\times10^{-6}$）。逐渐凝结脱水是空气在缓慢上升过程中通过温度低于对流层顶全球平均温度的"冷池（Cold Pool）"区域而脱水。

水同位素是诊断输送和脱水机制的敏感示踪剂。大气水汽 δD 的垂直剖面自海洋表面的 $-86‰$ 开始，向上到最冷的对流层顶可单调降低到 $-950‰$。类似的，已有报道表明，极地涡旋对流层顶水汽的 δD 为 $-(837\pm100)‰$，西半球中纬度的得克萨斯州对流层顶水汽的 δD 为 $-(810\pm213)‰$，在中低纬度地区，对流层顶水汽的 δD 为 $-670‰$。Kuang 等（2003）报告了从 16.5 km 到 13 km 的热带对流层顶的水汽的 δD 接近恒定值 $-(648\pm40)‰$。空气主要通过热带对流层顶层进入平流层下层（图 3-2）。Moyer 等（1996）推测由于存在漂浮的小冰粒导致观测到的平流层水汽相对富集 D，δD 可为 $-670‰$。卷云尤其影响对流层水冰和水汽含量，尤其是对干燥的亚热带的辐射平衡产生很大的影响。佛罗里达地区卷云实验（CRYSTAL-FACE，2002）表明云水的 D 值和 ^{18}O 值与压力和温度的相关性较差，但与总水量的正相关性较强。因此，脱水前后云水的同位素组成可能发生明显的变化。实验观测到尼加拉瓜东海岸低纬度 12°~13°N，对流层顶高度 13.9~15.5 km，由深层对流产生的低温（$-72℃$）热带卷云具有高 δD 值和 $\delta^{18}O$ 值（0‰），而周围水汽的同位素组成值极低（$-600‰$，$-150‰$），表明云水来源于从地表升起的水汽。相应地，在 14.8 km 的极冷对流层顶（$-78℃$），冰占比达 60% 的薄卷云同位素组成值带有其周围水汽的同位素特征（明显偏低）是由已脱水的空气在高空原位形成的，不是由地表升起的残留浮冰。

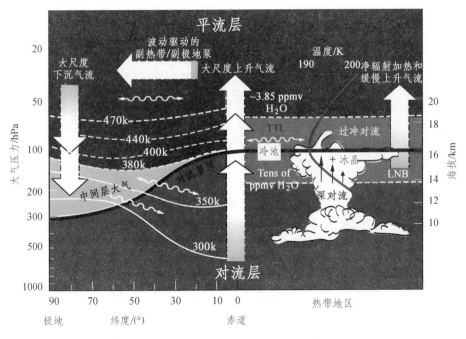

图 3-2　大气环流及热带对流层顶（TTL）特征示意图

图片修改自 Webster et al.，2003。

热带对流层顶层是区分脱水机制的最佳区域（Highwood and Hoskins, 1998）。逐渐凝结脱水模式遵循瑞利蒸馏，所有冷凝水在绝热冷却过程中从系统中脱离。然而，在热带对流层底部，观测到水汽和凝结水的同位素组成偏离瑞利模型的情况。这可能是该区域强烈的、深度的对流活动导致凝结水无法脱离的结果。经对流过程上升到离对流层顶 3 km 以内的冰晶相对富集重同位素（平均组成 $\delta D = -130‰$；$\delta^{18}O = -42‰$），伴随同位素组成变化范围很大的水汽。根据冰和水汽总和可计算得到对流层顶 3 km 内冰的总混合比率约 25%。若 22% 的对流层顶水汽来自这些冰晶蒸发，剩余 78% 的水汽来自上升的水汽（$\delta D = -800‰$；$\delta^{18}O = -270‰$），则可得到进入平流层下层的水汽同位素组成为（$\delta D = -653‰$；$\delta^{18}O = -220‰$）。这个估算结果与在平流层下层的观测结果一致。如图 3-3 所示，热带对流层顶层的 δD 测量结果表明冰晶漂浮在热带对流层顶层下部，同位素组成变化范围极大（$\delta D = 0 \sim -900‰$）。水汽的同位素值也有很大的变化范围。在热带对流层顶层的上部，进入平流层的水 δD 范围较窄（平均 -620‰）。这个值非常接近图 3-3 中所有热带对流层顶层的观测数据平均值 -626‰。这两个值都明显低于热带对流层顶层中观测到的冰的平均值（$\delta D = -194‰$）。因此，可推测进入平流层的冰晶在总水量中的占比小。尽管对流脱水模式的贡献可能很大，但是在瑞利曲线附近仍然可以观察到一部分数据点，这个结果只能从逐渐上升的凝结中得到，即存在逐渐凝结脱水模式。综上所述，热带对流层顶层输送到平流层的空气经历了对流脱水和上升过程的逐渐冷凝脱水的混合脱水过程，产生大量漂浮在对流层顶部的冰晶。平流层中水 δD 和 $\delta^{18}O$ 组成是自下层进入的空气在热带对流层顶层内经广泛的同位素混合而形成的。

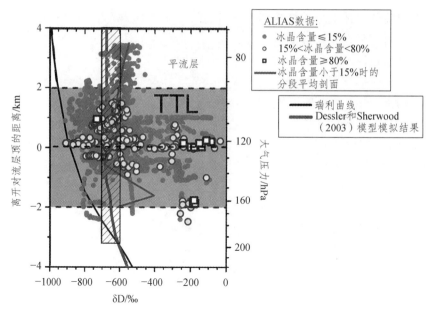

热带卷云和卷云层的区域研究佛罗里达地区卷云实验[CRYSTAL-FACE]中，水同位素在 WB-57 飞机上通过机载激光红外吸收光谱仪（Aircraft Laser Infrared Absorption Spectrometer，ALIAS）采样大气的总含水量测量。

图 3-3　热带对流层顶层水同位素组成的机载激光红外吸收光谱仪测量结果和模型模拟结果。

图片修改自 Webster et al.，2003

第四节　山地云林的雾水输入

在气象学中，凡是大气中因悬浮的水汽凝结，水平能见度低于 1 km 时的天气现象被定义为雾。《美国气象学会气象学词汇》（Glickman，2000）指出雾与云的不同之处在于雾的底部在地球表面，而云在地表之上，也可以将雾理解为接近地面的云。雾和霾的区别主要在于水分含量的大小：水分含量达到 90% 的叫雾；水分含量低于 80% 的叫霾；水分含量在 80% ~ 90% 的，是雾和霾的混合物，但主要成分是霾。另外，直径为 0.2 mm 的水滴被认为是云滴大小的上限，只有非常强大的上升气流才能维持它们悬浮。雨被定义为液滴尺寸大于 0.5 mm。虽然通过液滴的大小区分雾和雨是最精确的方式，但是这样绝对的划分仍有些武断，例如，活跃的积云有时包含更大的云滴。这里"雾"用来指地表上保持悬浮在空气中而不下降的小液滴，"雨"指的是大到足以落入传统雨量计的液滴（雨滴的大小阈值将取决于风的条件）。"云水"是云中出现的小液滴、毛毛雨和雨等的统称。

雾滴主要是空气中水汽在冷却到露点温度以下之前的凝结物。山地云林中可能出现不同类型的雾，包括平流雾（Advection Fog）、海雾（Sea Fog）、蒸汽雾（Steam Fog）、辐射雾（Radiation Fog）和地形云（Orographic Clouds）。平流雾是在其他地方形成的雾，然后水平输送到山脉。在沿海地区，这种平流雾可能起源于海雾或蒸汽雾。当暖气团移动到寒冷的海水上时，海雾就形成了。这种平流雾经常出现在北美和南美的太平洋沿岸，并影响到这些地区的沿海山脉。相反，当水面的蒸发超过其上方冷空气吸收水分的能力时，多余的水汽凝结成液态水滴，在温暖的水体上形成蒸汽雾。当潮湿的空气冷却到露点温度以下时，就会产生辐射雾。通常，辐射雾是在夜间形成的。地形云（上坡雾或山雾）是由于地形迫使潮湿空气上升而形成的。当盛行风吹向整个山脉时，可能在大范围内发生地形云；或者在小范围内，当热强迫风吹向上坡时同样可能发生。

山地云林的雾团中，水汽和液态水之间的同位素分馏受到温度高低、分子扩散速度快慢、分子键（分子间依靠偶极间的作用力相互结合称为分子键）强弱的影响，使得凝结物具有不同的同位素组成，并对凝结这种物理变化过程产生标记效果。因此，水的稳定同位素（^{2}H和^{18}O）组成可以作为确定和识别山地云林雾水数量和运输途径的有效工具。虽然雾水稳定同位素测量结果最早于20世纪60年代发表，但是已有的雾水同位素研究在同位素水文研究中的占比极其小。

随着时间的推移或高度增加，同一水汽团产生的降雨将逐渐贫化重同位素。对于山地云林，云与陆地表面相交形成云雾，情况变得更加复杂。在云雾内采样时，样品可能由不同大小、不同高度的水滴以及云雾内下落雨滴经再平衡后混合而构成，其同位素组成为混合后的总体同位素组成（Lee and Fung，2008）。此外，来自地面云林的蒸腾提供额外水汽混入云雾中，对云雾内样品的总体同位素组成产生一定的影响。在这种条件下云林雾水的同位素组成是难以预测的。即便如此，已有研究发现同一地区雾的水同位素组成相较于降雨往往更加富集重同位素。

不同地区的温度和湿度的差异导致当地的大气水线在坡度和截距上与全球大气降水线不同。因此，理想情况下，在解释一个地区的同位素水文时，应该使用当地的大气水线。整体上，雾水和降水均沿着全球大气降水线 GMWL 分布，且雾水同位素组成较降水更富集重同位素（图3-4）。已有研究报告的雾水同位素组成的变化范围很大，δD 从 -71‰ 到 $+13$‰，δ^{18}O 从 -10.4‰ 到 $+2.7$‰，这可能与各研究区的温度和水汽来源变化复杂有关。已有数据表明，雾水和雨水 δD 之间差异最大可超过 50‰，δ^{18}O 差异最大可超过 9‰。需要注意，不同研究报道的雾和雨的同位素值差异与采样频率、采样方法和样本数量有关。

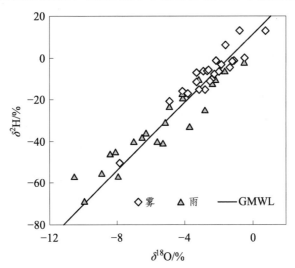

图 3-4　世界多地观测的雾和降水同位素组成与全球大气降水线 GMWL
修改自 Scholl et al.，2011。

Gonfiantini 和 Longinelli（1962）报道了纽芬兰和拉布拉多附近渔场的海雾的同位素组成介于海水和与海水处于同位素平衡的水汽的同位素组成之间，且较同地点的降水富集重同位素。Clark 等（1987）发现阿曼南部山区的季风雾和小雨共同构成了山区和邻近沿海平原地下水补给的来源，且季风云形成的降水具有与海水相似的同位素组成。Scholl 等（2002）发现夏威夷东毛伊岛迎风面山腰上的体积加权平均降雨较更高海拔的溪流和泉水贫化重同位素的"反常"现象，暗示了雾滴对高海拔区域河流和浅层地下水的贡献很大；相对于迎风坡，背风坡的雾和雨的同位素组成差异更大（Scholl et al.，2007）。在波多黎各东部 Luquillo 山脉的 Pico del Este 附近，温暖的海洋上形成的平流云云底几乎有 75% 的时间位于山顶以下，在该处潮湿的热带环境下雾的同位素特征变化较降雨的提前 12～24 h，然而雾和雨的同位素组成特征并没有太大的差异。在哥斯达黎加北部 Monteverde 地区的一个迎风云雾森林中也发现雾和雨的同位素组成密切相关，然而一部分雾水较降水贫化重同位素（Schmid et al.，2011）。陆地上的平流海雾可能在向岸上移动时与较暖的温度保持平衡，在周围陆面空气温度下凝结。地形雾或上坡雾形成于湿润气团在陆地表面温度下的早期凝结。相比之下，在深层对流、锋面或低压系统中形成的雨水通常在更低的温度下、更高的大气中凝结形成。同时，高云中的水汽在降雨期间逐渐变得更加贫化重同位素，使得后续降水的重同位素组成更加贫化。因此，雾的水同位素组成往往较降雨更加富集重同位素。然而，对于经常浸没在降雨地形云中的山脉，雨和雾的同位素特征差异也可能不那么明显，甚至在波多黎各和哥斯达黎加的个别降水事件的测量结果中，雾比雨更贫化重同位素。由于相关研究的缺乏，关于同一地区雾和雨的同位素组成差异和形成机制还需要更多的研究数据来分析。

水同位素也被用来探究雾在生态系统中的作用。野外研究发现，植被在一定条件下利用雾水。Dawson（1998）对加州红杉林的调查表明，由于夏季少雨，土壤干涸，生态系统依赖雾作为水源。Fu 等（2016）利用木质部水分的稳定同位素含量，研究了热带喀斯特森林西双版纳森林的常绿树、落叶树、藤本植物等对雾水的利用，发现雾对木质部水分的贡献率从苏门答腊林下幼苗的 15.8% 到藤本植物的 41.3% 不等，证明了西双版纳热带喀斯特森林木本植物在旱季以雾水为重要补充，且藤本植物的雾水利用率高于乔木。上述研究结果表明，雾是大雾少雨地区重要的补充水源。

具有低液态水含量的雾事件可能不会沉积可观的水量，但仍可能通过叶面吸收或减少植物的蒸腾作用对山地森林功能产生影响。因此，水汽凝结形成的云、雾对山地云林系统十分重要。但是山地云林对区域水文的影响仍待进一步认识。这需要包括雾和水平降水（即传统雨量计未捕获的降水）的精确的水量平衡分析，以量化雾对地下水补给和水流的贡献。区分雾事件、雾加雨事件和雨事件有助于确定森林对云水的拦截率，以及正确评估仅使用传统的雨量计的水平衡技术对大气水分输入的低估。此外，未来相关的研究需要着重开展长期采样观测，并改进采样方法，完全分离雾和雨样品，以更好地反映雾和雨之间真正的同位素差异，提高基于同位素进行研究的精度。

第五节　云水、露水和雾水的采集与测定

Ehhalt 报道了使用飞机上安装的装置采集不同高度大气水汽或云水样品的方法。采样装

置的进气口安装在飞机机身顶部的前端，以避免被发动机排出的废气污染。进气口离开机体 20 cm 进入自由气流中。采集的空气穿过一个浸没在干冰和溶剂的混合物中的 U 形管，通过冷却冻结来收集水汽。用直径 2 cm 的聚乙烯管连接进气口与 U 形管。吸力由飞机侧面的一组文丘里管提供，采样中保持 35 L/min 的流量。U 形管采用直径 5 cm，长 1 m 的不锈钢管，采样前后 U 形管用真空阀封闭，避免样品污染。在 U 形管的出口处设置不锈钢装置截留当湿空气快速冷却过程中可能在气流中形成的冰晶。理论上采样器损失的水量仅与气温有关。一般采样中，在 U 形管出口出气流温度仅比干冰温度高 10 ℃，据估计水量损失约 2%。当大气水汽量较低时，为了保证采样效率可使用液态 N_2 作为冷却剂。此时，采集系统由 8 个不锈钢收集套管组成，安装在一个法兰上，浸入微加压的液态 N_2 杜瓦瓶（Dewar）中。每个套管长 80 cm，外径 7.5 cm，内部由三个同心管组成。气流沿外管与中管之间的间隙向下流动，然后经底部向上折回，进入中管和内管之间的间隙向上流动。套管内、外管壁均与液态 N_2 接触，通过冷却冻结获得水汽样品。

Webster 等通过飞机上安装的激光红外吸收光谱仪（ALIAS）采集和测定云水（或大气水汽）同位素组成。该采样测定装置的探头壁温度为 60 ~ 100 ℃。水汽、液滴和冰晶快速（12 L/s，10 kPa）流入进气口，同时通过 500 W 的加热器完成汽化，最终保持样品池温度在大约 12 ℃。采样过程满足等动力采样（Isokinetic Sampling）条件：① 采样管进口正对气流方向，使采样头入口气流方向与主气流方向相同；② 采样管与气流平行，即采样管与气流同轴；③ 进入采样进口的气流平均速度与该点气流平均流速相同。为使所采集样品有代表性，必须实现等动力采样，这样才能使采集到的大气样本中的组分与实际气流中的完全一致。该采样装置通过测量大气自由气流压力和采样器入口内部的压力，主动控制以消除差压，将进口压力和速度保持在与大气自由气流相同的水平，确保等动力采样。在采样器内，通过体积膨胀对样品流速进行减速。飞行器以约 200 m/s 的速度飞行，气流样品等速进入采样器，通过膨胀降速，样品通过加热入口时的速度降低为约 45 m/s，之后再次膨胀降速进入直径 6 in 的 Herriott 样品池，流速变为约 1 m/s。由此实现样品池内样本单元每 1.3 s 完全更新一次。每 0.1 s 进行一次激光光谱扫描，计算特定光谱的直接吸收量，结果记录为 1.3 s 内的平均值。

超轻型飞机（Ultralight Aircraft，ULA）（图 3-5）也被用于地面到低云剖面上水汽/云水采样和同位素测定。Chazette 等（2019）使用的超轻型飞机最大总有效载荷约为 250 kg（包括飞行员），持续飞行时间在 1 ~ 2 h，巡航速度为 85 ~ 100 km/h。机上携带了一个水汽同位素光谱仪，用于测量压力、空气温度等的气象探测器，以及一个云水收集器。云水采样器采用修改后的 CASCC 采样器（详见下文）。为了在与地面相同的条件下采样液滴，拆除了 CASCC 的风扇，并在其进出口处延长并安装了收缩和扩散的高密度聚乙烯锥，以实现等动力采样。每次飞行前，用去离子水预先清洗管柱和进气口，当不在云中时（特别是在起飞和降落期间），用干净的塑料袋覆盖。在浅积云内飞行 10 min 通常收集 41 ~ 48 g 云液滴，对应于云的液态水含量为 0.10 ~ 0.16 g/m^3。

图 3-5 超轻型飞机

露水和雾水的采集需要借助特殊的采集装置来进行。国际露水利用组织（International Organization for Dew Utilization-OPUR）推荐了多种露水冷凝器可用于有效地收集露水。国际雾露协会（International Fog and Dew Association，IFDA）组织国际会议（International Conference on Fog，Fog Collection，and Dew）研讨用于露水收集的新型箔材料。目前常用平面露水收集器和倒金字塔形露水收集器（图 3-6）。这两种露水收集器的冷凝面倾斜角度为30°。通常需要人力将收集器表面的露水刮入容器中。同时，应该在每日太阳升起前收集露水，以免蒸发带来明显的影响。露水采集器表面不同的箔材料、放置的角度和位置等与收获的露水量有关（Tuure et al.，2019）。不同形式的雾收集器性能差异较大。

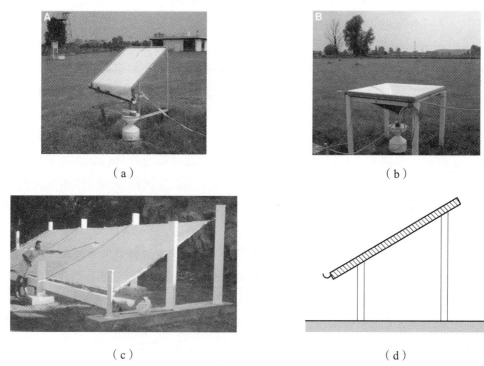

（a） （b）

（c） （d）

图 3-6 露水收集器
修改自 Jacobse et al.，2008。

圆柱形雾水采集器由两根直径 0.3 mm 的垂直尼龙钓鱼线组成的同心阵列（相距

23 mm），在两个圆形带锯片的齿之间来回串成，尼龙丝之间有 3 mm 的间距。Juvik 型圆柱收集器是用商用铝制百叶遮阳板制成的，在垂直安装的 0.6 mm 板条之间有 1.25 mm 的空隙。扁平的方形（46 cm×46 cm）平板型雾水收集器由三层（相距 10 mm）直径 0.5 mm 的尼龙钓鱼线串成（图 3-7）。研究表明，平板式雾收集器比圆柱形雾收集器具有更好的雾收集能力（Berrones et al.，2021）。雾水收集的设置的位置非常重要，一般面向风向安装以获得更大的雾水量。对于雾水的需求量不大时，也有一些报道通过露天场地放置的钢架来收集雾水。用收集器收集足够的露水和雾水后按照第一章的介绍适当地封装和保存水样，直到进行同位素组成的分析。

  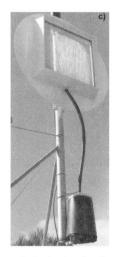

（a）圆柱形　　　　　　（b）juvik 型　　　　　（c）方形平板型

图 3-7　雾水收集器

修改自 Regalado and Ritter，2019。

如果雾和雨同时发生时要采集雾水，采样中需要有效地分离雾水和雨水，避免雨水样品的污染。加州理工学院制造了活性链式云水收集器（Caltech Active Strand Cloudwater Collector，CASCC）可实现将小雾滴与大雨滴分开收集（Daube et al.，1987；Demoz et al.，1996）。这个装置内部有一个风扇，可以将雨棚下的空气吸入并经过一系列特氟龙或不锈钢的细线（图 3-8）。在这些细线上，雾滴撞击细线后被捕集并向下引导进入收集瓶中保存。细线

（a）

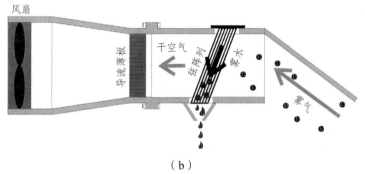

（b）

采用直径为 0.508 mm 的聚四氟乙烯线收集雾滴。采集的雾水存储在下方的圆柱形容器内。
当开始采样时收集器的前门和后门打开，同时风扇转动吸入空气。

图 3-8　加州大学圣克鲁兹分校建造的主动雾水收集器
修改自 Demoz et al.，1996 和 Weiss-Penzias et al.，2018。

的粗细和间距以及风扇产生的空气流动速度决定了捕获的液滴的大小。采样时收集器入口必须面对风向。已有研究表明，使用小型 CASCC（入口尺寸 18 cm × 18 cm）收集的云水样品与在金属网上被动收集的样品具有相同的同位素组成，这表明风扇的气流速度不会引起雾滴的显著蒸发和同位素额外分馏。实践表明 CASCC 非常高效，它们可以在短时间内产生同位素分析所需的雾水水量，且不受降水水样影响。

第四章　大气水汽

地球上大气中的水汽来自地球表面各种水体的蒸发。其中，海洋蒸发约贡献了大气水汽的 84%。大气环流运动携带着水汽，将全球海洋、江、河、湖、土壤水、生物圈中的水（如叶水）、地下水和大陆冰盖及山岳冰川等主要水库之间动态联系起来，并将水汽由源区输送到全球各地，尤其是高山和高纬度地区，在全球水文循环中起着重要作用。虽然与海洋或大陆冰盖相比大气中储存的水量极低，甚至可以忽略不计，但它在全球生态系统中起着至关重要的决定作用。由于空气的流动性很大且大气同地球表面的水分交换率极高，使水汽输送成为全球水文循环中最活跃的一环。在地球的水循环中，大气水的更新周期最快，其循环周期约为 8 d，即一年可更新约 45 次。大气水汽是降水等一系列天气现象的物质基础，同时是最重要的温室气体之一，其产生的温室效应约占自然温室效应的 60%。此外，大气水汽是羟基自由基的主要来源，对有效"清洁"大气发挥重要作用。最后，大气水汽即湿度是大气热通量的重要调节因子，极大地减小了低纬度和高纬度之间，以及地表和高空之间的热梯度，并通过相变为大气的运动提供能量。

大气水汽的时空分布不均匀。水汽绝大部分集中在大气低层（对流层）内，有一半的水汽集中在 2 km 以下，四分之三的水汽集中在 4 km 以下，10~12 km 高度以下的水汽约占水汽总量的 99%。我国大气水汽含量随着纬度的增加而降低，随着地形的增高而降低。由于高原及其南部的山脉阻挡，使得西北地区西部受夏季风影响很弱，大气中水汽含量最少。东南部地区水汽含量比西北部地区大。我国大气水汽含量有明显的季节性变化。夏季大气水汽含量明显比冬季多。总体上，我国大气水汽含量分布十分不均匀，总云量南方多于北方，东部地区多于西部地区。

水汽扩散与水汽输送，是水汽运动的两种主要方式。水汽扩散是指，由于水汽分子的随机运动而扩展于给定空间的一种不可逆现象。在扩散过程中伴随着质量转移、动量转移和热量转移。扩散的结果使得质量、动量与能量不均的气团或水团趋向一致，即扩散的结果带来混合。扩散作用总是与平衡作用相联系在一起，反映出水汽各运动要素之间的内在联系和数量变化。水汽扩散包括分子扩散和紊动扩散。紊动扩散是大气扩散运动的主要形式。然而，两种扩散现象经常相伴而生，同时存在。例如，水面蒸发时的水分子运动，就既有分子扩散，又可能受紊动扩散的影响。不过，当讨论紊动扩散时，由于分子扩散作用很小，可以忽略不计；反之，讨论层流运动中的扩散时，则只考虑分子扩散。

水汽输送是指大气中的水因空气运动而发生的在空间上的转移，由一地向另一地运移，或由低空输送到高空，即水汽的水平输送和垂直输送。水汽在运移输送过程中，水汽的含量、运动方向与路线，以及输送强度等随时会发生改变，影响沿途的气温、气压和降水。水汽输送主要有大气环流输送和涡动输送两种形式，并具有强烈的地区性特点和季节变化，可能时而以环流输送为主，时而以涡动输送为主。水汽输送用水汽通量和水汽通量散度描述。

水平输送的水汽通量指单位时间流经单位垂直面积的水汽量。方向与风向相同，单位为 kg/(m² · s)。水平输送的水汽通量可分解为经向输送和纬向输送两个分量。向东的纬向输送为正，向西输送为负；向北的经向输送为正，向南输送为负。垂直输送的水汽通量指单位时间流经单位水平面积的水汽量，规定向上输送为正，向下输送为负，单位为 kg/(m² · s)。水汽通量散度指单位时间汇入单位体积或从该体积辐散出去的水汽量，单位为 kg/(m³ · s)。由风和湿度数据可计算出任一地点的水汽通量散度，结合等值线图可表示出水汽通量散度的空间分布。散度为正的地区表示水汽自该地区向四周辐散，为水汽源；散度为负的地区表示四周有水汽向该处汇集，为水汽汇。

水汽输送主要集中于对流层的下半部，其中最大输送量出现在近地面层的 900 ~ 850 hPa（1 000 ~ 1 500 m）高度，由此向上或向下，水汽输送量均迅速减小，到 500 ~ 400 hPa（5 500 ~ 7 000 m）以上的高度处，水汽的输送量已很小，可以忽略不计。全球不同纬度带水汽输送的差异明显。大约北纬 10° 至南纬 10° 之间地区为热带水汽辐合区（Intertropical Convergence Zone，ITCZ），是水汽汇，该地区内降水大于蒸发。北纬 10° ~ 35° 和南纬 10° ~ 40° 地区为水汽辐散区，是水汽源，该地区内蒸发大于降水。北纬约 35°以北和南纬 40° 以南地区为水汽辐合区，是水汽汇，降水也略大于蒸发。

影响水汽输送的因素主要包括大气环流、地理纬度、海陆分布、海拔与地形屏障作用。受上述因素的控制，我国水汽输送具有如下基本特点：① 存在极地气团的西北水汽流、南海水汽流及孟加拉湾水汽流三个基本的水汽源。② 西北水汽流自西北方向入境，于东南方向出境，大致呈纬向分布，冬季直达长江，夏季退居黄河以北；南海气流自广东、福建沿海登陆北上，至长江中下游地区偏转，并由长江口附近出境，夏季可深入华北平原，冬季退缩到北纬 25° 以南地区，水汽流呈明显的经向分布，由于水汽含量丰沛，所以输送通量值大；孟加拉湾水汽流通常自北部湾入境，流向广西、云南，继而折向东北方向，并在贵阳—长沙一线与南海水汽流汇合，而后亦进入长江中下游地区，最后出海，全年中春季强盛，冬季限于华南沿海。③ 青藏高原决定了我国水汽输送在北纬 30° 以北地区盛行纬向水汽输送；30° 以南具有明显的经向输送。秦岭—淮河一线成为我国南北气流的经常汇合的地区，是水汽流辐合带。④ 水汽平均输送方向基本上与风场一致。涡动输送方向大体上与湿度梯度方向相一致，有利于把东南沿海地区上空丰沛的水汽向内陆腹地输送。就多年平均而言，中国大陆的南边界、西边界、北边界为水汽入口，其中尤以南边界为主，东面为水汽出口。同时，中国处于东亚季风区，水汽输送有明显的季风特征。全国年输入水汽总量约为 1.50×10^{13} m³，总输出量约为 1.23×10^{13} m³；净输入量为 0.27×10^{13} m³，折合全国平均水深为 279.4 mm。

不同陆地或海洋区域蒸发条件的变化，以及沿环流轨迹的同位素降雨和混合效应的差异，都可以产生不同来源输送水的气团的不同同位素值。大气水循环的时空变化反映了蒸发、降水和侧向水汽输送之间的平衡。与这些过程相关的水同位素特征可能是独特的，为识别许多传统观测方法无法识别的过程提供了机会。已有研究表明，纬度 40° 以北到极地地区的大气水汽和降水同位素值对上游条件比对局地条件更敏感。因此这些区域大气水汽和降水的同位素值可作为大气水源的有效示踪剂。同时，相关研究常常使用气流反向轨迹建模结果来评估大气水源，取得较好的结果（Putman et al.，2017）。人们已经认识到大型同位素观测网络的观测数据中显示的许多变化模式是由大尺度大气现象引起的，而不是局部或区域气候状态变化的结果。这引起对历史上当地气候条件的定量重建的重新思考，为理解和重建气候系统的变化提供了新的机会。目前，全球降水同位素观测、大气水汽同位素观测、大气气流反向轨迹分析以及同位素支持的气候和地球系统模型等方法被广泛应用于相关研究中。

有关大气水汽同位素组成的理论是在降水同位素组成的理论上发展起来的，是对蒸发、大规模混合、深对流（Deep Convection）和动力分馏的更细致的理解。过去 20 年来，大气水汽同位素组成的原位和遥感测量技术发展特别迅速，以质谱为基础的水汽同位素测定方法被激光光谱方法以及卫星和地面红外吸收技术所取代。大气水汽同位素组成的模拟已经从模拟降水同位素组成的环流模式（GCM）方法发展到集成同位素模拟和水滴/冰晶大小分布模拟的微物理方案。已有研究结果表明，将同位素模拟结合到 GCM 中可以更详细地诊断水循环，并改进模拟效果。大气水汽同位素组成测量方法的进步和模拟技术的提高，为我们深入理解从边界层到深对流和对流层混合，再到平流层的水循环打开了大门。此外，对控制现代大气水汽同位素组成变化过程的研究可为解释水文循环的古气候代理指标提供了一个更优的框架。

第一节　大气水汽同位素组成

海洋的蒸发是全球水文循环的关键组成部分，决定了大气水汽同位素组成和基本分布。因此，研究海洋蒸发的同位素组成是大气水汽同位素组成研究的首要目标之一。近年来，新测量技术观察到大气水汽的 δ 值随着温度的降低而降低（Frankenberg et al., 2009），类似于降水的"温度效应"。最后饱和点的温度（水汽在大气中达到饱和并开始凝结时的温度）控制了大气水汽 δ 值（Galewsky et al., 2016）。随着气团向内陆移动，大气水汽的 δ 值减少，形成类似降水的"大陆效应"的现象（Frankenberg et al., 2009）。热带雨林的水汽和降水 δ 值的减少比中纬度大陆更平缓，中纬度大陆夏季比冬季更平缓。这是因为在热带雨林上空，以及在中纬度夏季，当大气水汽向内陆移动时，地表蒸散作用有效地补充了气团中的水汽，补偿了瑞利蒸馏过程导致的 δ 值下降。大气水汽的这种"大陆效应"的大小可能取决于大气湍流涡旋扩散和大尺度平流对水汽输送的相对重要性（Winnick et al., 2014）。大气深对流使低层大气水汽贫化重同位素。首先，深对流与强烈的垂直混合有关，将部分冷凝后剩余的、贫化重同位素的水汽从对流层中部向下输送。其次，当雨滴的云下蒸发的蒸发分数足够小时，可以使云下空气柱内大气水汽贫化重同位素（Field et al., 2010）。再次，当云下空气柱饱和时，雨滴和大气水汽之间的同位素扩散交换会导致水汽贫化重同位素（Lawrence et al., 2004）。最后，深层对流引起气团辐合，随着辐合的加强，更多的水汽来自周围的大气柱使得水汽贫化重同位素（Moore et al., 2014）。当对流的组织程度更高时，深对流可使大气水汽更加贫化重同位素（图 4-1）。

在上述过程和因素的控制下对流层中水汽同位素空间分布显示一定的规律。目前，我们可以基于自 TES 的遥感数据和原位观测数据来揭示其空间分布。全球陆上原位观测的站点尺度年平均边界层大气水汽 $\delta^{18}O$ 和 $d\text{-}excess$ 显示，$\delta^{18}O$ 值变化范围从 $-11‰$ 到 $-50‰$，$d\text{-}excess$

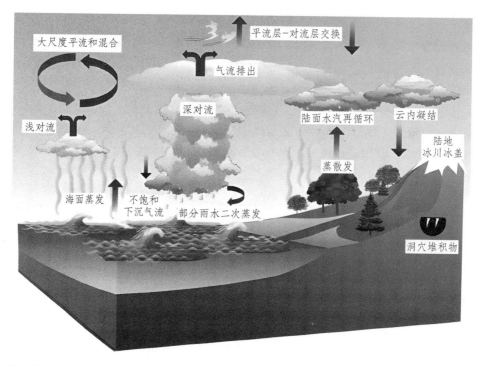

蓝色箭头表示水汽倾向于贫化重同位素的过程，红色箭头表示水汽倾向于富集重同位素的过程。

图 4-1 控制大气水汽同位素组成的关键过程示意图
修改自 Galewsky et al.，2016。

值变化范围从 8‰ 到 22‰，观测站的高程从海平面到 5 200 m。需要注意，已有的观测站中，北半球观测站的数量（24 个）远远多于南半球（2 个）。北美和欧洲站点的年平均 *d-excess* 显示明显的空间均匀性。由于日本海的蒸发，日本的两个气象站都显示年平均 *d-excess* 升高。太平洋 Mauna Loa（夏威夷）、安第斯山脉和北大西洋地区的台站观测行星边界层上方大气水汽同位素组成，结果表明边界层上方大气水汽 $\delta^{18}O$ 值具有明显的空间均匀性，这与行星边界层内的情况有明显不同。

在对流层下层，测量到的 δD 值范围从温带地区的 – 250‰ 到非洲地区的近 0‰（Galewsky et al.，2016）。这可能是由于刚果盆地内热带雨林的大量蒸腾作用导致对流层下层大气水汽富集重同位素。在北半球陆地，对流层下层大气水汽同位素组成的主要变化可以用温度和大陆效应来解释。例如，随着温度的降低（向高纬度地区运动）或气团从欧洲到西伯利亚的过程中，大气水汽同位素组成会逐渐贫化重同位素（Gryazin et al.，2014）。热带地区对流层下层大气水汽同位素组成变化差异明显。例如，夏季季风期间印度上空大气水汽的同位素值与附近海洋上空的相似，但掠过亚洲大陆上空的对流层下层气流中水汽同位素值低于海洋，反映了这些地区夏季降雨的水分来源和过程的差异。南美洲上空对流层中、下层的大气水汽在北方秋季时最富集重同位素，这可能是热带雨林蒸腾和浅对流对对流层中、下层影响的结果。在对流层中部大气水汽 δD 的范围从温带的 – 350‰ 到热带和季风区的 – 150‰。热带辐合带（ITCZ）大气水汽 δ 值比周围地区高约 50‰。在季风高峰期，南亚和南美洲季风区 δD 值增加了近 100‰。

第二节　混合和对流

大气水汽的同位素组成主要是由伴随海洋蒸发的同位素分馏确定的。随后，在大气水汽输送路径上，大气水汽的同位素组成一方面受到降雨的雨除效应（Rain Out）的影响，另一方面受到云底雨滴的蒸发和陆面蒸散发产生的水汽再循环的影响。Gat（2000）回顾了大气水汽的不同来源以及如何利用同位素在大气水平衡中追踪水源。由于在不同的大气湿度水平下蒸发过程中氧和氢的分馏不同，由再蒸发水汽形成的降雨（来自树冠截流、湖泊和湿地或降雨的蒸汽）可能比来自海洋蒸发的水蒸气降水具有更大的 *d-excess* 值。这一参数已被用来评估在某一特定地点由再循环水分对降水的贡献。

在自由大气里广泛地发生着气流对水汽的输送和混合过程，对流层和平流层之间的水汽交换过程等。如大气中不同水汽含量的两支气流混合后，混合大气的水汽含量和其中重同位素（如，氘）含量可以用混合分数 f 计算得到。

$$[H_2O]_{mix} = f[H_2O]_{em1} + (1-f)[H_2O]_{em2}$$
$$[HDO]_{mix} = f[HDO]_{em1} + (1-f)[HDO]_{em2}$$

因而，混合大气中水汽的同位素比率 R_{mix} 可以表示为

$$R_{mix} = \frac{[HDO]_{mix}}{[H_2O]_{mix}}$$

式中　f ——混合端元 1（em1）在混合大气中的分数；

　　　[...]——混合大气（mix）、混合端元中水汽分子的体积浓度，10^{-6}，近似于单位体积内普通水分子或含重同位素的水分子的分子数量。

需要注意，混合大气同位素组成的 δ 值不能按照混合分数 f 经类似的简单加权计算得到，而应该根据计算得到的重同位素丰度与轻同位素丰度的比值 R_{mix} 按照 δ 值的定义来计算。

在相同的大气水汽体积浓度下，两端元（例如瑞利蒸馏曲线上的两点）混合大气的同位素组成较经瑞利蒸馏过程得到的大气更富集重同位素（Galewsky 和 Hurley，2010）。混合大气中水汽量与其同位素组成之间的关系可以用图 4-2 表示。该图显示了不同水汽量（以 q 表示）下冰晶过饱和条件下水汽凝结（细实线）、瑞利蒸馏（粗实线）和混合过程（虚线）中水汽的 δD 和 *d-excess* 变化。q-δ 图是水汽同位素组成研究的基础。在这个框架内，瑞利蒸馏曲线可以被认为是一个参考过程。混合产生的水汽 δ 值高于瑞利蒸馏的预测值，而 *d-excess* 值低于瑞利蒸馏的预测值。冰晶过饱和条件下水汽凝结也可以产生比瑞利蒸馏预期更高的 δ 值。降水的云下蒸发和降水量效应使水汽 δ 值低于瑞利蒸馏的预测值，因此在 q-δ 图上位于瑞利蒸馏曲线下方（Noone，2012）。这些关系已被用于诊断对流过程。

图 4-3 显示了 2014 年 8 月 16 日上午 MetOp/IASI 观测到的对流层中层大气水汽体积含量 q 和同位素组成 δD 数据。这些数据来自对阿拉斯加、北大西洋副热带区域、南非和波斯湾四个区域上空的观测。阿拉斯加、北大西洋副热带区域的数据点靠近瑞利蒸馏曲线，其大气水汽同位素组成明显比相同 q 的情况下南非和波斯湾上空的大气水汽更贫化重同位素。南非和波斯湾上空的大气水汽更富集重同位素，这可能是气团混合的结果。南非上空的空气很可能在副热带地区大气的大规模下沉作用下与对流层上层空气混合而干燥。而波斯湾上空的空气特别潮湿，这可能是与来自边界层的温暖、湿润的空气混合的结果（Schneider et al.，2016）。

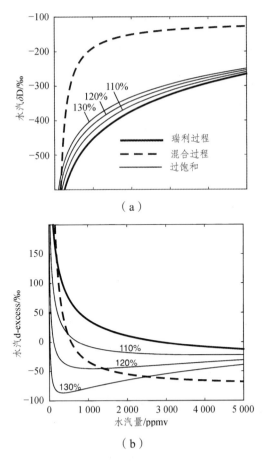

（a）

（b）

图 4-2　大气水汽同位素组成的 q-δ 图

引自 Galewsky et al., 2016。

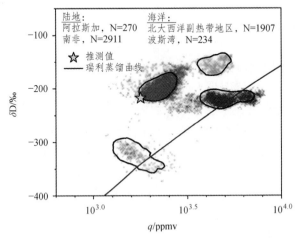

黑线圈定了数据点密度最高的区域（占所有数据点的 66%）。N 表示每个区域的观测值的数量。
蓝线为瑞利蒸馏曲线。

图 4-3　MUSICA MetOp/IASI 于 2014 年 8 月 16 日上午观测的四个区域
对流层中部大气水汽同位素组成 δD 和水汽含量 q（彩图见附录）
引自：Schneider et al., 2016。

在热带降水中观测到的稳定水同位素比值分布的经验规律"雨量效应"被运用于重建历史时期的降水变化。雨量效应描述了随着降水量的增加，降水中同位素组成逐渐贫化重同位素的现象。最近的观测表明大尺度对流系统对雨量效应的有明显的影响。Tharammal 等（2017）利用 IsoCAM3.0 模型（Community Atmospheric Model, version 3.0）进行了一系列实验，研究了热带地区水汽、对流上升气流、凝结水和到达地面降水的同位素比值对深对流降水变化的响应，量化了雨量效应对深对流变化的敏感性。雨量效应的大小用降水同位素组成 δD 的长期月均值与热带降水量之间的线性回归斜率来表示。模拟实验结果表明，热带海洋降水的月平均 δD 值与深对流降水的回归斜率[$-2.96‰/(mm \cdot d)$，$r^2 = 0.56$]大于月平均 δD 值与总降水的回归斜率[$-2.52‰/(mm \cdot d)$，$r^2 = 0.54$]。当总降水中深对流降水平均减少 60%，热带海洋降水 δD 与月总降水量的线性回归方程的斜率减小 20% 以上。该研究指出，一个地区的降水类型变化可以改变水汽形成降水的过程中水同位素的分馏效率，并引起经验的"雨量效应"出现变化。这对过去降水的重建结果产生影响，是其不确定性的重要来源之一。

第三节　陆气耦合诊断及区域水平衡

陆-气耦合（Land Atmosphere Coupling, LAC）研究陆地表面和大气之间通过质量和能量交换的相互作用，在水文循环、天气和气候的演变中起着至关重要的作用（Miralles et al., 2019）。陆气耦合影响几个关键机制，包括边界层混合、对流、云量或降水（Dirmeyer, 2011; Seneviratne et al., 2006）。一般地，大气动力学条件决定 LAC 的开始，而土壤状态调节其持续时间（Müller et al., 2021）。地球上的干、湿过渡带通常具有最强的 LAC。在土壤湿度下降的情况下，LAC 会放大极端高温（Ukkola et al., 2018）。同时，在 LAC 作用下土壤干旱和大气干旱同时发生的频率和强度将大大增加（Zhou et al., 2019）。

在现实世界中，直接测量 LAC 是非常困难的（Dirmeyer et al., 2009）。LAC 的诊断仍然是一个挑战。物理模型和统计模型被广泛用于 LAC 的识别研究。物理模型捕捉耦合信号的能力依赖于近地表条件的合理表示和相对较高的分辨率。统计模型基于与陆气交换过程相关的两个特征变量之间的相关性对 LAC 进行诊断。土壤湿度（SM）限制了蒸散发，影响了地表能量和水分平衡，是描述地表状态的变量中最重要的变量之一，被广泛用于 LAC 的识别（Bedoya-Soto et al., 2018）。土壤湿度与地表温度的关系（Koster et al., 2009）、土壤湿度与地表通量的关系（Dirmeyer, 2011）、土壤湿度与蒸散发的关系（Gao et al., 2018）、土壤湿度与蒸发分数（EF）的关系（Haghighi et al., 2018）等都被用于识别 LAC。此外，CTP-HI 框架可以识别和分类 LAC（Findell and Eltahir, 2003）。考虑多种环境变量用于 LAC 诊断的方法也被提出（HagHighi et al., 2018; Yuan et al., 2020），然而这些方法通常需要大量的数据。目前，由于缺乏高质量、长期和全球分布的观测，对 LAC 进行可靠、现实的全球识别仍然是个巨大的挑战（Abdolghafoorian and Dirmeyer, 2021）。

陆面和大气之间水分和能量交换是陆气相互作用的核心。一般地，单次降水事件中水汽和降水的同位素组成被同位素分馏过程联系起来，而天然具有高度相关性。然而，空气柱中储存的大气水汽是动态，平均周转时间约为 10 d；且其中的水汽来源是多种多样的。因此，在较长的时间尺度上，水汽和降水的同位素组成之间通常表现为弱相关性或无明显相关。然而，在一定尺度下，大气再循环水分和土壤水分蒸发可以增强水汽同位素组成与降雨同位素组成的相关性。这是因为大气再循环水分源于同一地区土壤水分的蒸散作用，可构成该地区降水的一部分（Dirmeyer et al.，2009）。土壤水分通常由降水补充。降水信号可以在土壤水分中保存数天或数月，这就是所谓的土壤水分记忆。在全球范围内，土壤水分记忆平均为一个月（Dirmeyer et al.，2009）。因此，月降水的同位素信号由于土壤水的记忆效应可以保留在土壤水分中。土壤水分通过蒸散作用将月降水信号传递到大气水分中。这使得气柱中来自陆面的水汽在同位素上与周围的水汽不同（Gat，1996）。气柱中的混合水汽形成降水，导致水汽同位素组成与降雨同位素组成的相关性在月尺度上增强。在 LAC 越强的区域，陆面土壤水蒸发量越大，降水量越大，则大气水汽与降水同位素组成的相关性越强。从这个角度来看，LAC 的强弱可以通过降水与大气水汽的同位素组成在月尺度上的相关性来揭示。

基于该原理，袁瑞强等提出了利用水同位素识别陆气耦合作用的方法（Yuan et al.，2023a）。该方法应用云底和云顶高度之间水汽同位素观测数据（如对流层发射光谱仪 TES 的大气水汽氘同位素含量观测数据，TES atmHDO）与三个模型的六套全球降水同位素组成模拟结果（SWING2 项目中 GISS-ModelE，LMDZE 和 isoGSM 模型的结果）进行相关性分析以识别全球陆气耦合的热点区和陆气耦合的季节变化。

用这种简单的水同位素方法，识别出地球主要降地 11 个 LAC 热点区域（图 4-4），包括：① 北美北部（NNA）；② 拉布拉多半岛（LP）；③ 墨西哥湾沿岸（GMR）；④ 南美东部（ESA），包括塞拉多、卡廷加和查科；⑤ 东欧和中欧（ECE）；⑥ 中非带地区（BCA），萨赫勒；⑦ 南部非洲（SA）；⑧ 中西伯利亚高原和东西伯利亚高原（CSES）；⑨ 蒙古高原北部和东部（NEMP）；⑩ 中国东部（EC）；⑪ 印度及东南亚大陆。LAC 热点地区总面积为 $5.23 \times 10^7 \ km^2$，占全球陆地面积的 35%。其中，强 LAC 地区面积占 LAC 热点地区总面积的 44%。应用水同位素方法得到的 LAC 热点区识别结果与前人的研究成果高度一致，表明了这种方法的可靠性。

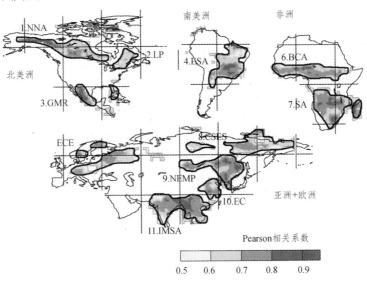

图 4-4　由月尺度降水和水汽的 HDO 相关系数指示的地球
主要陆地陆-气耦合热点位置示意图（彩图见附录）

LAC 热点地区覆盖了除热带雨林、干旱区和陆地冰川和冰盖以外的各种自然地理区域。年平均降水量和气温分别在 295 ~ 1499 mm 和 2.5 ~ 26.5 ℃ 变化很大。年平均湿度与年平均气温呈同向变化。根据气候条件的差异，LAC 热点地区可分为两类。第一类包括 GMR、ESA、BCA、SA 和 MSA，它们位于低纬度地区（30 °S ~ 30 °N），具有能量输入充足和水分充足的特点。降水的季节变化显著，而气温的季节变化不显著。第二类包括其余 6 个地区，这些地区位于北纬中高纬度地区，降水适中，年平均气温较低。第二组的降水和高温主要发生在夏季。低纬度地区占 LAC 热点地区总面积的 63.5%，占强 LAC 区总面积的 69.1%，是 LAC 的主要区域。

这种基于水同位素组成的 LAC 诊断方法是一种简单、有效的工具。然而，这仅仅是水同位素应用于 LAC 研究的起点。在未来，类似的方法可以在不同的研究区域用于研究，并应用于不同的时空尺度来验证是否存在区域最优尺度，进一步地发展这一方法。

最近的研究成果表明，大气水汽含量和同位素组成观测可以用于分析区域陆地水平衡（Bailey et al., 2017；Shi et al., 2022）。在区域陆地水平衡研究中，利用对流层水汽的 HDO/H$_2$O 比值可定量测定区域陆地水平衡项，即蒸散发量减去降水量（$ET - P$）。先前的研究表明，如果降水是改变大气水分含量的唯一过程，那么 δD 将随着大气中水汽含量比率 VMR（Volume Mixing Ratio，VMR）的自然对数的变化成比例地减小。假设所有冷凝物立即脱离冷凝系统，则 δD 随 VMR 的变化遵循传统的瑞利蒸馏过程[如图 4-5（a）中的红色曲线所示]。相反，当蒸散发（ET）是唯一改变大气水分含量的过程时，大气水汽 δD 的变化可以被模拟为远距离输送的水汽和局地蒸发水汽之间的一个简单混合过程[图 4-5（a）中的蓝色和绿色曲线]。在这个过程中，来自水汽源（即海洋或陆地表面）的水汽与局地对流层空气混合。大量观测研究表明，在绝大多数地区对流层大气水汽同位素观测值处于瑞利曲线和混合曲线之间，反映了降水和 ET 在调节大气水分含量方面的共同作用。亚马孙森林的大气湿度和土壤含水量密切联系着当地的水平衡，即 $ET - P$ 之间的差异。大气水汽 HDO/H$_2$O 比值的卫星观测对于亚马孙的 $ET - P$ 时空变化十分敏感。基于陆地水储量和径流量提供的流域尺度的水平衡校准，大气水汽同位素数据被用于揭示亚马孙流域的水平衡变化（Shi et al., 2022）。

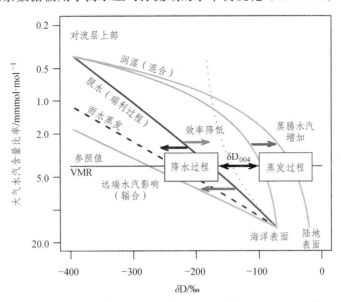

（a）在大气水汽体积混合比（y 轴）与 δD（x 轴）的关系图上展示了影响 δD$_{004}$ 的过程

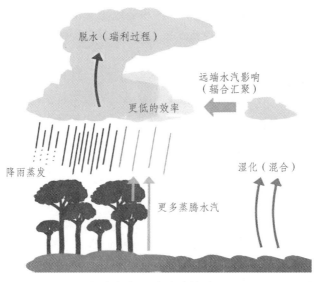

（b）（a）图中的关键过程

图 4-5　水蒸气和 δD 动力学图（彩图见附录）

修改自 Shi et al., 2022

　　通过量化给定水汽浓度下大气水汽氢稳定同位素比率与降水主导或蒸发主导状态相匹配的程度，可实现用大气水汽同位素组成的卫星测量结果表征 $ET-P$ 的变化。模式模拟研究发现，将观测到的水蒸气中 HDO/H_2O 比值归一化为参考值 0.004 的体积混合比（VMR），即典型的自由对流层浓度，可以创建一个线性代理 δD_{004}，用来量化水平衡。图 4-5（a）中灰色水平线标记为"参考 VMR"，是取恒定的水汽体积混合比（4 mmol/mol）时氢同位素比值的变化，即 δD_{004}，代表降水与蒸散发对水平衡的相对重要性的变化。δD_{004} 对 $ET-P$ 表征的精确度量受到降雨效率（即云凝结物转化为雨的效率）和大气湿气来源的影响。例如，如果海洋蒸发是大气水分的唯一来源（蓝线），并且对流过程中形成的冷凝物立即通过降水从大气中除去（红线），则图 4-5 中双向黑色箭头表示 δD_{004} 的预期范围。蓝线和红线与"参考 VMR"线的交点分别明确显示了降水 $P=0$ 或蒸散发 $ET=0$ 时的预期 δD_{004} 值。随着蒸腾对大气比湿贡献的增加（绿线），δD_{004} 的范围会向右延伸，导致 $P=0$ 时 δD_{004} 的期望值会更高。相比之下，当降雨受到云下蒸发（紫色虚线）或远程水汽辐合（橙色线）的影响时，δD_{004} 范围将扩展到较低的同位素比值，导致 $ET=0$ 时的预期 δD_{004} 值更低。相比之下，当凝结液滴形成降水的效率降低（粉色虚线）将增加 $ET=0$ 期望的 δD_{004} 值。

　　为了计算每次卫星观测的 δD_{004}，将 325～825 hPa 等压面之间（此高度区间内 AIRS 对 HDO 最敏感）观测到的 HDO 和 H_2O 含量数据进行线性回归。利用得到的线性回归方程计算 H_2O 的 VMR 为 0.004 时的 HDO 值（HDO_{004}），如下：

$$HDO_{004} = \beta_0 + \beta_1 \times 0.004$$

式中　β_0，β_1——给定时间和地点卫星观测剖面上 HDO 和 H_2O 回归直线的截距和斜率。

　　然后将 HDO_{004} 转换为同位素 δ 值：

$$\delta D_{004} = \left(\frac{HDO_{004}}{0.004 \times R_{std}} - 1 \right) \times 1000$$

式中 R_{std}——维也纳标准平均海水中 HDO 分子数与 $H_2^{16}O$ 分子数之比，$R_{std} = 3.11 \times 10^{-4}$。

图 4-5（a）中的双向黑色箭头表示理想热带环境 δD_{004} 值的可能范围。其中形成降水的大气是假绝热的（温空气绝热上升水汽发生凝结后，如果凝结物全部脱离原来气块向下降落即为假绝热过程，用红色曲线表示），海洋边界层（上升气流凝结高度露点温度和 δD 值分别设为 20 ℃ 和 − 72‰）是唯一的水分来源。如上所述，δD_{004} 的范围取决于湿源的特征、降水的效率以及对流利用远程湿气的能力。例如，δD_{004} 范围上限的一个因素是蒸腾对总蒸散发通量的相对贡献（绿色箭头）。总的来说，由于蒸腾作用几乎不产生同位素分馏，因此热带陆地环境的 δD_{004} 范围将向图 4-5 中的绿色曲线方向延伸。δD_{004} 范围的下限往往取决于降水特征。如果像典型的那样，云水形成降水的效率低于 100%，那么降水过程中的同位素组成就不会那么贫化重同位素（粉红色箭头）。然而，如果发生了雨水的云下蒸发，且雨水的蒸发分数很小，那么就会更加贫化重同位素（紫色箭头）。需要注意，只有当雨水发生云下蒸发的部分非常小时，蒸发才会对大气水汽产生贫化重同位素的效应。否则，雨水蒸发对水汽有富集重同位素的作用。因此，大气剖面不同区域内的微物理过程可能影响 δD_{004} 对 $ET - P$ 的敏感性。相比之下，远端水汽辐合（图 4-5 中橙色箭头）无疑将 δD_{004} 范围扩展到更低的值。对流运动辐合了周边经历雨除效应的水汽使得大气更加贫化重同位素，导致 δD_{004} 范围扩展到更低的值。事实上，理想化的模式研究表明，对流依赖于远端水汽（相对于局地蒸散发）的程度是决定热带降水同位素比率的一个重要因素。因此，人们可能会认为，亚马孙河流域最内陆的地区，其局部水分来自植被表面，其非局部水分必须从大西洋海岸传播较远的距离，更有可能对 $ET - P$ 的变化表现出更大的 δD_{004} 敏感性。在降水主导的湿季和蒸发主导的干季之间，亚马孙盆地内陆地区（与沿海地区相比）降水同位素组成范围增大支持了这种观点。

降水和蒸发过程改变了大气中的氘含量及其体积水分含量。在降雨期间，氘的含量逐渐贫化，大致遵循所谓的瑞利蒸馏。相反，当自由对流层与边界层中蒸发的水汽混合时，氘的含量就会增加。此外，由于蒸腾作用产生很少或没有净分馏，来自茂密植被地区的水汽通常比来自海洋的水汽更富集重同位素。一般地，以 ET 为主的环境 δD_{004} 越大，以降水为主的环境 δD_{004} 越小，δD_{004} 的大小取决于哪种降水或混合过程占主导地位。δD_{004} 对 $ET - P$ 变化的准确度量取决于特定区域 ET 和降水过程的特征。在亚马孙河流域的研究中，利用 AIRS 观测估算的 δD_{004} 随着根据陆地水储量（TWS）和河流流量数据估计的 $ET - P$ 的变化，证明了水汽的 HDO/H_2O 比的卫星测量可以反映亚马孙河流域 $ET - P$ 的空间、季节和年际变化（Shi et al., 2022）。

第四节   大气水汽同位素组成观测

经过几十年的探索，目前大气水汽同位素组成的测量已发展成为一个成熟的领域。在过去的 20 年里，大气水汽同位素组成数据集的数量有了巨大的增长。最早的大气水汽同位素组成研究依赖于低温和质谱技术，直到 20 世纪 90 年代中期，1994 年航天飞机上搭载的大气微量分子光谱（ATMOS）仪器首次获得了基于空间的测量结果（Gunson et al., 1996）。随后激光吸收光谱技术出现。2000 年以来出现了成本相对较低的商用激光吸收光谱仪，以及近全球的大气水汽同位素组成卫星测量（Worden et al., 2006；Frankenberg et al., 2009）和使用全球网络测量光谱的地面遥感数据（Schneider et al., 2012；Rokotyan et al., 2014）。测量大气水汽同位素组成的能力提高催生了众多观测研究项目。稳定水同位素的数值模拟也取得了重大进展。

水汽同位素的观测存在明显的困难。传统的大气水汽同位素观测方法，包括液氮冷阱冷凝法、Peltier 制冷法、干燥剂脱水法和 Flask 真空采样法，需要收集大气样品再进行同位素测量，耗费人力物力，不适合大范围长时间的观测（柳景峰等，2015）。21 世纪以来，稳定同位素红外光谱技术快速发展，傅里叶变换红外线光谱仪（Fourier Transform Infrared Spectroscopy，FTIR）和光腔增强近红外激光吸收光谱仪（Cavity Enhanced Spectroscopy，CES）被广泛应用，促进了大气水汽观测逐渐成熟，观测精度不断提高，监测数据不断丰富。

对于空气柱内的水汽同位素观测主要通过星载的基于傅里叶变换热红外光谱技术的设备进行遥感观测。同时，建成了使用傅里叶变换热红外光谱技术观测大气水汽同位素组成的地基观测网络，以获得高时间分辨率的空气柱内大气水汽同位素动态观测结果。对于地表不同高度的水汽同位素观测，往往使用基于激光吸收光谱技术的同位素分析仪进行直接采样和原位测定。例如，使用美国 Los Gatos Research （LGR）的 TWIA-45EP 离轴积分腔输出光谱计连续测量地表水汽同位素组成。采样口的位置设置在地面以上不同高度，用聚四氟乙烯管连接到测量仪器的输入端。聚四氟乙烯管被均匀加热到 98 ℃ 以消除冷凝对水汽的影响。目前，相关观测体系和数据库已趋于完善。

已有的大气水汽同位素观测项目可分为天基观测、地基观测和多平台融合观测（赵晓丽和袁瑞强，2022）。

20 世纪 70 年代有学者通过飞机搭载冷阱捕集器进行大气水汽同位素采样和测量，时间和空间分辨率很低。随着卫星遥感探测大气水汽同位素组成的技术出现，相关观测和数据大大地丰富了。需要注意，遥感观测可能随着时间出现衰减和变化将导致数据产品的不确定性。因此，卫星数据产品在应用前需要基于相同原理的地面观测对比验证，保证卫星观测的准确性。已有的天基观测项目和数据库主要包括：SCIAMACHY、MIPAS、ACE、TES 和 IASI。

（1）大气扫描成像吸收光谱仪（The Scanning Imaging Absorption Spectrometer for Atmospheric Chartography，SCIAMACHY）搭载在欧洲空间局（ESA）太阳同步轨道卫星 ENVISAT 上（轨道高度 800 km），是一种工作在 240～2 380 nm 波段的被动遥感光谱仪。ENVISAT 卫星在 2002 年 3 月至 2012 年 4 月运行，提供了 10 年全球测量的综合数据序列。其中，SCIAMACHY 仪器对 H_2O 和 HDO 的卫星观测数据集时间跨度为 2003—2007 年。荷兰空间研究所（SRON）提供了经过验证的 HDO 与 H_2O 比率数据产品。

（2）大气无源探测迈克尔逊干涉仪（The Michelson Interferometer for Passive Atmospheric Sounding，MIPAS）搭载在欧空局 ESA 发射的 ENVISAT 卫星上，是一种高分辨率的傅里叶变换光谱仪，用于测量全球范围内大气成分的浓度分布。MIPAS 能够日夜观测超过 20 种气体的垂直剖面，3 d 内获得全球覆盖。MIPAS 从 2002 年 3 月 1 日运行到 2012 年 4 月 8 日，获得的数据完全覆盖全球，包括极地地区，且不受光照条件影响，可测量痕量种类的日变化，补充了 SCIAMACHY 上所获得的信息。MIPAS 数据产品由 ESA 通过位于德国遥感数据中心（DFD）的德国处理和存档中心（D-PAC）提供。

（3）大气化学实验（Atmospheric Chemistry Experiment，ACE）探测器搭载在加拿大太空署 SCISAT 卫星上，可同时测量痕量气体、薄云、气溶胶和温度。SCISAT 卫星于 2003 年 8 月 13 日发射，在一个高倾角（74°）的圆形低地球轨道（650 km）上运行，提供热带、中纬度和极地的覆盖范围。ACE 任务的主要科学目标是测量和了解控制地球大气中臭氧分布的化学过程。ACE 在质量、功率和体积方面较小，但测量精度很高。ACE 的 2.2、3.0、3.5 和 3.6 版本的数据产品包括了 HDO 数据，时间覆盖 2004—2012 年。

（4）对流层发射光谱仪（Tropospheric Emission Spectrometer，TES）搭载在美国国家航空航天局（NASA）的 AURA 卫星上。2004 年 7 月 15 日，NASA 对地观测系统（EOS）第三星 AURA 搭载 TES 进入太阳同步轨道。2018 年 1 月 31 日 TES 结束了近 14 年的探测。TES 拥有全球全天候观测能力，可提供对流层中微量气体（SO_2、NO_x、CO、O_3 和 H_2O/HDO 等）的数量、全球分布和混合的长期变化，及其与平流层之间的交换。相较于其他光谱仪，TES 光谱仪分辨率较高，运行时间长，且数据详尽，是迄今为止最先进、最成功的大气水汽 HDO 观测。

（5）红外大气探测干涉仪（The Infrared Atmospheric Sounding Interferometer，IASI）搭载在 METOP-A、METOP-B 和 METOP-C 卫星上。这些卫星分别由欧空局和欧洲气象卫星开发组织（European Organisation for the Exploitation of Meteorological Satellite，EUMETSAT）于 2006 年、2012 年和 2018 年发射。IASI 测量系统可提供对流层和平流层低层的大气剖面（包括气温、微量气体等）的观测数据。IASI 的 METOP-1 和 METOP-2 数据一直在更新，数据可从欧洲卫星开发气象卫星组织（EUMETSAT）获取。

上述五个观测项目在观测范围方面，主要是对对流层和平流层低层的大气进行探测，其中 MIPAS 还包括了中间层的探测。在分辨率方面，ACE 项目的垂直分辨率较好，IASI 的分辨率稍差。在运行时间方面较为接近，其中 TES 项目的运行时间长且数据较新。在数据丰富度上，TES 的数据最为详尽。SCIAMACHY 项目的验证产品也较完善，MIPASA 项目对 SCIAMACHY 项目进行了补充完善。ACE 数据的版本较多，但也出现了数据偏差较大的问题。IASI 的数据还处于进一步更新之中。各项目的观测存在不同优缺点，研究具体问题时可将不同的观测项目数据结合运用，以扬长避短，提高数据质量（表 4-1）。

表 4-1　大气水汽同位素观测项目概况

名称	项目单位	搭载卫星	光谱范围	运行时间/年
SCIAMACHY	欧洲航天局	ENVISAT	240～2 380 nm	2002—2012
MIPAS	欧洲航天局	ENVISAT	4.15～14.6 μm	2002—2012
ACE	加拿大太空署	SCISAT	285～1030 nm	2003—2013
TES	美国国家航空航天局	AURA	3.2～15.4 μm	2004—2018
IASI	欧洲航天局	METOP 系列	3.63～15.5 μm	2002—

卫星遥感观测具有全天时全天候观测，观测范围广的特点，但也存在时间分辨率不足的问题。卫星地面站点观测可以长时间序列的连续的观测，同时地面站点观测数据的精度更高，

常常用来检验卫星遥感反演产品的精度。但地面观测站点稀少，并且单个站点观测受地形、地貌和生产发展水平影响，所代表的水平尺度有限，分布不均匀，对于全球范围的大气水汽观测研究存在明显的局限性。此外，卫星利用近红外波段探测整个大气柱的气体含量，而传统的地面站点观测、通量塔观测以及轮船观测得到的都是离地面某一高度点上的气体量，无法满足目前高精度卫星探测的验证的需求。因此，建立一个长期连续观测的地面遥感验证系统非常重要。基于这一目的，超高分辨率的地基傅里叶光谱仪观测项目应运而生，主要包括：NDACC 和 TCCON。

（1）大气成分变化探测网络（Network for the Detection of Atmospheric Composition Change，NDACC）目前由全球分布的 72 个（低纬度带 15 个、中纬度带 37 个、高纬度带 20 个）地面遥感研究站组成，于 1991 年 1 月开始网络作业，分析到达地球表面的光谱，探测大气组成，了解它们对同温层、对流层和中间层的影响。NDACC 是世界气象组织（WMO）全球大气监测（GAW）计划的主要贡献者，也是全球大气化学综合观测（IGACO）计划的关键组成部分。NDACC 已经得到包括联合国环境规划署（UNEP）和国际气象与大气科学协会的国际臭氧委员会在内的多个国家和国际科学机构的认可。该项目生成一年以上的数据对公众免费开放。

（2）全碳柱观测网络（Total Carbon Column Observing Network，TCCON）是一个由傅里叶变换红外光谱仪（BRUKER IFS 120HIR 或 125HR）组成的地基观测网络，记录在近红外光谱区域的太阳光谱。从这些光谱中，可以精确地检索和报道 CO_2、CH_4、N_2O、HF、CO、H_2O 和 HDO 的柱平均丰度，提供长期的时间序列。TCCON 的目的是提供一个严格维护的、长时间尺度的记录，以确定天基传感器（例如，SCIAMACHY、TES、AIRS、OCO-2）校准中的时间漂移和空间偏差。该项目成立于 2004 年，到 2013 年该网络扩展到全球分布的 32 个站点。站点涵盖了从热带到极地、大陆和海洋的各种大气状态和观测条件。但在空间覆盖率方面存在明显不足，特别是在南美、非洲和亚洲覆盖较少，而主要集中在欧美地区。

在地表水汽观测方面，耶鲁大学建成并维护稳定水汽同位素数据库（The Stable Water Vapor Isotope Database，SWVID），收集和存档了全球研究者利用红外同位素光谱仪收集到的原位采样测定的地表高频水汽同位素数据，建立了一个高时间分辨率稳定水汽比值的全球数据库。该项目的目的是作为一个类似全球降水同位素网络（GNIP）和全球河流同位素网络（GNIR）的平台，允许研究人员在一个集中的存储库中共享他们的水汽同位素数据集，从而促进大气水汽同位素研究。每个数据集提供了大气水汽每小时的 $\delta^{18}O$ 和 δD 值，以及现场同步观测的气象变量时间序列。数据以小时分辨率存储，数据文件为 CSV 格式。SWVID 还收录了多个飞机和船舶巡航数据集。

为了进一步生成对流层 H_2O 和 HDO 高质量数据库，大气水循环的多平台同位素遥感（Multi-platform Remote Sensing of Isotopologues for Investigating the Cycle of Atmospheric Water，MUSICA）由欧洲研究委员会（ERC）发起成立。MUSICA 将原位测量、地面遥感和空间遥感观测相结合。地基遥感部分由 12 个红外遥感站组成，其中包括 10 个 NDACC 观测站，其中最早的观测数据采集于 1996 年。天基遥感部分使用安装在 METOP 气象卫星上的 IASI 传感器获取观测数据。该项目利用对流层水汽同位素组成研究对流层水输送路径，并与模型结合，以研究气候的反馈机制。数据集可以从 NDACC 数据库获得。

第五章 降 水

降水作为地球水循环中最重要的组成部分之一，对区域气候、生态和环境有着重大影响。对降水中稳定同位素的研究起始于 20 世纪 50 年代初。从 1958 年，国际原子能机构（International Atomic Energy Agency，IAEA）和世界气象组织（World Meteorological Organization，WMO）在全球范围内对降水同位素组成进行连续观测，并于 1961 年正式启动全球降水同位素观测网（Global Network of Isotopes in Precipitation，GNIP）。全球降水同位素网络 GNIP 提供了全球降水的同位素特征，包括 $\delta^{18}O$、氘（^2H）和氚（^3H），其数据库包括来自全球 1000 多个台站的 100 000 多个月度降水和基于事件的降水样本的同位素记录。全球范围内的站点严格按 IAEA/GNIP 的采样规程进行大气降水收集，然后送往实验室进行分析。分析结果及同步观测的气象数据（主要为月平均温度、月平均降水量等）最终汇总到同位素水文数据库中。此外一些国家也建成了自己的降水同位素观测网（表 5-1）。

表 5-1　部分国家降水同位素观测网（宋献方等，2007）

国家	网络名称	降水站点数	河流站点数	地下水站点数	成立时间
奥地利	ANIP	55	17		1972
美国	USNIP	81			
瑞士	NISOT	11	7	3	1992
法国	BDISO	82	162	1229	
加拿大	CNIP	33			1997
中国	CHNIP	31			2004

中国降水中稳定氢和氧同位素的早期研究可以追溯到 1966—1968 年对喜马拉雅山珠穆朗玛峰的实地考察。2004 年在中国生态系统研究网络（CERN）的基础上建立了中国降水同位素观测网（Chinese Network of Isotopes in Precipitation，CHNIP）。自 2005 年 CHNIP 网络对遍布全国的 31 个站点月尺度降水同位素开展观测以来，取得了大量宝贵的第一手同位素数据及同步观测的气象因子数据，为系统深入地揭示中国降水同位素与各气候变量的关系和变化规律提供了基础，同时也为中国范围内的地表水、地下水的同位素水文研究提供了重要依据（柳鉴容等，2011）。

第一节　降水同位素组成和变化

一、大气降水线

在同位素水文学领域中，大气降水中 δD 与 $\delta^{18}O$ 之间的线性关系称为大气水线（Meteoric Water Line，MWL）。大气水线是核心的同位素水文分析工具之一，对于研究水循环过程中稳定同位素的变化具有重要意义。如将泉水、河水和井水的 δD 和 $\delta^{18}O$ 组成与大气水线进行对比，可以用来区分研究区域的泉水、河水和井水的来源并阐明其相互转化关系。大气水线方程通常由降水样品同位素组成的最小二乘法回归得到。1961 年，Craig 给出了全球大气水线（Global Meteoric Water Line，GMWL）：$\delta D = 8 \times \delta^{18}O + 10$，该方程也被称为 Craig 方程。由于从水汽源区到水汽凝结降落的过程中，影响稳定同位素分馏的因子之间存在差异，因此各地大气水线是不同的，被定义为局地大气水线（Local Meteoric Water Line，LMWL）。不同地区 LMWL 的斜率和截距存在着较大的差异，取决于水分来源、冷凝温度和云下蒸发等气候条件（Ren et al.，2017）。大气水线的斜率反映两类稳定同位素 D 和 ^{18}O 分馏速率的差异，与降水形成时的温度、湿度及外部条件（如水汽来源等）有关，截距与从水源地蒸发的 D 相对平衡状态的偏离程度和同位素分馏作用相关，且与温度的关系较大（Jouzel and Merlivat，1984）。大气水线的斜率和截距还与云下二次蒸发密切相关，这主要体现在不同降水量、温度、湿度和风速等气象要素对大气水线的影响。郑淑蕙等（1983）计算得到我国大气水线方程为：$\delta D = 7.9 \times \delta^{18}O + 8.2$，这与全球大气水线非常接近，在一定程度上说明海洋水汽是中国降水的主要来源。

根据 GNIP 数据库中国站点降水同位素观测数据得到各个地区的 LMWL（表 5-2）。局地大气水线存在明显的变化，反映了中国的地形、气象条件和水汽来源的多样性及复杂性。西北地区除和田以外，斜率截距均小于全球水线。青藏地区拉萨的斜率和截距大于全球水线。北方多数站点的大气水线的斜率小于 8，截距小于 10；南方多数站点的大气水线的斜率大于 8，截距大于 10。在东部季风区，北方地区斜率和截距小于南方地区，反映出南方降水多、相对湿度大，而北方降水较少、相对湿度低的特征。此外，低温与 LMWL 较高的斜率和截距可能存在关系，例如拉萨。在靠海较近的地区，相对湿度高，不利于发生云下二次蒸发，LMWL 趋近于全球大气降水线的斜率和截距。章新平等（1998）认为如果水汽在非平衡条件下凝结（如超饱和状态），轻同位素相对高的分馏速率将抵消重同位素优先凝结的效应，从而使得快速凝结过程中稳定同位素的分馏系数小于平衡状态下的分馏系数，则大气水线的斜率大于 8.0。另一方面，局地水汽再循环也可能导致 LMWL 的斜率和截距更高。

表 5-2　部分地区的大气水线

地区	站点	北纬	东经	时间	样本数	大气水线	R^2
西北	乌鲁木齐	43.78	87.62	1986—2003	168	$y = 6.98x + 0.43$	0.93
	银川	38.48	106.22	1988—2000	84	$y = 7.22x + 5.5$	0.96
	张掖	38.93	100.43	1986—2003	144	$y = 7.02x - 2.79$	0.95
	包头	40.67	109.85	1986—1993	96	$y = 6.36x - 5.21$	0.93

地区	站点	北纬	东经	时间	样本数	大气水线	R^2
西北	和田	37.13	79.93	1988—1992	60	$y=8.4x+11.46$	0.99
	兰州	36.05	103.88	1985—1999	84	$y=7.01x+1.53$	0.94
青藏	拉萨	29.7	91.13	1986—1992	84	$y=8.08x+12.37$	0.98
北方	石家庄	38.03	114.42	1985—2003	204	$y=6.07x+-5.76$	0.86
	天津	39.10	117.17	1988—2001	84	$y=6.57x+0.31$	0.88
	西安	34.30	108.93	1985—1993	108	$y=7.49x+6.13$	0.92
	烟台	37.53	121.4	1986—1991	72	$y=6.29x-3.63$	0.81
	郑州	34.72	113.65	1985—1992	96	$y=6.75x-2.71$	0.88
	太原	37.78	112.55	1986—1988	36	$y=6.42x-4.66$	0.95
	齐齐哈尔	47.38	123.92	1988—1992	60	$y=7.59x-0.14$	0.98
	长春	43.90	125.22	1999—2001	36	$y=4.38x-22.5$	0.75
	哈尔滨	45.68	126.62	1986—1998	120	$y=5.8x-16.74$	0.87
	锦州	41.13	121.10	1986—1989	48	$y=5.75x-11.4$	0.8
南方	武汉	30.62	114.13	1986—1998	144	$y=7.95x+5.03$	0.9
	南京	32.18	118.18	1987—1992	72	$y=8.49x+17.71$	0.97
	遵义	27.70	106.88	1986—1992	84	$y=7.76x+9.82$	0.93
	长沙	28.2	113.07	1988—1992	60	$y=8.41x+15.06$	0.97
	福州	26.08	119.28	1985—1992	96	$y=8.19x+11.73$	0.92
	成都	30.67	104.02	1986—1999	132	$y=6.86x-2.92$	0.92
	广州	23.13	113.32	1986—1989	48	$y=7.76x+5.37$	0.83
	贵阳	26.58	106.72	1988—1992	60	$y=8.82x+22.06$	0.98
	海口	20.03	110.35	1988—2000	108	$y=7.5x+6.18$	0.93
	香港	22.32	114.17	1961—2022	744	$y=8.17x+11.82$	0.97
	昆明	25.02	102.68	1986—2003	204	$y=6.56x-2.96$	0.91
	柳州	24.35	109.40	1988—1992	60	$y=7.19x+1.41$	0.91

数据来自：https://nucleus.iaea.org/wiser/index.aspx。

不同季节的大气水线也存在着差异，如南京夏季斜率（8.42）明显高于冬季（7.98），乌鲁木齐冬季斜率（7.53）高于夏季（6.48），香港和昆明的斜率截距变化不大（香港：夏7.97、冬7.78；昆明：夏6.39、冬6.31）（陈中笑等，2010）。长沙降水同位素夏季的斜率和截距均小于其他季节，冬季的斜率和截距最大（春：8.24、17.31；夏：7.85、8.06；秋：8.11、15.36；冬：8.35、21.53）（黄一民等，2014）。黄河小浪底库区降水同位素夏季斜率低于春秋两季（春：7.48、2.12；夏：6.53、-9.74；秋：7.97，9.09）（田超等，2015）。冬季的斜率和截距较大的原因一方面较低的气温导致云下蒸发的能力较弱，降雪通常不受云下蒸发的影响，另一方面表明固-汽（降雪）相变的分馏效应大于液-汽（降雨）。水汽源地的差异导致明显的季节差异。我国季风区冬夏两季明显受到不同水汽源的影响，这种现象也体现在季节上的差异。

有研究表明 LMWL 斜率随着海拔增加而增大（Li et al., 2016），又会随着风速的增加而减小。通常情况下，气温越高、湿度越小、蒸发越强烈时，大气水线的斜率和截距越小；气温越低、湿度越大、蒸发越弱时，大气水线的斜率和截距越大。然而，实际情况更加复杂，并不总是遵循这样的规律。不同地区的大气水线存在一定的差异，它们与水汽在源地的蒸发以及水汽凝结致雨两个过程的稳定同位素分馏密切相关（章新平和姚檀栋，1998）。同时，中国地形、纬度、离海岸线远近的差异及复杂的大陆性和海洋性气团的影响共同导致了 LMWL 的复杂变化。

二、降水同位素分布

降水氢氧稳定同位素主要受水汽来源、水汽路径、气象条件以及地理因素和大气环流的影响（Dansgaard, 1964a）。地球表面水汽和降水主要来源于热带、副热带海洋的蒸发。水汽通过大气环流向高纬和内陆输送。随着水汽不断地凝结、蒸发，大气降水中的重同位素不断贫化。受地理因素和气象条件的影响，降水同位素一定程度上反映了区域性特征。降水 δ^{18}O 的高值区主要分布在热带、副热带海洋地区，且由低纬度向高纬度减少，由沿海向内陆减少（章新平和姚檀栋，1994）。南半球中高纬度的 δ^{18}O 等值线与纬圈平行，而北半球则呈波状分布，海洋与陆地上的 δ^{18}O 有较大的差异。北非的干旱内陆以及澳大利亚内陆，可能受到蒸发作用，δ^{18}O 较高。受地形的影响，青藏高原与同纬度的其他地区相比，有较低的同位素值。全球大气降水中 δD 和 δ^{18}O 值的变化范围分别为 −300‰ ~ 131‰ 和 −54‰ ~ 31‰，平均值分别为 −22‰ 和 −4‰。郑淑蕙等（1983）研究北京等 8 个站点的大气降水得出我国大气降水 δD 的范围为 −190‰ ~ 20‰，δ^{18}O 的范围为 −24‰ ~ 2‰，平均值分别为 −50‰ 和 −8‰。

降水中氧同位素 δ^{18}O 值随着季节变化。4—9 月代表北半球夏半年（南半球冬半年），10 月至翌年 3 月代表北半球冬半年（南半球夏半年）。两个季节的平均差值 $\Delta\delta$ 反映季节性差异。$\Delta\delta$ 在北半球为正值，南半球为负值，表明夏半年的同位素较冬半年富集。在海洋上 $\Delta\delta$ 的变化小，在陆地上 $\Delta\delta$ 的变化大。在中高纬内陆区 $\Delta\delta$ 的变化大，在低纬度海岛沿海地区 $\Delta\delta$ 的变化小，这可能是与中高纬内陆区冬夏温度差异大，低纬度海岛沿海地区冬夏温度差异小有关（章新平和姚檀栋，1994）。

我国位于北半球亚欧大陆的东部，太平洋西海岸，气候的多样性造成了降水同位素的区域差异性。按照受季风影响的情况，将我国分为东部季风区、西北干旱区和青藏高原区。其中，秦岭—淮河一线是北方地区和南方地区的分界线。大兴安岭—阴山—贺兰山为北方地区和西北地区的分界线。我国青藏地区、西北地区、北方地区和南方地区的分界线，大致以第一级阶梯和第二级阶梯的分界线分隔。西北干旱区和青藏高原区很少或者几乎不受季风的影响。青藏高原海拔高，具有独特的地理条件，因此将其单独划分为一个区域。东部季风区可划分为北部地区与南部地区，以秦岭淮河为界。基于 GNIP 包含的 33 个中国站点的数据（https://www.iaea.org/），对每个区域进行分析比较。

我国的西北地区（73 °E ~ 123 °E，37 °N ~ 50 °N）深居内陆，位于昆仑山—阿尔金山—祁连山和长城以北，大兴安岭、乌鞘岭以西，包括新疆、宁夏、内蒙古西部和甘肃西北部等，约占全国陆地总面积的 24.3%。东部是波状起伏的高原,西部呈现山地和盆地相间分布的地表格局。中国西北的中、西部居亚欧大陆的腹地,四周距海遥远,周围又被高山环绕,来自海洋的潮湿气流难以深入,自东向西,由大陆性半干旱气候向大陆性干旱气候过渡,植被则由草原向荒漠过渡。气候干旱、植被稀疏、沙源丰富,风沙现象在大部分地区十分常见。西北区 $\delta^{18}O$ 值的变化范围为 $-21‰ \sim 0‰$,δD 的变化范围为 $-163‰ \sim 14‰$,1—7 月逐渐增加,8—12 月逐渐减少(图 5-1)。西北地区远离海洋,气候干燥,产生降水的水汽有相当一部分来自局地的蒸发。干旱地区表面水体中 $\delta^{18}O$ 偏高,因此,蒸发水汽中 $\delta^{18}O$ 亦偏高,加上雨滴在降落过程中由于蒸发而产生的重同位素的富集,致使西北地区降水中 $\delta^{18}O$ 偏高。

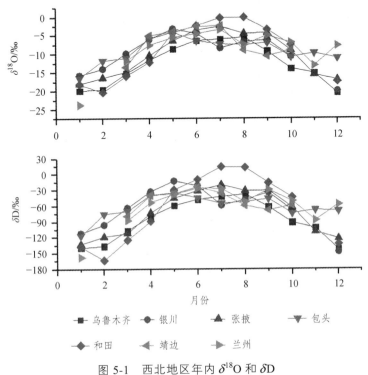

图 5-1　西北地区年内 $\delta^{18}O$ 和 δD

从我国的季风演变来看,2 月中旬到 4 月中旬是冬季风减弱的时期,东南季风由于海陆热力环流等原因朝向我国北部和西北内陆地区发展。5 月份东南季风影响华南地区;6 月上中旬东南季风影响范围向北扩展江南一带,进入雨季;6 月下旬到 7 月上旬推进到长江流域,会给长江流域带来持续降水天气,俗称梅雨;7 月上中旬到 8 月东南季风进一步北上,到达华北和东北地区,华北和东北地区进入雨季;8 月中下旬到 9 月西北冷空气势力增加而东南季风势力减弱,东南季风开始南撤;10 月基本退出东亚大陆。降水同位素 δ 值分布在东南沿海地区较高,沿着内陆和高纬度地区的方向逐渐偏低。一方面是由于海洋水汽在经过的时候,水汽会形成降水,较重的同位素降水优先降落,之后降水同位素会逐渐贫化。另一方面,由于距离较远,较少的水汽达到东北,加上西风带的影响导致同位素贫化。

我国东部季风区的北部,主要是秦岭—淮河一线以北,大兴安岭、乌鞘岭以东的地区,东临渤海和黄海,面积约为 $2.131 \times 10^6 \ km^2$,约占全国陆地总面积的 22.2%。东部季风区的北部属于温带大陆性季风气候和暖温带大陆性季风气候,四季分明,夏季高温多雨,冬季寒冷干燥。大部分地区的年平均降水量为 400 ~ 800 mm，降水季节分配不均，主要集中于夏季。
降水 $\delta^{18}O$ 值的变化范围为 − 25‰ ~ − 3‰，δD 的变化范围为−207‰ ~ − 21‰。1—5 月同位素
值逐渐升高，6—9 月同位素值少量降低，10—12 月明显降低（图 5-2）。受到温度的显著影

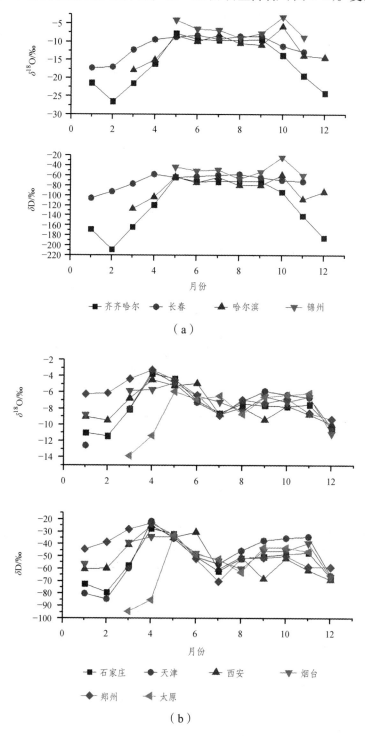

（a）

（b）

图 5-2　东部季风区的北部年内 $\delta^{18}O$ 和 δD 分布

响，纬度较高的齐齐哈尔和哈尔滨冬季的同位素值明显比其他站点偏低（李小飞等，2012；杜晨等，2022）。山西、陕西和山东降水 $\delta^{18}O$ 值在雨季（6—9 月）高于旱季（10 月至翌年 5 月），季风结束后的 10 月降水中重同位素最贫化（赵佩佩，2018）。石家庄降水同位素整体表现为夏半年（4—9 月）高于冬半年（10 月至翌年 3 月）（张博雄，2020）。天津降水同位素的季节变化为春秋相近且较高，夏季次之，冬季最贫化（徐涛等，2014）。类似的，郑州降水同位素的季节变化呈"双峰型"的特征，1—5 月同位素增大，6—8 月同位素值降低，9—10 月份又有增长，但 11—12 月又下降（王锐等，2014）。

我国东部季风区的南部，包括秦岭—淮河一线以南的地区，西部为青藏高原，东部与南部濒临东海和南海，面积约 2.518×10^6 km^2，约占全国陆地总面积的 26.2%。除长江中下游平原、珠江三角洲平原外，区内广布山地丘陵和河谷盆地，南部石灰岩分布广泛，为中国喀斯特地貌发育最广泛的地区。东部季风区的南部属于温暖湿润的亚热带季风气候和湿热的热带气候，夏季高温多雨，冬季温和干燥，年降水量一般在 1000 mm 以上，主要集中在夏季，冬季较少。东部沿海地区受台风影响大，华南地区受寒潮影响小。降水 $\delta^{18}O$ 值的变化范围为 −13‰ ~ −1‰，δD 的变化范围为 −90‰ ~ 0‰。该地区夏季同位素小于冬季同位素，同位素值从 4—5 月份开始减小，表明夏季风的到来，夏季明显贫化重同位素；在 10 月之后同位素值逐渐升高，表明夏季风退出我国，冬季的重同位素较为富集（图 5-3）。与北方地区相比，

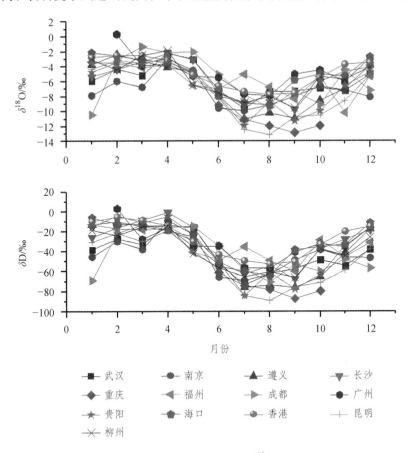

图 5-3 东部季风区的南部年内 $\delta^{18}O$ 和 δD 分布

在夏季风的影响下，南方地区有更明显的同位素贫化。长沙（常昕等，2021a）、重庆（温艳茹和王建力，2016）、珠江流域包含两广、云贵和海口地区（杜康和张北赢，2020）、上海（张峦等，2020），均有这样的变化规律。此外，靠近海岸的城市，如广州、海口和香港的降水同位素值比较稳定。在离海较远的地区同位素的变化明显，可能是局地气象条件和陆面过程的影响造成的（Yang et al.，2021）。该区域降水中西部地区贫化重同位素，而东部较富集，可能与海洋的距离有关（张蓓蓓等，2022）。

青藏地区位于中国西南，横断山脉及其以西，喜马拉雅山及其以北，昆仑山和阿尔金山、祁连山及其以南，总面积约 $2.60 \times 10^6 \ km^2$，约占全国的27%。青藏地区是一个强烈隆起的大高原，平均海拔近4400 m，还有多座海拔8000 m以上的高峰，是全球海拔最高的高原和"世界屋脊"。区内属特殊的高原气候，高大山体终年积雪，还有冰川分布，多年冻土和季节性冻土亦广泛分布。植被为高原寒漠、草甸和草原。青藏地区是亚洲许多大江大河如长江、黄河、怒江、澜沧江、雅鲁藏布江以及印度河、恒河等的发源地。这里还是全球海拔最高的高原内陆湖区，湖泊数量多、面积大。区内的湖泊总面积约占全国湖泊面积的一半。青藏高原降水中 $\delta^{18}O$ 的影响因子主要有气温、湿度、气压、气团的性质、海拔、复杂的降水条件以及特殊的事件（比如 ENSO）等（Yao et al.，2013）。GNIP显示拉萨降水的 $\delta^{18}O$ 值的变化范围为 $-23‰ \sim -6‰$，δD 的变化范围为 $-165‰ \sim -33‰$。青藏高原季风区位于青藏高原南部，6—9月受到海洋水汽的影响，贫化重同位素，其他季节同位素值相对较高。由于不受季风活动的影响，青藏高原北部降水同位素夏季出现高值，冬季出现低值。青藏高原中部 $32°N \sim 33°N$ 一线是青藏高原重要的气候分界线，为青藏高原季风区与非季风区的过渡区，降水中 $\delta^{18}O$ 的波动受控于大规模天气过程，对水汽来源的变化以及水汽的输送过程十分敏感（田立德等，2001）。

单场次降雨期间降水的同位素变化多样。随着降水过程进行，$\delta^{18}O$ 表现出多种变化趋势，包括上升型、下降型、稳定型、"V"型、"Λ"型和"L"型等。若降水过程中 $\delta^{18}O$ 值有增大的趋势，表明降水过程中可能有新的水汽补给或降水水汽源发生了改变，考虑低压系统的影响使得对流加强，引起周边水汽汇聚。若降水中的 $\delta^{18}O$ 值整体呈现出下降的趋势，可能是单一水汽团控制的结果。按照同位素瑞利分馏效应，其降水中稳定同位素值将持续降低。"L"型的 $\delta^{18}O$ 值的变化呈现出初始值较大，随着降雨发生，δ 值呈明显下降趋势，在降雨中后期呈现平缓变化趋势。稳定型的 $\delta^{18}O$ 在降水过程中不会发生太大的变化。"V"型和"Λ"型降雨事件具有持续时间长、同位素变化复杂的特点。Celle-Jeanton 等（2004）认为单场次降雨期间降水的同位素变化与不同的天气系统的影响有关。降水同位素下降型主要受冷锋降水的影响，L型主要受对流降水影响，V型主要受锋面和对流降水的影响（Celle-Jeanton et al.，2004）。类似的，华南地区场次降水同位素变化可分为五种情况，包括"—"（不改变）、"\"（下降）、"/"（上升）、"V"形和"Λ"霰（Li et al.，2021）。中国东南部台风的同位素值变化可以呈"Λ"形。

三、降水氘盈余

氘盈余（d-excess）由给定的 δD 和 $\delta^{18}O$ 值计算得到 $d\text{-}excess = \delta D - 8\delta^{18}O$。d-excess 主要受

到水汽源地和输送路径的影响。基于平衡分馏理论，起源于海洋的降水其 $\delta D = \delta^{18}O = 0‰$，因此 d-excess 也是 0‰。实际上，海水蒸发过程中产生的水汽比平衡分馏时贫化 $\delta^{18}O$，这就造成了大气降水中的 ^2H 的相对富裕，即 d-excess > 0。水汽源地的相对湿度是影响 d-excess 值的主要因素，相对湿度越高，d-excess 值越小，相对湿度越小，d-excess 值越大。当水汽来源主要为海洋时，海面温度（SST）和海面相对湿度是 d-excess 的主要控制因素（Johnsen et al., 1989）。此外还有风速与海岸的距离等因素（Gat et al., 2003）。降水中 d-excess 值还受制于水循环过程中不同水体相变中 δD 与 $\delta^{18}O$ 的分馏差异。当来自大陆的水分对降水有贡献时，来自海、陆两个来源的水分混合产生降水的 d-excess 可能不再保存海洋水汽源区的信号。海拔、雨滴的云下蒸发、大陆水分的再循环或陆地上的轨迹路径等变量是大陆降水中 d-excess 的主要控制因素（Rozanski et al., 1982）。例如，雨滴凝结后，云下再蒸发分馏作用越强，d-excess 越小。

西北地区 d-excess 的变化范围为 −18‰ ~ 33‰，大部分站点的 d-excess 夏季低，冬季高（图 5-4）。兰州旱季降雨（10 月至翌年 4 月）的 d-excess 大于雨季（5—9 月）（Chen et al., 2020a）。该地区降水主要是西风带水汽形成。西风带水汽沿途的距离较长，并不断接受沿途中区域陆面的循环水汽，可导致较高的 d-excess。然而在和田地区，夏、秋季节 d-excess 较高，其余月份值偏小。这表明和田地区与其他地区有不同性质的降水水汽来源。伊犁喀什河流域大气降水的 d-excess 季节变化特征为秋季 > 夏季 > 春季 > 冬季，d-excess 整体偏高，高于 10‰。夏秋季水汽主要来自西风带输送的大西洋水汽，沿途的距离长，相对湿度低，受到局地水汽循环影响大，d-excess 高，冬春季受北极气团的影响，大气降水源于北极地区，d-excess 低（曾康康，2021）。

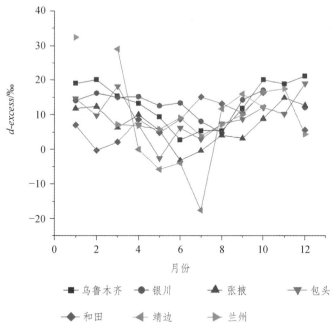

图 5-4 西北地区年内降水 d-excess 的变化

我国季风区，夏季降水来源于西南季风和东南季风所带来的湿润海洋水汽，d-excess 较低；冬季盛行的冬季风带来大陆气团的影响，空气湿度小，d-excess 较高。北部地区降水的

d-excess 的变化范围为 – 11‰ ~ 44‰, 南部地区 *d-excess* 的变化范围为 – 12‰ ~ 23‰（图 5-5）。为进一步了解季风区的 *d-excess* 季节变化, 划分东北、华北、华中和华南地区。结果

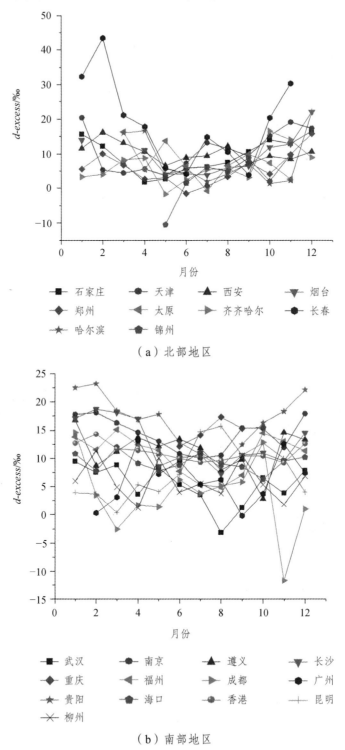

（a）北部地区

（b）南部地区

图 5-5　东部季风区年内降水 *d-excess* 的变化

表明华南地区的波动幅度不大，季节差异较小，华北地区 d-excess 变化比华中地区和华南地区明显，除了受到海洋水汽的影响，还受到西风带水汽的影响。王涛研究了季风区的 d-excess 可以看出雨季主要来源于海洋水汽，旱季来源于西风带的运输及再循环水汽（王涛，2012）。台湾地区 d-excess 夏季比冬季低，不同季风来源的水汽带来不同的同位素特征；冬季的东北季风的水汽源降水具有较高的 d-excess，夏季西南季风的水汽源降水的 d-excess 较低（Peng et al.，2010a）。四川盆地中的成都和云贵高原上的昆明，d-excess 表现出夏高冬低的特点，这可能与当地局地蒸发的条件有关。

位于青藏高原的拉萨，降水 d-excess 的变化范围为 5‰~28‰，冬季高，夏季低。青藏高原地区的玉树站夏季降水的 d-excess 远高于拉萨站和聂拉木站。因为夏季拉萨站和聂拉木站的水汽主要来自印度洋，而玉树站受印度洋水汽的影响较小，而受到内循环水汽的影响大（Kong et al.，2019）。在青藏高原，西风带和季风之间的潜在相互作用是影响同位素特征的主要因素，在不同大尺度水汽路径影响下可分为北部西风带、中部过渡带和南部季风区 3 个亚区（Yao et al.，2013）。

四、降水同位素效应

降水中稳定同位素组成具有环境同位素效应，包括温度效应、降水量效应、纬度效应、大陆效应、高程效应、季节性效应。

温度效应，即降水中稳定同位素比率与温度之间存在显著的正相关关系，温度升高同位素值增大，温度降低同位素值减小。温度效应主要是由于蒸发过程中分馏作用随温度升高而减弱造成的。在水的蒸发过程中，水分子获得外部能量后，优先破坏相对轻的同位素水分子的氢键。当温度较高时蒸发获得的能量多，重同位素分子之间的氢键被破坏的数量增多，所以分馏作用减弱，海水蒸发所形成的水汽中的同位素值偏高。在高纬度地区温度是影响降水同位素的主要因素，因此温度效应在两极地区明显，且越深入大陆内部，其正相关性越强。温度效应在我国主要发生在中高纬度的内陆地区，如我国的西北地区。Craig（1961）最早发现热带地区的淡水富集 δD 和 $\delta^{18}O$，而在寒冷地区贫化 δD 和 $\delta^{18}O$。Dansgaard（1964）测定了全球范围内的现代降水氢氧稳定同位素的含量，并建立了其与年均气温之间的相关关系。新疆地区季节同位素变化就有很明显的温度效应（Liu et al.，2015）：

$$\delta^{18}O = 0.695T_{年均} - 13.6$$

$$\delta D = 5.6T_{年均} - 100$$

降水量效应，即降水中稳定同位素比率与降水量之间存在显著的负相关关系，降雨量越大，降水中的同位素值越低。降水量效应主导着热带地区降水的同位素组成，在那里温度效应往往不明显（Rozanski et al.，1993）。在中纬度海洋或者季风气候区，雨热同期，此时降水中稳定同位素显示显著的降水量效应。低纬度地区的降水量效应的产生与强对流现象联系紧密。在场次降水内，随着降水时间的增长也会出现降水量效应。根据 IAEA 的统计，赤道附近的岛屿地区月平均降水量 P（mm）和 $\delta^{18}O$ 之间的关系为

$$\delta^{18}O = (-0.015 \pm 0.002\,4)P - (0.047 \pm 0.419) \qquad r = 0.87$$

纬度效应表现为大气降水的同位素 δ 值会随着纬度的升高而减小。纬度效应形成的原因有：① 随着纬度的升高，当地的年平均气温降低；② 大气圈的水汽主要形成于低纬度地区，当云团向高纬度地区移动时，由于不断发生凝结分馏，使云团和与之平衡的雨水同位素值不断降低。

大陆效应表现为从沿海到大陆内部向远离水汽源区的方向，大气降水的同位素 δ 值逐渐减小。海水蒸发在海洋上空形成云团，当云团的水汽冷凝成降水时相对剩余水汽富集重同位素。随着云团的迁移，降水不断发生，云团中的重同位素逐渐贫化，降水中的重同位素也逐渐贫化。海洋是大陆水汽的主要来源，因此在水汽从海洋水汽源区向大陆腹地输送的过程中，水汽不断损失重同位素，大气降水的同位素 δ 值逐渐减小。在年均温度 T 小于 20 ℃ 的地区，年降水的平均同位素组成与海岸线距离（L）的关系为（陈宗宇，2001）

$$\delta D = 8\delta^{18}O + 10 + 0.7L^2$$

高程效应表现为大气降水的同位素 δ 值会随着高程的升高而减小。一般来说，高程每上升 100 m，降雨中的 δD 减少 1‰ ~ 4‰，$\delta^{18}O$ 减少 0.15‰ ~ 0.5‰。高程效应常在地形起伏大的山区进行研究，主要是讨论地形抬升和湿绝热递减率。受地形抬升影响空气的上升和冷却。饱和水汽的气团上升过程中，随着气团降温发生水汽冷凝，释放潜热，使得降温过程减缓。一般饱和水汽的气团每上升 100 m 气温下降约 0.6 ℃，称为湿绝热递减率。不饱和水汽的气团上升过程中，随着气压下降气团体积膨胀，导致降温和水汽凝结，每上升 100 m 气温下降约 1 ℃，称作干绝热递减率。这两种绝热冷却是大气最重要的降温过程，与之伴随的降水过程将使得剩余水汽和后续降水不断贫化重同位素。

我国的中高纬度地区，越向大陆内部，温度与降水同位素正相关关系越密切，表现为温度效应。地处西北的塔里木河流域，降水同位素值对温度的变化极其敏感，气温升高时，降水同位素值升高，该区域 $\delta^{18}O$ 与温度的总体相关系数达到 0.77。在中低纬度地区和青藏高原南部，温度与降水同位素存在大片的负相关区。东南沿海、云贵高原以及青藏高原南部均存在降水量效应，即 $\delta^{18}O$ 与降水量之间存在显著的负相关关系。由此可见，我国降水同位素组成主要受到温度效应和降水量效应的控制，其中温度效应主要发生在中高纬度的内陆地区。降水量效应主要发生于中低纬度的近海地区（章新平和姚檀栋，1998）。总体上，东部季风区内从南方低纬度地区越往北降水同位素与温度线性相关系数由负值逐渐变为正值，大致以郑州为界。自郑州向北降水同位素与温度线性正相关增强，郑州以南线性负相关增强。

单站点降水同位素组成必然服从总体的同位素效应，同时受到其他因素影响，如风速（李广等，2016）、相对湿度（宋洋，2021）、大气环流运动、水汽来源和途径等。因此，降水同位素变化与局地多个气象因子可能不是单因子强相关，而是与多因子综合作用关联。澳大利亚南部地区降水量 P、温度 T、相对湿度 RH 对降水同位素的变化的综合影响可以用模型 $\delta^{18}O = 3.70 - 0.23P - 0.08RH + 0.14T$（$r = 0.66$，$n = 250$）描述，可见降水量为该地降水同位素组成变化的主要影响因素（王迪宙等，2023）。

五、降水类型与降水同位素组成

在事件尺度上，降水同位素对凝结、降水状态和云内外过程都很敏感。因此，降水中稳定同位素的组成可能受到降水类型影响。降水类型包括：冷/暖锋降水、浅/深对流降水、地形雨和台风雨等。不同类型的降水的形成条件和降水特点有明显的差异。锋面雨由冷、暖气团交绥带来降雨，通常降水水平范围大、降雨时间长，强度也一般较大。我国东部夏、秋季节多为锋面雨。对流雨分布范围小，持续时间短，降水强度大。常伴有雷电和暴雨。赤道地区常年以对流雨为主，我国夏季午后也常出现对流雨。地形雨常随着地形高度增高而增加，雨势一般不会很强，多出现在山地和丘陵的迎风坡。台风雨常出现在副热带海域的夏、秋季节，来势凶猛，降水范围、降雨强度和降水量都很大，常伴有狂风、雷电。

Aggarwal 等（2016）证明了不同类型降水中稳定同位素存在显著差异，对流雨中产生更高的同位素值，层状雨中产生更低的同位素值。层状降雨的低 $\delta^{18}O$ 和对流降雨的高 $\delta^{18}O$ 与降雨形成的动力学和微物理条件有关（图 5-6）。对流降水的分布范围小，气流垂直运动活跃，持续时间短，降水强度大；层状降水覆盖的水平范围大，气流垂直运动不活跃，持续时间长，降水强度较小。对流降水条件下，降水同位素组成明显比平流条件下层状降水的偏正。首先，对流降水的水汽来源于海水或土壤蒸发（Gat，1996）。其次，强上升气流将低层具有高 $\delta^{18}O$ 的云滴，在各高度层增加雨的同位素值。此外，由于对流降水的雨滴直径较大（> 2 mm），因此雨滴的大尺寸和较快的下落速度不利于雨滴与周围水汽的同位素交换和云下蒸发而保留在气流上升时获得的高 $\delta^{18}O$ 信号。而层状云的垂直运动微弱，凝结核形成于云顶，在 0 ℃ 层（距地面约 5 km 处）以上经水汽扩散、聚合增长，因此含有该高度层较低的同位素信号（Aggarwal et al.，2016；田媛媛等，2023）。层状降水的直径较小，下落速度较慢，易于受到与周围水汽的交换以及云下蒸发的影响。亚洲季风区降水同位素随夏季强对流降水增加而大幅度降低，且在平流降水主导时，LMWL 的斜率更大（常昕等，2021b）。长江下游梅雨的同位素值较台风雨贫化，梅雨和台风雨的大气水线分别为 $\delta D = 6.15\delta^{18}O - 8.36$ 和 $\delta D = 7.93\delta^{18}O + 7.93$（谢永玉等，2022）。

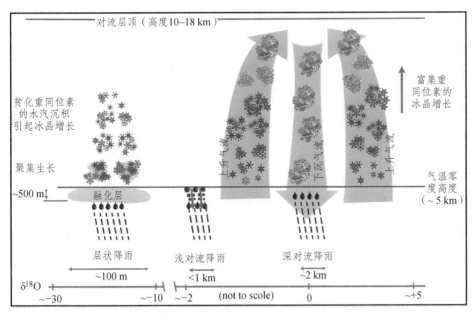

图 5-6 降雨的 $\delta^{18}O$ 与降雨形成的动力学和微物理条件示意图

引自：Aggarwal et al.，2016。

六、人类活动的影响

氢氧稳定同位素可以追踪水文过程，探索人类活动对水文循环的影响（Xia et al., 2021）。近年来，城市化和经济发展使得人类社会和水资源承载力之间的矛盾越来越突出。人类的用水压力改变了水文过程，对生态系统造成负面影响，出现土地荒漠化和植被覆盖率下降（Hao et al., 2019）。废水废气的排放以及森林的砍伐、草原的开垦和农田的占用等土地利用变化，改变了陆-气之间的物质和能量交换，干预了自然水循环。在全球变暖引起地球系统变化的背景下，人类排放二氧化碳的增加可导致大气更加稳定，削弱水文循环，而海洋表面温度（SST）的增加可导致大气变得更加不稳定，加强水文循环（Yang et al., 2003）。因此，人类活动使得全球水文循环在不同区域出现了复杂的变化。城市地区的人造表面（如建筑物和沥青路面）具有热容量大、反射率低的特点，可以有效地储存太阳辐射热量，导致市中心的气温高于周边地区的"城市热岛效应"，进一步造成局部地表水蒸发加剧，再循环水汽对降水的贡献增加，导致大气降水线斜率和截距的升高。来自城市表面的热气团与对流层的冷气团相遇，很容易形成暴雨。成都市经过几十年的高速发展，土地利用和气候条件发生显著变化，居住、工业和运输用地比例从 1980 年的 7.40% 上升到 2015 年的 14.23%，人口密度增加，人类活动显著加剧，导致降雨的强度和频率变化（Zhang et al., 2021）。岷江流域极端降水时间变得更长导致大气水线的斜率的增加（Chen et al., 2019）。1960—2010 年以来，中国各地的平均气温和极端气温呈上升趋势，理论上这种趋势将导致 LMWL 的斜率下降，但是实际情况下不一定有这种变化，可能与人类活动的影响有关（Fang et al., 2016）。

第二节　水汽来源

应用降水同位素可以分析降水的水汽来源。大气层中水汽的循环是"蒸发-凝结-降水-蒸发"周而复始的过程。海洋上空的水汽可被输送到陆地上空凝结降水，称为外来水汽降水；大陆陆面蒸散发产生的水汽在高空中直接凝结降水，称内部水汽降水。形成降水的水汽主要来自海洋。随着水汽上升到高空，周围气温和气压降低，水汽达到饱和状态，将多余的水汽在凝结核上凝结，就形成云，云和水汽被大气环流输送到各个地方。近年来降水同位素研究证实影响降水同位素的主要因素是水分来源，其次是当地的地理气象因素（Yuan et al., 2024）。各区域稳定降水同位素和 d-excess 的空间分布和季节变化具有独有的特征，水分来源在控制降水同位素和 d-excess 中起主导作用。一些研究表明，降水同位素与当地的气象因子无关，而与水汽源区和上游气象条件和降水过程有关（Zhou et al., 2019；Tang et al., 2015；Huang et al., 2020）。我国水汽来源对同位素的影响主要集中在季风区。Araguás-Araguás 等（1998）根据中国主要降水的水分来源制订了一个区域划分方案。我国的降水系统主要由五大气团主导：① 发源于北极的极地气团；② 中亚上空含有循环大陆气团的西风带；③ 起源于北太平洋的热带-海洋气团；④ 起源于赤道西太平洋的赤道-海洋气团；⑤ 源自印度洋的赤道-海洋气团（Araguás-Araguás et al., 1998）。类似的，Kong 等按主要水汽来源将中国划分为 5 个区：Ⅰ区西北区的降水主要是由西风带的水汽形成的；Ⅱ区北极区受极地气团影响；Ⅲ区东北区受到北太平洋的影响；Ⅳ区太平洋区域受到西太平洋与北太平洋共同影响；Ⅴ区青藏高原区。

由于青藏高原的气候和构造特征与中国其他地区有很大的不同，因此青藏高原被视为一个单一的区域。高山阻挡了西风并分裂了高速气流，高速气流向高原的南部和北部移动。除了五大外来气团影响局地降水同位素以外，局地水汽循环也是一个重要的来源。

一、追踪降水水汽来源的方法

目前，追踪降水水汽来源的方法有多种。早期的研究利用计算水汽通量和收支的方法研究中国大陆地区的水汽源地问题。水汽输送通量是表示在单位时间内流经某一单位面积的水汽量。水汽通量有水平输送通量和垂直输送通量之分。通常说的水汽输送主要是指水平方向的水汽输送。近年来，越来越多的此类研究使用了由四维数据同化（4DDA）技术产生的网格化数值分析。将基于不同网格化分析产品的大气水收支计算结果进行比较，并应用于区域水文循环，包括降水、径流、地表蒸发和计算的大气通量，以验证其保真度。这些研究表明，由于各种原因，如对物理过程的不同处理、模式地表高程场、数据档案中的空白以及风和湿度分析中的不确定性，不同分析得出的水分通量之间仍然存在显著差异。然而，尽管有这些缺点，网格分析仍然可以提供一种直接的、合理可靠的方法来了解全球和特定地区的水汽输送的基本特征。基于地面观测、气象台站探空资料和遥感数据，分析风场和大气湿度分布结合模型模拟可用来追踪水汽来源。卫星探测水汽含量的基本方式是用微波辐射计（如 NOAA 的 AMSU），近红外和热红外波段探测。地基 GPS 遥感大气水汽是 90 年代发展起来的一种全新的大气观测手段。它应用地基高精度 GPS 接管机，通过测量 GPS 信号在大气中湿延迟量的大小来遥感大气中水汽总量。通过气流运动的轨迹模型，如 HYSPLIT（Hybrid Single Particle Lagrangian Integrated Trajectory Model）模型和水汽通量模型进行同位素特征以及水汽来源解析。美国国家海洋和大气管理局（NOAA）开发的混合单粒子拉格朗日积分轨迹模型的向后轨迹法（Draxler and Hess，1998），主要用于计算和分析大气气团或者大气污染物运移、扩散轨迹的模型，其核心是对轨迹的追踪和描述。HYSPLIT 模式利用输入资料中给出的各个高度层上的风速、温度、比湿以及表面的降水量和蒸发量等数据，在指定区域释放大量粒子（代表空气块）并计算出每个粒子的运动轨迹，同时追踪计算每个粒子在运动过程中的经度、纬度、高度、温度、比湿、空气密度等信息。根据需要，HYSPLIT 模式可以正向追踪空气块从水汽源地向目标区域的运动轨迹，也可逆向追溯目标区域上空的空气块在到达目标区域之前的运动轨迹（褚曲诚，2020）。同位素技术也可以追踪降水水汽来源。在大气水循环、运输的过程中，水会发生一系列的相变，导致水中的氢氧同位素比率发生变化。不同水汽来源的水体往往具有不同的同位素比率。因此基于降水同位素可以对降水的水汽来源进行示踪。利用同位素分析外来水源通常需要布设多个站点进行降水同位素的观测。当水汽团从 A 地点移动到 B 地点，且水汽不接受外来水汽的混合，在迁移过程中不断发生凝结和瑞利分馏，A 地的同位素值会比 B 地的同位素富集，类似于大陆效应。同时，在不同季节里降水可能有不同的水汽来源，也可以通过降水同位素特征进行分析。

最早用来研究水汽来源及输送路径的是基于气象资料分析的方法，然而此方法数据精度有限，且水汽输送过程具有不断变化的特点，该模型具有很大的局限性。因此，拉格朗日轨迹模型被开发出来，用于追踪不同高度的水汽来源轨迹，使结果更加精确。近年来，越来越多的学者利用同位素研究水汽来源。用同位素研究降水水汽来源，仅靠单站点上的同位素分析，难以识别外来水汽源的特征。常常需要建立多个站点的同位素网络信息，依据降水同位素的时空差异进行分析。目前，大量的研究中往往将上述方法结合起来共同分析降水水汽的来源，使结果更具有说服力。

二、外来水汽

中国主要水汽输送路径为东亚季风、印度季风和西风带，不同源区和大气环流模式控制的降水通常呈现不同的同位素比值（Cai and Tian，2016；Yu et al.，2014）。水汽源地的差异会导致冬、夏季风期间受动力分馏过程控制的降水 *d-excess* 的差异（Merlivat and Jouzel，1979）。通常情况下来自海洋的水汽有较低的 *d-excess*，而来自内陆的水汽有较高的 *d-excess*。水汽源地的差异会导致冬夏季风期间降水 δD 和 $\delta^{18}O$ 数值明显不同。中高纬度地区夏季水汽主要来自海洋，降水 δD 和 $\delta^{18}O$ 较富集；冬季水汽主要来自内陆，通常会经历多次的蒸发循环，使得冬季降水 δD 和 $\delta^{18}O$ 贫化。

中国降水稳定同位素和 *d-excess* 的分布统计如下：拉萨站长期年平均 $\delta^{18}O$ 值最小，为 - 15.9‰，海口站 $\delta^{18}O$ 值最大，为 - 5.7‰。拉萨站 δD 最小值为 -117.2‰，桂林站 δD 最大值为 - 34.7‰。同位素总体上从南到北逐渐贫化，这与全球报道的纬度效应一致。虽然从东到西也有类似的贫化趋势，但由于东到西降水是由不同的水汽源形成的，因此不能将这种趋势归因于大陆效应或海拔效应。长期年平均 *d-excess* 从成都站的 4.7‰ 到桂林站的 14.8‰。大部分数值接近全球平均值 10‰。对比 *d-excess* 与 $\delta^{18}O$ 的空间分布，$\delta^{18}O$ 的等高线在东北、西北和青藏高原地区密集，而 *d-excess* 等高线稀疏。在东部季风区（除东北地区）$\delta^{18}O$ 值变化不大，而 *d-excess* 的变化复杂。这是因为在东北、西北和青藏高原地区，$\delta^{18}O$ 分别沿着西风带、北太平洋和印度洋气团的路径逐渐下降，而在东部季风区（除东北地区），由季风引起的降水主要发生在夏季，$\delta^{18}O$ 值保持一致。这种模式与水汽源在控制降水同位素中的主导作用相吻合。

青藏高原较高的地形不仅是中纬度西风带的屏障，而且通过其动力和热力影响加强了印度季风，从而促进了大规模的大气环流。反过来西风带和印度季风的影响对青藏高原地区的热量和水分平流以及气候模式至关重要。在青藏高原北部以西风水汽为主，夏季同位素富集，冬季同位素贫化，与西北地区的同位素年内变化相似。而在青藏高原南部以季风水汽为主，春季至夏季 $\delta^{18}O$ 明显减少，显示季风区同位素变化的特征。夏季，青藏高原南部以强烈的南风带和西南风带为特征，在 30 °N 至 35 °N 逐渐减弱，然后在 35 °N 以北转为盛行西风带。冬季，整个青藏高原以西风带为主（Yao et al.，2013）。

在以西风带为主的天山地区，高纬度源降水比低纬度源贫化重同位素，高纬度源和低纬度水源相对贡献的多少造成降水同位素组成的年际差异（Liu et al.，2015）。乌鲁木齐河流域夏季西风水汽的影响占主导地位，在冬季受到西风气团和极地气团的联合影响（Feng et al.，2013）。石羊河流域位于我国西北内陆，西风是水汽的主要来源，海水水汽难以深入内陆，气候干燥，降水少。中国西风为主的西北地区的降雨与当地的再循环水汽和经由欧洲和中亚的平流水汽有关（Wang et al.，2017）。

在中国东部季风区，来自印度洋和太平洋的水汽强度不同可能导致降水同位素的变化（谭明和南素兰，2010）。季风区的不同位置上各个水汽来源的贡献不同。北方的陕北黄土区大气降水同位素季节变化显著，雨季贫化，旱季富集重同位素。旱季降水主要受大西洋水汽、地中海水汽、北冰洋水汽以及内陆蒸发水汽的影响，d-excess 值较高；雨季降水主要受印度洋水汽、太平洋水汽以及西风带水汽的影响，d-excess 值较低（李佳奇等，2022）。山东聊城地区 5—10 月降水主要来源于东南和西南方向的海洋水汽，导致 d-excess 值较低；11 月至翌年 4 月降水水汽主要来自亚欧大陆内部和局地水汽再循环，d-excess 值较高（闫胜文等，2022）。南方的长沙在夏季风的影响下，水汽主要源于孟加拉湾、南海以及西太平洋，远距离的水汽输送造成降水中重同位素因不断冷凝而偏负；在冬季风的影响下，水汽来源于湿度小、蒸发强的大陆性气团，沿途降水较少，雨除效应弱，降水中稳定同位素值偏正。位于西南地区的蒙自旱季期间降水的水汽主要来源于西风带的输送，也有局地再蒸发水汽及近源海洋水汽的补充，富集重同位素；而在雨季蒙自地区降水水汽主要来源于远源海洋水汽输送，水汽经过长距离的运移输送，沿途经历了多次降水事件，水汽团中的重稳定同位素贫化，当水汽抵达蒙自地区形成降水时，δD、$\delta^{18}O$ 值明显偏低（李广等，2016）。

在大气降水稳定同位素的研究中，可以依靠后向轨迹模型来追踪大气降水水汽的运动轨迹，并根据运动轨迹来确定区域降水水汽来源方向和数量，但无法直接得出各条水汽轨迹来源的比重。因此，对具体水汽来源可以进行聚类分析。根据我国水汽来源的大格局，在聚类时一般可以从东北、西北、东南、西南四个方向进行聚类。在实际应用中气流轨迹聚类时可以参照研究区实际情况来聚类研究水汽来源方向。

不同水汽源在不同季节的特征差异明显，同位素值与其水汽源地以及水汽输送路径上的气象条件、地形因子等因素密切相关。来自高纬度的西风水汽和北部水汽温度低，而且长距离的输送会导致同位素发生变化。例如在干旱地区的冰沟河流域，来自西风水汽与北部水汽的同位素值在夏季明显比冬季高，一方面由于水汽源区位于中高纬度，夏季温度较高，温度效应明显，另一方面由于夏季地表蒸发作用强烈，在水汽输送的同时，不断与蒸发水汽混合造成同位素富集。而冬季，温度较低，蒸发能力弱，因此带来了较低同位素值的降水（黄菊梅，2022）。

三、海气相互作用事件

海气相互作用是海洋与大气之间互相影响、互相制约、彼此适应的物理过程，包括动量、热量、质量、水分在海-气界面的交换，以及海洋环流与大气环流之间的密切联系。常见的海气相互作用事件包括：厄尔尼诺-南方涛动（El Niño-Southern Oscillation，ENSO）、印度洋偶极子（Indian Ocean Dipole，IOD）和北大西洋涛动（North Atlantic Oscillation，NAO）等。

ENSO 是厄尔尼诺、拉尼娜（El Ni1o/La Ni1a）和南方涛动（Southem Oscilation）的总称，是地球上影响力最大的大规模海气相互作用事件，主要发生在赤道中、东太平洋上，变化周期为 2~7 年。赤道中，东太平洋海表温度异常（Sea Surface Temperature Anomaly，SSTA）出现大范围偏暖（厄尔尼诺 El Niño）或者偏冷（拉尼娜 La Ni1a）时，且强度和持续时间达到一定条件时出现 ENSO 现象。ENSO 对热带大气环流的影响最为直接，热带大气环流的异常牵动全球大气环流变化，因而可造成全球性的影响，使世界各地产生异常的天气和气候事件，从而影响降水中的同位素组成。通常将太平洋热带海区分成了四个区域，分别称为 NINO1 区，NINO2 区，NINO3 区和 NINO4 区。ENSO 事件可用上述海区海表温度异常指数定量分析。此外，美国气象预测中心发布的南方涛动指数序列（Southern Oscillation Index，SOI）也用于指示 ENSO 事件。选取塔希提站（148°05′W，17°53′S）代表东南太平洋，选取达尔文站

（130°59′E，12°20′S）代表印度洋与西太平洋，SOI 是这两个测站在进行海平面气压差值处理后得到的一个气压差指数。一般来说，SSTA 与 SOI 具有很高的负相关性，SOI 若为负值，则表明该地倾向为厄尔尼诺事件；SOI 若为正值，则表明该地倾向为拉尼娜事件。

ENSO 事件会改变大气环流模式，导致气候发生变化。厄尔尼诺事件减弱了信风，导致大量海水流到东太平洋，而拉尼娜事件增强了信风，导致大量海水流向西太平洋。厄尔尼诺发生之后，大洋西岸的印度尼西亚、菲律宾、澳大利亚北部地区干燥少雨，甚至出现旱灾；而大洋东岸南美洲西部的秘鲁和智利北部地区降水增多，甚至出现洪涝灾害。拉尼娜事件发生之后，大洋西岸的印度尼西亚、菲律宾、澳大利亚北部地区降水增多；而大洋东岸南美洲西部的秘鲁和智利北部地区降水减少，造成本来降水丰富的东澳大利地区洪涝灾害严重，而本来就很干旱的秘鲁沿海更加干旱。厄尔尼诺发生年的冬季，我国出现暖冬。拉尼娜事件发生时，我国出现冷冬气候。厄尔尼诺现象会造成中国夏季风较弱，季风雨带偏南。厄尔尼诺发生年的夏季，我国主要多雨带出现在黄河以南地区，长江中下游地区多雨以致发生洪涝，黄河及华北一带少雨并形成干旱，我国东北夏季气温异常偏低，形成低温冷害，造成粮食减产。拉尼娜现象会造成中国夏季风增强，季风雨带偏北。拉尼娜发生年我国夏季的主要雨带有 80% 比较偏北，华北到河套一带多雨，东北夏季气温明显偏高而形成热夏。厄尔尼诺年，热带西太平洋上的热带风暴和台风的数量一般会减少，登陆我国的台风数量也比常年偏少，而多数拉尼娜年热带风暴和登陆我国的数目多较多年平均值偏多。厄尔尼诺年中国夏季江淮流域降水多雨，而黄河流域、华北地区少雨；拉尼娜年时，黄河流域、华北地区及江南和华南地区降水偏多。

厄尔尼诺-南方涛动（ENSO）可能是中国季风区降水中 $\delta^{18}O$ 年际变化的主要控制因素。在降水同位素研究中，通常区分正常年、厄尔尼诺和拉尼娜年，然后在不同年型分析降水同位素的特征。例如：福州降水同位素 $\delta^{18}O$ 值总体表现出厄尔尼诺年 > 正常年 > 拉尼娜年的特征（张晓东和郭政昇，2020）。信风影响夏季风环流的强度，进而影响年平均 $\delta^{18}O$。例如：西南季风驱动了水汽从印度洋向中国季风区的长距离输送，形成较贫化 $\delta^{18}O$ 的降水；与西太平洋副热带高压强度变化相一致的东南季风驱动了西太平洋向中国季风区的短距离水汽输送，形成较富集 $\delta^{18}O$ 的降水。西南季风在东南信风较强时较强，东南季风在东南信风较弱时较强（Tan，2014），由此信风影响了降水同位素组成。我国季风区降水 $\delta^{18}O$ 的变化特征响应 ENSO 变化（Cheng et al.，2012）。在厄尔尼诺年，大气水汽 $\delta^{18}O$ 与 SST 呈负相关，在拉尼娜年则呈正相关。热带辐合带（ITCZ）位置的变化与更广泛的热带海洋动力学密切相关，包括 ENSO 和 IOD。这种联系主要是通过局部哈德利环流的变化建立的，这种变化受到西太平洋海面温度变化的调节，从而受到 ENSO 的调节。越南中部雨水同位素的季节变化受孟加拉湾和南中国海两个水源地之间的季节变化控制，水源位置的这种偏移由 ITCZ 的位置调节。ITCZ 的长期向北位移将导致越南中部降水的同位素组成出现更多负值，而向南位移则会出现更多正值（Wolf et al.，2020）。

第三节　再循环水汽

形成降水的水汽主要包括外源水汽与本地再循环水汽两部分。水汽再循环是本地蒸发的水汽再形成降水回到本地的过程，是降水的一种重要水分来源。再循环水汽是本地蒸发、蒸腾形成的（Trenberth，1999）。在大陆上，再循环水汽来源于不同的来源：① 植物和其他生物中含有的水；② 土壤水；③ 开放水体，如河流、湖泊或不透水表面残留水。目前研究水汽再循环主要集中在流域尺度上。亚马孙河流域的降雨中 14%～32% 是流域内蒸发的水汽形成的，其中 6 月最小、12 月最大。密西西比河流域蒸发贡献了流域降水的 15%～34%（Brubaker et al.，1993）。在高温、干旱和少雨的非洲中部地区，水分再循环对的降水起着重要作用，降水再循环率平均可接近 38%（Pokam et al.，2012）。再循环水汽可以表征该地区陆面水文与区域气候相互作用的强弱，是衡量陆面水循环对大气过程影响以及区域水资源更新能力的关键指标。近年来，在气候变暖与区域蒸散发过程持续加强背景下，再循环水汽在大气水分平衡中的作用越来越重要，是水资源更新的源动力之一，正逐步改变着区域水循环过程。因此，量化水汽再循环是全面认知区域水量收支时空结构的关键依据，不仅能夯实水文过程模拟与预测研究以及水资源适应性研究的理论基础，同时对生态保护有重要的意义。

水汽再循环形成的降水对区域降水的贡献率称之为水汽再循环率，是对水循环定量的重要依据。常用的量化水汽再循环比率的方法主要包括以下几种（李修仓等，2020）：

1. 箱式大气质量分析模型

该方法把大气看作一个箱体，对箱体内水汽进行水分守恒分析推导和求解，计算水分再循环率（图 5-7）。箱式分析模型最重要的假设条件是大气充分混合假设，即外部输入水汽与本地蒸发水汽充分混合，使箱体内水汽浓度均匀。表 5-3 为水分再循环箱式分析模型汇总。

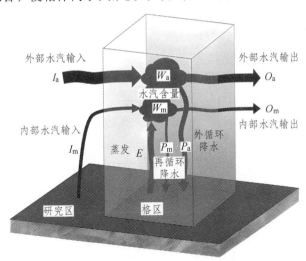

图 5-7　水分再循环箱式模型示意图
引自：李修仓等，2020。

表 5-3　水分再循环箱式分析模型

名称（年份）	模型	参数解释
Budyko 一维模型（1974）	$\rho = 1 - \dfrac{1}{\beta} = \left[1 + 2\dfrac{wu}{El}\right]^{-1}$	ρ 为降水再循环率，β 为总降水与外部水汽输送形成的降水的比例，E 为蒸发量，l 为一维流场距离尺度，wu 为外部水汽输入（以下模型中相同字母表述含义相同）

名称（年份）	模型	参数解释
Brubaker 等二维模型（1993）	$\rho = 1 - \dfrac{1}{\beta} = \left[1 + 2\dfrac{F^+}{EA}\right]^{-1}$	F^+ 为外部水汽输入，即 Budyko 模型中的 wu；A 为计算区域面积
Eltahir 等二维模型（1994）	$\rho = \dfrac{I_m + E}{I_m + E + I_a}$	I 为格区水汽输入，下标 m 表示输入格区的水汽来自于研究区内，下标 a 表示输入格区的水汽来自于研究区外。模型采用迭代方法计算
Burde 等二维模型（1996）	$\rho = 1 - \dfrac{1}{\beta} = \left[1 + 2\dfrac{F^+}{EAR}\right]^{-1}$	R 为流场矫正系数，其他参数同 Brubaker 等二维模型
伊兰等模型（1997）	$\begin{cases} \rho = \dfrac{2I_m + E}{2I_a + 2I_m + E} = \dfrac{2I_m + E}{2I + E} \\ \rho_T = \dfrac{E}{2I_a + E} \end{cases}$	基于 Brubaker 模型及 Eltahir and Bras 模型的综合。ρ_T 为区域整体降水再循环率。模型采用迭代方法计算
Trenberth 一维模型（1998）	$\rho = \dfrac{P_m}{P} = \dfrac{El}{El + 2F_{in}} = \dfrac{El}{Pl + 2F}$	F_{in} 为外部水汽输入，即 Budyko 模型中的 wu；F 为输入水汽和输出水汽的平均值。该模型本质上是 Budyko 模型的另一种形式
Burde 等解析模型（2001）	$R = 1 - \exp\left[-\int_0^x \dfrac{E(x,\xi)}{U(x,\xi)W(x,\xi)}dx\right]$	R、E、U 和 W 分别为拉格朗日坐标系下的水分再循环率、蒸发量、纬向风速和大气可降水量；x 为水汽输送距离；ξ 为常微分方程 dy/dx 的积分
Dominguaz 等动态再循环模型（Dynamic Recycling Model, DRM）（2006）	$R(x,\xi,\tau) = 1 - \exp\left[-\int_0^\tau \dfrac{\varepsilon(\chi,\xi,\tau)}{\omega(\chi,\xi,\tau)}d\tau'\right]$	χ、ξ、τ、ε 和 ω 分别为拉格朗日坐标系下的 x、y、t、蒸发量和大气可降水量
van der Ent 等数值求解方法（2010）	$\dfrac{S_{a\_\Omega}}{S_a} = \dfrac{\dfrac{\partial(S_{a\_\Omega}u)}{\partial x}}{\dfrac{\partial(S_a u)}{\partial x}} = \dfrac{\dfrac{\partial(S_{a\_\Omega}v)}{\partial y}}{\dfrac{\partial(S_a v)}{\partial y}} = \dfrac{P_\Omega}{P}$	S_a 为大气可降水量，Ω 为水汽源区。该公式为大气水汽充分混合假设条件表达式，也是数值求解水分守恒方程的基础

引自：李修仓等，2020。

2. 水汽追踪方法

水分一旦从地球表面蒸发，会随着风及湍流、凝结等大气过程进行着位置和相态的变化，因此可以通过对水分位置及相态变化的追踪来分析水分的源区和汇区，进而分割降水的不同来源及相应的占比，这种方法称之为水汽追踪。由于可以提供蒸发、水汽输送及降水之间充分且定量的关联信息，GCM 是进行水汽追踪的有效工具。利用 GCM 进行水分追踪的优势在于可以确定降水的所有来源区域及相应的占比，除确定研究区水分再循环率外，各种距离尺度下的海洋或陆地区域水汽输入形成的降水及其占比均可定量化求得。当然这种方法的局限性在于计算结果取决于 GCM 模拟大气相关过程的准确程度。此外，HYSPLIT 模型的模拟结果也包含局地再循环水汽的轨迹。

3. 稳定同位素法

稳定同位素法是一种常用的方法。在海洋气团向内陆输送过程中，沿途降水使气团中重同位素逐渐贫化，而陆地蒸发及云下再蒸发则使气团中重同位素贫化减弱。内陆再循环水汽起源于内陆再蒸发和蒸腾水汽，其中重同位素值相对富集。在水汽输送的过程中，不断有内陆蒸发的大气水汽加入，导致气团内水汽富集重同位素。内陆再循环水汽可能带来降水 $\delta^{18}O$ 偏高。据已有研究报道，亚马孙河流域蒸发减弱了降水 ^{18}O 向内陆的贫化重同位素的趋势（Salati et al.，1979）。

大量研究利用稳定同位素方法量化水汽再循环比例。*d-excess* 作为一种敏感指标，也被广泛用于量化循环水汽与降水的比例（f_{re}）。同时考虑外来水汽、蒸发水汽和蒸腾水汽对降水共同贡献的同位素方法原理如图 5-8 所示（Zhang et al.，2021）。

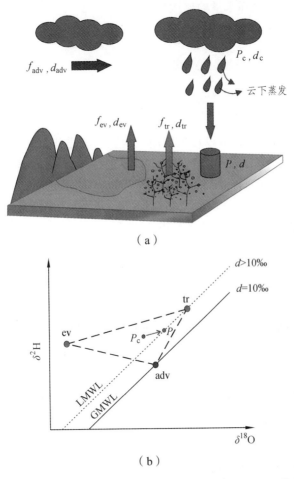

P 和 d 代表地面的降水及其 *d-excess*，P_c 和 d_c 代表云底的降水及其 *d-excess*，其他参数与公式相同。虚线三角形代表降水水汽的三个来源（外来水源 adv、局地蒸发 ev 和蒸腾 tr），红色箭头线表示云下蒸发过程（sub-cloud evaporation）。GMWL 表示全球大气降水线，LMWL 表示局地大气降水线。

图 5-8　确定降水再循环水汽来源的同位素方法概念模型（彩图见附录）

引自：Zhang et al.，2021。

该方法的计算公式如下：

$$d_c = d_{ev} f_{ev} + d_{tr} f_{tr} + d_{adv} f_{adv}$$

$$f_{ev} = \frac{1}{m+1} f_{re}$$

$$f_{tr} = \frac{m}{m+1} f_{re}$$

$$f_{re} = f_{ev} + f_{tr}$$

式中 d_c, d_{ev}, d_{tr} 和 d_{adv}——云底降水、蒸发水汽、蒸腾水汽和平流水汽的 *d-excess*；

f_{adv}——平流水汽对总降水量的比例贡献；

f_{tr}——蒸腾水汽对总降水量的比例贡献；

f_{ev}——蒸发水汽对总降水量的比例贡献；

$$m = f_{tr} / f_{ev}$$

再循环水汽比率可以使用以下公式获得：

$$f_{re} = \frac{d_c - d_{adv}}{(d_{ev} + m d_{tr})/(m+1) - d_{adv}}$$

为了确定平流水汽的 d_{adv}，可以首先使用美国国家海洋和大气管理局空气资源实验室开发的混合单粒子拉格朗日综合轨迹（HYSPLIT）模型跟踪感兴趣的降水站的上风点，然后从 HYSPLIT 的结果中将上风点的平均 *d-excess* 与不同方向的水分权重相结合，分析平流水汽的 d_{adv}。蒸发水汽的 d_{ev} 可以使用 Craig-Gordon 模型进行计算。蒸腾水汽的 d_{tr} 取决于具体的研究区域。d_c 的计算详见后续云下二次蒸发部分。

苏涛等（2014）基于水汽平衡方程，结合前人提出的数值方案，建立了新的水汽再循环数值模式，计算了全球降水再循环率与蒸发再循环率。使用 ERA-Interim 再分析资料的降水量、蒸发量、比湿、风场、地面气压等逐 6 h 数据。其中蒸发量包括两部分：一是由水体或陆地表面产生的蒸发量（E）；二是由冰或雪等固态水表面升华产生的蒸发量（ES）。比湿（q）、风场（u，v）等资料包括由 1 000 ~ 100 hPa 共 24 层的数据。区域的降水再循环率 ρ_r 可以用下式表示（Van Der Ent et al.，2010）：

$$\rho_r(t,x,y) = \frac{P_r(t,x,y)}{P(t,x,y)}$$

$$P(t,x,y) = P_r(t,x,y) + P_a(t,x,y)$$

式中 P_r——该地区水汽再循环产生的降水；

P_a——外界水汽平流输送产生的降水；

$P(t,x,y)$——该地区总降水量。

P_r 同时受到时间（t）、区域所在的位置（x，y）的共同影响。对于某一地区，大气中的水汽收支情况可用下式表示：

$$\frac{\partial W}{\partial t} = -\nabla \cdot Q + E - P$$

$$Q = \frac{1}{g} \int_{p=0}^{px} qV \mathrm{d}p$$

式中　Q——水汽通量项；

　　　W——该地区大气中的水汽含量（如可降水量）。

对于任一地区（Ω），这一质量守恒原理都是适用的。

$$\frac{\partial W_{\Omega}}{\partial t} = -\nabla Q_{\Omega} + E_{\Omega} - P_{\Omega}$$

边界层实验数据的结果显示，水汽分子从地表蒸发后，在 15 min 内即能混合到 1 km 的高度，所以可假设大气中的水汽是充分混合的，则存在下列等式：

$$\frac{W_{\Omega}}{W} = \frac{P_{\Omega}}{P}$$

对于某一地区，水汽输送项 Q 包括输入 Q_{in} 和输出 Q_{out} 两部分。大气可降水量的变化也直接由其收入 W_{in} 与支出 W_{out} 情况决定，式可写为

$$\frac{\partial W_{in}}{\partial t} = -\nabla \cdot Q_{in} + E$$

$$\frac{\partial W_{out}}{\partial t} = -\nabla \cdot Q_{out} - P$$

如果只考虑该地区大气可降水量的收入情况，则存在下列等式：

$$\frac{W_{reg}(t,x,y)}{W(t,x,y)} = \frac{E}{-\nabla \cdot Q_{in} + E}$$

式中　W_{reg}——源于本地区的大气可降水量。

某一地区（Ω）的降水再循环率与蒸发再循环率可以分别表示为

$$\rho_{\Omega}(\text{year},x,y) = \frac{\sum_{t=1}^{\text{year}} \left[\sum_{(x,y)\in\Omega} P(t,x,y) \dfrac{W_{\Omega}(t,x,y)}{W(t,x,y)} \right]}{\sum_{t=1}^{\text{year}} \left[\sum_{(x,y)\in\Omega} P(t,x,y) \right]}$$

$$\varepsilon_{\Omega}(\text{year},x,y) = \frac{\sum_{t=1}^{\text{year}} \left[\sum_{(x,y)\in\Omega} P(t,x,y) \dfrac{W_{\Omega}(t,x,y)}{W(t,x,y)} \right]}{\sum_{t=1}^{\text{year}} \left[\sum_{(x,y)\in\Omega} E(t,x,y) \right]}$$

式中　ρ_{Ω}——该地区（Ω）的降水再循环率；

　　　ε_{Ω}——蒸发再循环率；

　　　W_{Ω}——来源于该地区的可降水量（如蒸发量）；

　　　W——该地区的可降水量；

　　　$P(t,x,y)$——该地区总降水量；

$E(t,x,y)$ —— 该地区总蒸散量。

由于各层的水汽通量辐合辐散情况可能不同，为了研究各地区大气可降水量的收入与支出情况，首先分别计算各层的水汽净输入量与净输出量，然后再对整层的水汽净输入量与净输出量进行垂直积分。

春季，南北极绝大部分地区 ρ_r 在 0.01 以下，是全球最低的地区。此外，撒哈拉沙漠、阿拉伯半岛、澳大利亚西南部、巴塔哥尼亚高原以及中国中南部地区 ρ_r 也相对较低。刚果盆地及其南部地区、青藏高原、塔里木盆地、南亚、中南半岛、墨西哥高原、安第斯山、亚马孙河流域、赤道印度洋以及墨西哥、秘鲁、澳大利亚、撒哈拉沙漠和刚果盆地等地区的西部海域 ρ_r 相对较高，局部区域可达 0.07。欧亚大陆中高纬地区中西部 ρ_r 在 0.01 左右，但东部相对较高。北美洲西部地区 ρ_r 要高于东部。夏季，欧亚大陆与北美洲的绝大部分地区 ρ_r 都有所增加；刚果盆地、东非高原、亚马孙河流域、中南半岛、印度半岛等地区则有所下降。此外，秘鲁、澳大利亚、刚果盆地等地的西部海域 ρ_r 也有所增加，但墨西哥、撒哈拉沙漠等地的西部海域以及阿拉伯海、孟加拉湾均有所减少。秋季，欧亚大陆与北美洲中高纬地区 ρ_r 均显著减小，刚果盆地及其南部地区、澳大利亚、亚马孙河流域、秘鲁西部海域以及北太平洋西风漂流区则有所增大。冬季，欧亚大陆与北美洲中高纬地区的 ρ_r 进一步减小，墨西哥、秘鲁、澳大利亚、撒哈拉沙漠、刚果盆地等地区的西部海域也略有减小，但北半球太平洋西风漂流区、非洲中南部等地区 ρ_r 进一步增大，其余地区的变化相对较小。整体而言，全球 ρ_r 季节变化非常显著，尤其是在欧亚大陆与北美洲中高纬地区以及墨西哥、秘鲁、澳大利亚、刚果盆地等地区的西部海域。北半球 ρ_r 的季节变化要明显高于南半球（苏涛等，2014）。

中国大陆地区的大气可降水量大致呈南高北低、东高西低的分布，最低值位于青藏高原，可能与其较高的地形有关。降水的分布同大气可降水量较为相似但也有差异，降水的高值区位于我国南方地区，同大气可降水量相对应，但降水的最低值位于西北干旱地区，如塔里木盆地、河西走廊等。中国水汽再循环率的分布显示，区域和局地降水再循环率的高值区均位于中国青藏高原、四川、云南、东北和部分西北地区（主要是天山地区），表明这些地方具有较强的陆-气水汽反馈过程。青藏高原和天山地区的高再循环率值主要是由于这些地区较低的大气可降水量导致的。四川地区虽然大气可降水量较高，但也有较大的降水再循环率，这可能是由于当地降水同经常出现的西南涡系统密切相关。西南涡在该地区的停留导致本地的蒸发水汽有更长的时间落回地面（何光碧，2012）。最低的降水再循环率出现于西北干旱地区（如塔里木盆地），表明该地的陆-气水汽反馈较弱，这是因为当地的蒸发量较小，为当地降水提供的水汽也较少。中国东部地区的降水再循环率较低，主要是因为该地区较强的水汽输送导致了较高的大气可降水量，从而导致当地蒸发在大气可降水量中占的比重较小（王宁，2018）。

导致水汽再循环比率变化的因子比较复杂，受大气可降水量、蒸发、水汽通量和环流等多个要素的影响。较大面积研究区域的水汽再循环比例高于较小面积研究区域（Dominguez et al.，2006）；高海拔地区的水汽再循环比率高于低海拔地区。随着海拔的升高，祁连山北坡降水更容易受到更强烈的局地再循环水汽的影响（张百娟等，2019）。青藏高原和安第斯山脉降水再循环水汽比率较高，这是朝向山区的风向带动蒸发水汽沿地形上升的结果，导致反复降水。从沿海至内陆水汽再循环比率也会逐渐升高，中国东南部，由于夏季季风的影响，主要是来源于外来水汽的输送，再循环水汽的贡献要小得多。中国西北部和西藏的水汽再循环率普遍较高（Hua et al.，2017）。在西北沙漠地区再循环水汽是当地降水的主要水分来源，增大再循环比例对增大降水量和沙漠地区的生态治理有重大意义（曹乐等，2021）。高植被覆盖率和存在地表水体时也会显著增加水汽再循环比例。在干旱的中亚地区植被量少的地面上，土壤蒸发在水分循环中占主导地位。然而，在中亚的绿洲，特别是天山走廊，来自自然植被、城市绿地和农田的蒸腾水汽对降水的贡献明显（Wang et al.，2016a）。当蒸散量较大时，对应的水汽再循环比例也较高；若大尺度平流对水汽的输送作用较强时，水汽再循环比例偏低。地处季风区的太湖夏季的蒸发量比冬季高，夏季期间来自海洋的水汽源比重较大，大尺度平流对水汽的输送强度大；冬季水汽源地为内陆，大尺度平流输送水汽的强度较弱，内陆的再循环水汽在降水中占主导。而湖泊上风站点 *d-excess* 小于下风站点，体现了湖泊蒸发对降水的贡献作用（胡勇博，2022）。

第四节　云下过程

一、空气柱内雨滴和水汽的相互作用

在高层大气中形成的雨滴在下落时不断地与周围的水汽交换水分子。交换倾向于在每个大气水平上使气、液两相在同位素上达到平衡。一旦建立了平衡，两相间水分子的动态交换仍会继续，但不会导致明显的同位素变化。大气层越接近饱和，同位素交换就越有效。交换过程的热力学和动力学平衡受到云下相对湿度以及雨和云特征（凝结高度、融化层高度、云底高度、液滴大小和降水速率）的影响。此外，在不饱和的空气中雨滴也会在云层下部分蒸发，导致重同位素富集。富集程度是水滴大小的函数，因此也是降雨强度的函数。另一个需要考虑的因素是来自云层之外或云层内部的高层空气的下沉气流，这将赋予降水偏负的同位素信号（Salati et al.，1979）

像所有交换过程一样，两相间同位素水分子的交换过程遵循一级动力学，因此可以用半衰期或弛豫时间来表征，即达到最终平衡状态所需的时间。对于下落液滴的情况，液滴的大小是一个关键参数，影响液滴的下落速度。对于自由下落（10 ℃）的雨滴，表5-4 中给出的数据可以作为参考（Bolin，1958；Friedman et al.，1962）。

表 5-4　下落的水滴和周围空气水汽之间交换过程的弛豫时间和距离

水滴半径/cm	弛豫时间/s	弛豫距离/m
0.01	7.1	5.1
0.05	92.5	370
0.1	246	1 600

在不饱和条件下，水分子从液滴向周围空气的净转移发生。除了在转移过程中发生的平衡分馏之外，重同位素分子 $^2H^1H^{16}O$ 和 $^1H_2^{18}O$ 的较慢扩散导致非平衡或动力学分馏。因此，较低的相对湿度导致更强烈的非平衡分馏。*d-excess* 对这种非平衡条件很敏感，因为 $^2H^1H^{16}O$ 比 $^1H^{18}O$ 更快达到同位素平衡。*d-excess* 量化了 $^2H^1H^{16}O$ 和 $^1H_2^{18}O$ 与它们在平衡条件下比率的差异，可作为非平衡状态的衡量标准（Stewart，1975）。在不饱和条件下，雨的蒸发导致

雨中 *d-excess* 的减少，从而导致周围空气中 *d-excess* 的增加。其他参数对这一过程也有重要影响，如雨滴大小分布、云下相对湿度、云底高度和垂直风速。因此，同位素反映了雨滴在云层下所经历的过程，但由于过程的复杂性，往往使解释变得复杂。

二、云下蒸发的定量分析

雨滴从云底下落到地面的过程中，经过不饱和空气柱时，水滴表面发生的蒸发称为云下蒸发或二次蒸发。已有研究表明，云下蒸发在干旱和半干旱地区尤其明显（Xiao et al., 2021；刘洁遥等，2018；肖涵余等，2020）。我国西北地区地处欧亚大陆腹地，深居内陆，远离海洋，因此，来自海洋上空的水汽很少能够到达该区域，致使干旱成为该地区主要的气候特征。在干旱半干旱区，空气干燥且植被稀少，雨滴降落经过干燥的空气团时，更易受到蒸发作用的影响。

理论上，降水在下落过程中受到云下蒸发的影响，轻同位素优先进入气相当中，重同位素优先留在剩余降水中，使得近地样品的同位素值 $\delta^{18}O$、δD 和 *d-excess* 与云底以下样品不同，与云底的初始同位素组成相比，地面雨滴通常表现为重同位素的富集和 *d-excess* 的下降。$\Delta\delta^{18}O$、$\Delta\delta D$ 和 $\Delta d\text{-}excess$ 表示地面和云底同位素的变化量（Δ = 地面 – 云底），通常用来表示云下蒸发的强度，当 $\Delta d\text{-}excess$ 较低，$\Delta\delta^{18}O$ 和 $\Delta\delta D$ 较高时，表示云下蒸发强度大；当 $\Delta d\text{-}excess$ 较高，$\Delta\delta^{18}O$ 和 $\Delta\delta D$ 较低时，表示云下蒸发强度小。降水线的斜率越低，整个区域的蒸发越强。云下蒸发导致的同位素动力分馏会显著降低大气降水线的斜率和截距（Dansgaard，1964b）。LMWL 的斜率可作为云底蒸发程度的指标（Juan et al., 2020），即可用降水中 $\delta D\text{-}\delta^{18}O$ 斜率变化和 *d-excess* 评估云下二次蒸发效应（Peng et al., 2007）。此外，在降水过程中，雨滴受到蒸发的影响会导致质量损失。蒸发剩余比（f）即雨滴在降落过程中经过蒸发后剩余质量占原质量的百分比，也是一个重要的参数，可用于探讨云下蒸发的强度。

定量估计云下蒸发引起的从云底到近地面的同位素变化是近年来备受关注的问题。1975年，Stewart 等首次在实验室中模拟了下落雨滴在不同环境下受到云下蒸发影响，根据稳定同位素值的变化，构建了雨滴蒸发模型（Stewart，1975）。近年来对于降水云下蒸发的定量研究主要是借助 Stewart 模型估算，通常包括均质假设和分层假设两种计算方式（周苏娥等，2019）。将雨滴降落过程经过的大气气柱看作均匀气柱并将地面采集的气象数据代入模型即为均质假设（Friedman and O'nei, 1977）；将雨滴的降落路径根据不同等压面进行分层再带入对应的高空参数进行计算，即为分层假设（Crawford et al., 2017）。已有研究主要以均质假设为主（Wang et al., 2016b）。

基于均质假设，利用改进的 Stewart 模型计算降水同位素组成和云底雨滴同位素组成的变化值（Wang et al., 2016b；Froehlich et al., 2008a；Salamalikis et al., 2016），主要公式为

$$\Delta\delta D = \left(1 - \frac{^2\gamma}{^2\alpha}\right)(f^{2\beta} - 1)$$

$$\Delta\delta^{18}O = \left(1 - \frac{^{18}\gamma}{^{18}\alpha}\right)(f^{18\beta} - 1)$$

$$\Delta d = \Delta\delta D - 8\Delta\delta^{18}O$$

式中　$\Delta\delta D$（$\Delta\delta^{18}O$）——地面雨滴与云底雨滴中 δD（$\delta^{18}O$）之差；

　　　Δd——地面雨滴与云底雨滴中的 $d\text{-}excess$ 之差。

　　　$^2\alpha$，$^{18}\alpha$——平衡分馏系数（Peng et al.，2010b；靳晓刚等，2015）；

$$^2\alpha = \exp\left(\frac{2.484\ 4\times10^4}{T^2} - \frac{76.248}{T} + 5.261\ 2\times10^{-2}\right)$$

$$^{18}\alpha = \exp\left(\frac{1.137\times10^3}{T^2} - \frac{0.415\ 6}{T} - 2.066\ 7\times10^{-3}\right)$$

　　　T——温度，K。

式中，$^i\gamma$、$^i\beta$（i 代表 2 或者 18）计算公式参考 Stewart 模型：

$$^i\gamma = \frac{^i\alpha RH}{1 - {}^i\alpha\left(\dfrac{^iD_r}{^iD_r'}\right)^m(1-RH)}$$

$$^i\beta = \frac{1 - {}^i\alpha(^iD_r/{}^iD_r')^m(1-RH)}{^i\alpha(^iD_r/{}^iD_r')^m(1-RH)}$$

式中　RH——采用地表收集的相对湿度数据；

　　　$^2D_r/{}^2D_r'$，$^{18}D_r/{}^{18}D_r'$——对应同位素分子扩散系数，分别取 1.024 和 1.0289；

　　　m——0.58（Dansgaard，1964b）。

　　蒸发剩余比 f 可通过参考 Wang 等（2016b）的方法计算：

$$f = \frac{m_{\text{end}}}{m_{\text{end}} + m_{\text{ev}}}$$

式中　m_{end}——雨滴落地时的质量，g，可通过雨滴直径与雨水密度来估算；

　　　m_{ev}——雨滴蒸发损失的质量，g。

　　雨滴蒸发损失的质量 m_{ev} 按下式计算。

$$m_{\text{ev}} = \frac{r_{\text{ev}}H}{v_{\text{end}}}$$

式中　H——云底至地面的高度，m；

　　　v_{end}——雨滴的末速度，m/s，按下式计算（Friedman and O'nei，1977）：

$$v_{\text{end}} = \begin{cases} 9.58e^{0.0354H_{\text{cb}}[1-e^{-(0/1.77)^{1.147}}]}, & 0.3 \leqslant D < 6.0 \\ 1.88e^{0.0256H_{\text{cb}}[1-e^{-(D/0.304)^{1.819}}]}, & 0.05 \leqslant D \leqslant 0.3 \\ 28.40D^2e^{0.0172H_{\text{cb}}}, & D \leqslant 0.05 \end{cases}$$

　　云底高度可以通过气压方程计算，或者通过凝结温度和湿绝热直减率进行计算（这里使用平均值 0.6 ℃/100 m）。

$$H = \frac{T_{\text{LCL}} - T_0}{0.6} \times 100$$

式中　T_{LCL}——未饱和湿空气因绝热抬升达到饱和的高度下的温度；

　　　T_0——地面气温，K；

　　T_{LCL}使用经验公式进行计算（Barnes，2010）：

$$T_{LCL} = T_{dp0} - (0.001\,296T_{dp0} + 0.196\,3)(T_0 - T_{dp0})$$

式中　T_{dp0}，T_0——观测点的露点和气温，℃。

　　其中露点温度可以通过 Magnus-Tetens 法计算，或者利用近似公式计算（相对湿度大于50%时，适合发生降水的情况）：

$$T_{dp0} = T_0 - \frac{100 - RH}{5}$$

　　雨滴蒸发速率（r_{ev}），即单位时间内蒸发的水质量，可以表示为Q_1和Q_2的乘积（Kinzer and Gunn，1951）

$$r_{ev} = Q_1Q_2$$

式中　Q_1——环境温度（T）和雨滴直径（D）的函数，cm；

　　　Q_2——环境温度（T）和相对湿度（RH）的函数，g/(cm·s)。

　　在此基础上，Wang 等（2016）利用双线性插值方法得到不同气象要素条件下的Q_1和Q_2（Wang et al.，2016b）。

　　雨滴的中值直径D_{50}（mm）参考文献（周苏娥等，2019）为

$$D_{50} = \sqrt[c]{0.69AI^q}$$

式中　I——降水强度，mm·h^{-1}；

　　　c，A 和 q——2.25、1.30 和 0.232（Friedman and O'nei，1977）。

三、云下蒸发的变化特征

　　降水云下蒸发与气候的干湿有关。云下蒸发同样受到气温和大气相对湿度的影响。一般来说在温度较高、湿度较低的夏、秋季节比温度较低、湿度较高的冬、春季节更容易发生云下蒸发。当温度低于 0 ℃时，通常形成降雪，云下蒸发的影响可以忽略。降雪可能受到升华的影响，这个过程不会显著改变降水中稳定同位素的组成。因此，它保留了云凝结时云中的同位素特征（Rozanski，2013），云下蒸发可以忽略不计。黄河流域 LMWL 方程为：$\delta D = 7.01\delta^{18}O + 1.25$（$n = 293$，$R^2 = 0.92$），低于全球大气降水线截距和斜率，表明受到云下蒸发的影响（车存伟等，2019）。长江流域的大气降水线 $\delta D = 7.34\delta^{18}O + 5.61$，冬季降水受到云下蒸发的影响较小，大气水线斜率和截距高于其他季节（孟玉川和刘国东，2010）。西南蒙自地区大气降水线为 $\delta D = 8.16\delta^{18}O + 8.70$，且旱季与雨季的大气降水线斜率相差不大，全年降水主要是受夏季风的影响，来自海洋的暖湿气流所形成的降水具有不稳定、对流性强及能量高的特点，云下蒸发较弱。

　　单场次降水中，云下蒸发效应强弱也存在差异。整体体现出在降雨前期，空气柱不饱和的时候，云下蒸发效应最为显著。随着降雨不断发生，雨滴穿过的空气柱逐渐饱和，云下蒸发效

应逐渐减弱，在降雨后期云下蒸发效应最弱。因此，受云下蒸发影响降雨初始阶段 $\delta^{18}O$ 、δD 值较富集，随着降水的进行，同位素值逐渐贫化，而 $d\text{-}excess$ 的变化趋势则与此相反（肖涵余，2022）。降水量较小或者雨强较小的降水事件，空气柱则需要较长的时间达到饱和，雨滴更容易受到云下蒸发的影响，稳定同位素的动力分馏也会随之加剧，使大气水线的斜率与截距较低。由于受到局地气象要素条件、水汽来源差异的影响，场次降雨的同位素值会有不同的变化趋势。

袁瑞强等（2014）研究了 2012—2022 年太原降水同位素的组成和变化，得到太原地区大气水线 $\delta D = 7.14\delta^{18}O + 1.38$，显示降水受到云下蒸发的影响。太原降水云下蒸发引起的同位素变化，在春季 $\Delta\delta^{18}O$ 为 2.88‰，夏季 $\Delta\delta^{18}O$ 为 3.28‰，秋季 $\Delta\delta^{18}O$ 为 6.83‰。秋季较高的气温和偏少的降水形成的干热天气有利于产生较强的降水云下蒸发。太原降水云下蒸发产生的 $\Delta\delta^{18}O$、$\Delta\delta D$ 和 $\Delta d\text{-}excess$ 与蒸发剩余比 f 之间的关系存在明显的分段特征，可以用分段拟合函数进行识别（图 5-9）。分段拟合结果表明，在 $f = 0.38$ 处，雨滴中 ^{18}O 和 D 随蒸发剩余比 f 的变化率发生了改变。当 $f > 0.38$ 时，云下蒸发使雨滴体积每损失 1%，则降水中 $\delta^{18}O$ 和

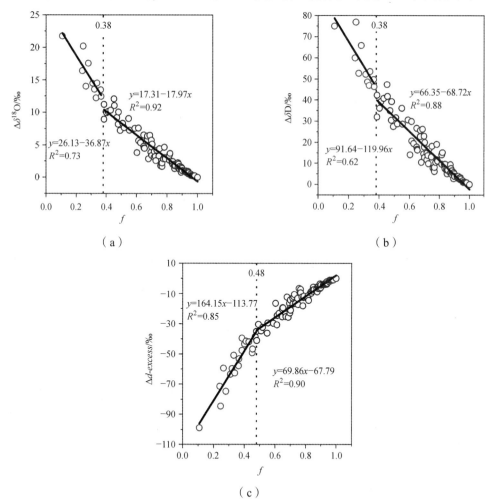

图 5-9　蒸发剩余比 f 与 $\Delta\delta^{18}O$ 、$\Delta\delta D$ 和 $\Delta d\text{-}excess$ 的非线性关系
（Δ 表示降水和云底雨滴之间的变化）
引自：Yuan et al., 2014

δD 分别增加 0.18‰（0.18‰/1%）和 0.69‰（0.69‰/1%）。当 $f < 0.38$ 时，^{18}O 和 D 的富集速率分别增加到 2.0 倍（0.37‰/1%）和 1.7 倍（1.20‰/1%）。降水同位素在云下蒸发过程中出现加速变化，表明云下蒸发可以分为前期的适度蒸发阶段和后期的深度蒸发阶段两个不同阶段。深度蒸发阶段的发现为基于同位素技术恢复古气候的研究提供了依据，有利于进一步降低古气候恢复的不确定性。类似的，作为 δ^{18}O 和 δD 的二阶变量，$\Delta d\text{-}excess$ 与 f 的线性关系在 $f = 0.48$ 处也发生改变。当 $f > 0.48$ 时，雨滴云下蒸发引起雨滴体积损失 1% 可导致雨滴 $d\text{-}excess$ 值降低 0.70‰，即雨滴 $d\text{-}excess$ 值降低速率为 0.70‰/1%。当 $f < 0.48$ 时，雨滴在降落过程中 $d\text{-}excess$ 值降低的速率为 1.64‰/1%，加速为原来的约 2.3 倍（Yuan et al., 2024）。类似研究结果表明，当蒸发剩余比 $f > 0.9$ 时，f 与 $\Delta d\text{-}excess$ 存在一个约 1‰/1% 的关系，即蒸发量每增加 1%，则降水 $\Delta d\text{-}excess$ 较低减小约 1‰（Kong et al., 2013；Froehlich et al., 2008b）。在天山地区，f 与 $\Delta d\text{-}excess$ 存在一个 0.72‰/1% 的关系（Chen et al., 2020b）。

四、云下蒸发影响因素

Clark 等（1982）指出云下蒸发对降水同位素的影响主要受温度和相对湿度的控制，较低的相对湿度和较高的温度加剧了降水过程中的再蒸发。此外，云下蒸发还与降雨量、雨滴直径、风速等有关（任雯等，2017）。靳晓刚等（2015）证明黄土高原降水云下蒸发受到温度的影响最为显著，风速、相对湿度和海拔对其影响小。在同一个区域内的山区与平原相比，雨滴从云底到地面的距离加大，则雨滴从云底降落到地面的时间也更长，下落时间越长雨滴越容易受到云下蒸发的影响。总体而言，云下蒸发过程中，雨滴的稳定同位素值和 $d\text{-}excess$ 的变化与雨滴直径、降落距离以及气温、降水量、相对湿度和大气水汽压等条件密切相关（Peng et al., 2007；Chen et al., 2015；Sun et al., 2019；Mix et al., 2019；Chen et al., 2021）。为深入了解各个气象因子对云下蒸发的影响，可对各个气象因子划定不同范围探究其对云下蒸发作用影响的统计规律。袁瑞强等分析了云下蒸发的计算过程，选择气温、雨强和相对湿度三个关键因子，分析其对云下蒸发的影响（图 5-10）。结果表明，在更高的气温（> 23 ℃），更低的大气湿度（< 75%）和较小的雨强（$I < 6$ mm/h）下，f 较低，表明发生了较强的云下

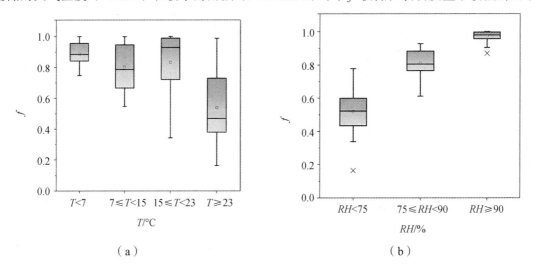

（a）　　　　　　　　　　　　　　（b）

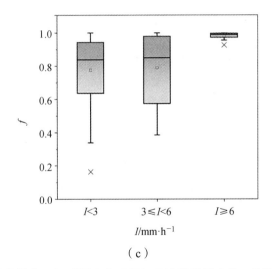

（c）

图 5-10　地面温度、相对湿度和雨强与雨滴蒸发剩余比 f 的统计分布规律

蒸发（Yuan et al., 2024）。袁瑞强等进一步对上述三个核心变量的敏感性进行定量分析。随着蒸发剩余比 f 的变化，$\Delta d\text{-}excess$ 值显著变化（图 5-9），因此，选定 $\Delta d\text{-}excess$ 值为模型输出，对 Stewart 模型进行局部敏感性和全局敏感性分析。单因素敏感性分析结果表明，RH（相对湿度）敏感性系数均值为 9.69，I（雨强）的敏感性系数均值为 0.08，T（温度）的敏感性系数均值为 – 0.28，模拟的 $\Delta d\text{-}excess$ 对各参数的敏感性由强至弱依次为：$RH > T > I$。结果表明相对湿度是云底二次蒸发估算模型最敏感的参数，其敏感性远大于温度和雨强。类似的，Wang 等报道相对湿度是中亚干旱区降水云下蒸发过程最敏感的因子（Wang et al., 2016b）。全局敏感性分析结果表明，RH、I、T 可以解释 $\Delta d\text{-}excess$ 中 96.2% 的变化，RH 对 $\Delta d\text{-}excess$ 的解释达 66.5%，其影响最大，其次是温度，雨强的影响最小（Yuan et al., 2024）。

韩婷婷（2021）分析并报道了兰州市 2019 年 6 月 26—27 日持续性降水事件中同位素和气象因素之间的关系，将降水过程分为四个阶段。第一阶段是最初的降水阶段，$\delta^{18}O$ 偏大，加权平均值为 – 6.53‰，$d\text{-}excess$ 值逐渐降低。在一段时间后出现了该阶段 $\delta^{18}O$ 的一个极值 – 5.51‰ 和 $d\text{-}excess$ 的最小值 12.0‰，此时对应着该阶段的最小降水量。最初阶段相对湿度和气温波动较大，相对湿度总体增高，温度降低。第二阶段，降水强度较减弱，降水 $\delta^{18}O$ 的变化范围在 – 9.76‰ ~ – 7.48‰，较上个阶段降低。$d\text{-}excess$ 较高且波动较大。第三阶段，降水 $\delta^{18}O$ 平稳变化，$\delta^{18}O$ 的加权平均值仍然较低（ – 8.41‰），降水中 $d\text{-}excess$ 值在上下波动中略有上升。第四阶段，降水强度显著减弱。降水中 $\delta^{18}O$ 先减小后增大，而 $d\text{-}excess$ 值由 20.51‰ 持续降低至 14.8‰。在降水事件进行时，同位素在不断发生变化，较为敏感指示了环境和过程的变化以及云下蒸发的影响。基于高分辨率的场次降水采样分析对云下蒸发研究十分重要，有利于探究云下蒸发变化的过程，需要进一步加强。

五、关于云下过程的一种新的解释框架

降落的雨滴和云底下方大气柱中的水汽组成了一个液气两相系统。水分子之间的不断交换使得系统内两相间的同位素组成逐渐达到平衡状态，即两相之间没有同位素分子的净交换。

由于存在依赖温度的同位素平衡分馏作用，轻同位素和重同位素在平衡状态下会在液相和气相中表现出不同的同位素组成（详见第一章）：

$$R_1 = \alpha_{v \to 1} R_v$$

该关系也可以用同位素组成的符号表示为

$$\frac{\delta_1}{1000} + 1 = \alpha_{v \to 1} \left(\frac{\delta_v}{1000} + 1 \right)$$

这里平衡分馏系数 $\alpha_{v \to 1}$ 描述了水由气态相变为液态时（$v \to 1$）的同位素分馏程度。根据 Majoube（1971）的报道，在 20 ℃时该系数为 1.08520（$^2H^1H^{16}O/^1H_2^{16}O$）和 1.00980（$^1H_2^{18}O/^1H_2^{16}O$），可见水由气态相变为液态时将相对富集重同位素。

如果将上述两相经平衡分馏后引起的同位素组成差异表示为 $\Delta_{v \to 1} = \delta_1 - \delta v$。经实验发现，低温下的平衡分馏作用更强，导致更大的平衡差异 $\Delta_{v \to 1}$。此外，对于不同的液-气两相平衡系统，更贫化重同位素的系统的平衡差异 $\Delta_{v \to 1}$ 会更小（表 5-5）。液-气两相平衡系统内相间同位素组成的平衡差异对温度和同位素组成的依赖进一步增加了复杂性，特别是对于解释二阶参数 *d-excess* 时（Dütsch et al.，2016）。

表 5-5 不同水汽初始同位素组成下发生不同温度的气-液和气-固相变过程中同位素组成的平衡差异计算值（Graf et al., 2019）

初始水汽同位素组成		20 ℃ 时 $\Delta_{v \to 1}$	0 ℃ 时 $\Delta_{v \to 1}$	0 ℃ 时 $\Delta_{v \to s}$
δ^2H	− 80.0‰	78.2‰	103.3‰	121.3‰
$\delta^{18}O$	− 10.0‰	9.7‰	11.6‰	15.1‰
d	0.0‰	0.7‰	10.5‰	0.6‰
δ^2H	− 200.0‰	68.0‰	89.9‰	105.4‰
$\delta^{18}O$	− 25.0‰	9.5‰	11.4‰	14.9‰
d	0.0‰	− 8.4‰	− 1.6‰	− 13.4‰

直接比较降水和周围水汽中 δ 值来判断是否达到同位素分馏平衡非常不直观，不便于使用。这个问题可以通过比较周围水汽 δ_v 和 d_v 与降水平衡水汽的同位素组成 $\delta_{p,eq}$ 和 $d_{p,eq}$ 来解决（Aemisegger et al.，2015）。平衡水汽的同位素组成由观测得到的降水同位素组成计算得出，即估算在环境空气温度下与降雨达到平衡的水汽的同位素组成。然后，云下气柱中水同位素交换的方向通过比较 $\delta_{p,eq}$ 和 δ_v 以及 $d_{p,eq}$ 和 d_v 之间的差异变得直观明了。这大大简化了对云下气柱内液-气系统平衡状态的解释。

近似地，可将地表水汽与大气柱中任何高度的降水的平衡水汽的同位素组成差异表示为

$$\Delta\delta = \delta^2H_{p,eq} - \delta^2H_{v,sfc}$$
$$\Delta d = d_{p,eq} - d_{v,sfc}$$

需要注意，这里 Δd 为 0 并不表示不存在非平衡分馏。相反，它表明气柱内水汽和降水的平衡水汽经历了类似的动力学效应。由此，我们可以使用 $\Delta\delta$ 和 Δd 来衡量云下气柱内水汽

-降水系统偏离平衡的程度。例如，$\Delta\delta$的负值表示基于上述环境温度下的平衡差异为降水中的δ^2H同位素相对周围水汽更贫化重同位素，重同位素将由气相向液相传递。通过高分辨率测量降水和地表水汽中稳定同位素组成和地表温度，$\Delta\delta$-Δd图可作为一个强大而直观的云底以下物理过程的量化解释框架。

在$\Delta\delta$-Δd图中，$\Delta\delta$沿x轴显示，Δd沿y轴显示，构成云下过程的一种解释框架。这个框架将δ^2H_v、$\delta^2H_{p,eq}$、d_v和$d_{p,eq}$结合起来，显示了与降水样品平衡的水汽同位素组成相对于采样时地表水汽同位素组成的情况，同时削弱了锋面过境期间一阶平流过程的影响（Graf et al.，2019）。降水样品在$\Delta\delta$-Δd空间中的位置由两个因素决定：① 降水在云中形成后的初始同位素组成；② 云下蒸发和同位素平衡过程对降水同位素组成的修改。这些云下过程依赖于降雨强度。在强降雨期间雨滴较大且下落速度快而在空气中停留的时间较短，并且由于比表面积较小，共同导致下落雨滴与云下气柱内水汽同位素交换的影响较小，因此通常较少受到云下过程的影响。降雨样品的同位素组成是样品中所有雨滴组成的质量加权平均值。作用于单个雨滴的过程与整体降水直接相关。

Graf等（2019）利用$\Delta\delta$-Δd图分析了2015年11月20日在瑞士观测到的一次冷锋降雨事件的云下效应。事件内采集的86个降雨样本在$\Delta\delta$-Δd图中的覆盖范围比现有模型模拟结果的范围大得多[图5-11（a）]。一些数据点位于右下象限，匹配经历过蒸发的中小雨滴（蓝色点到绿色点），与事件锋前阶段的中等降雨速率相关。位于原点左侧的数据点表明降水比周围的水汽更为贫化重同位素，反映了降水保留了更多形成初始的信号，即"云信号"。在模型模拟实验中，这种情况往往对应于最大的雨滴尺寸。实际观测中，大多数具有最强降雨速率的锋后阶段数据点位于原点左侧（橙色到红色的点），保留了较多的"云信号"。

可见，降水雨滴大小及其对应的降雨速率似乎是影响云下过程的重要驱动因素。图5-11b展示了$\Delta\delta$-Δd图的另一种表示形式，其中点的大小表示降雨速率。降雨速率偏高的样本位于左上角，受云下过程的影响最小，保留了更多其初始的强烈偏负的$\Delta\delta$。降雨速率偏低的样本位于右下角，反映了更强的蒸发影响。总体而言，云下雨滴与气柱内水汽的完全平衡似乎相当有限，因为只有少数数据点接近图的原点。图中被锋前（紫色）和锋后（绿色）阶段样本覆盖的区域分布较为分明。锋前期样本具有较高的平均$\Delta\delta$和较低的平均Δd，比锋后期样本受云下过程的影响更明显。从模型模拟结果来看，这种差异可以通过锋前阶段平均较低的相对湿度和较低的降雨强度增强了云下的蒸发和平衡来解释。此外，锋面通过后，融化层高度（指在大气中雪晶或冰粒开始融化成雨滴的高度，通常位于0°C等温线附近，即冰点高度）明显降低，导致平衡的垂直距离和时间都减少了。因此，锋后期样本从云底到地面带来了更多初始$\delta^2H_{p,eq}$贫化重同位素的特征。

图5-11中的数据点大致沿着一条负斜率的直线分布。对样本进行线性拟合得到斜率为−0.31的回归线[图5-11（b）中的实线]。类似的，Graf等在瑞士的其他三个冷锋事件中也发现了相似的斜率[−0.30±0.02；图5-11（b）中的虚线]。这表明，该斜率可能代表了云下蒸发和平衡过程的一般特征（至少适用于大陆中纬度的冷锋降水事件）。特别注意，降落雨滴的同位素演化受到云下气象条件的强烈影响，因此未来需要更加关注相对湿度剖面、降水的形成高度、水汽的同位素剖面、潜在的上升和下降气流以及云底下的湍流运动。关于这些条件变化的影响仍需要进一步研究，以逐步完善利用$\Delta\delta$-Δd图对云下过程的解释。

综上所述，$\Delta\delta$-Δd 图通过共同显示雨滴与水汽之间的平衡程度以及蒸发的影响，便于解释云下过程对雨样的影响。云下气柱内水汽与雨滴之间的同位素平衡以及雨滴在不饱和空气中的蒸发在地表雨水的同位素信号上可以留下明显的印记。在 2015 年 11 月 20 日瑞士的冷锋降雨事件中，蒸发是决定地表雨水同位素组成的主要云下过程。蒸发对同位素组成的影响受降雨强度的强烈调节。锋前期的弱降雨经历了更明显的云下蒸发。由于更高的云下相对湿度、更低的温度和锋面通过后的融化层降低，锋后期降雨则包含了更多的云层信号。

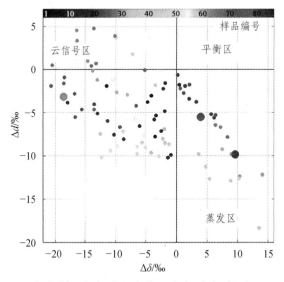

（a）样品根据其顺序编号上色（蓝到红）

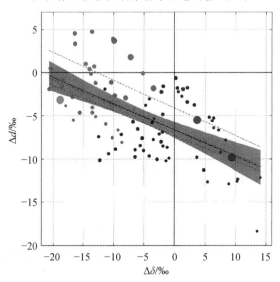

（b）中锋前期样品用紫色表示，锋后期样品用绿色表示

圆圈的大小对应样品的平均降雨强度。实线黑线代表所有样本的线性拟合，95% 置信区间用阴影表示。红色虚线表示另外三个事件样本的线性拟合。参考模拟数据点显示为黄色、红色和蓝色大圆点。

图 5-11　2015 年 11 月 20 日在瑞士收集的锋面过程降水样品的 $\Delta\delta$-Δd 图（彩图见附录）

第五节 云底雨滴同位素组成

对于云下蒸发显著的地区，降水和云下雨滴同位素组成可能出现较大的偏差。云下雨滴同位素组成和降水线与水汽来源、大气环流、海气相互作用等直接关联，反映气候的全局变化。比地面的降水同位素更能说明降水气团水汽来源，输送途径和云内过程等的影响。受云下蒸发影响的降水 d-excess 对降水水分海洋来源的指示能力被削弱，产生明显的不确定性。云底降水的 d-excess 可以有效表征海洋区域水汽源，并指示水汽源的变化。

云底雨滴同位素数据的获取主要有两种途径，一种是利用飞行装备在高空中收集云水样，另一种是地面收集降水，通过经验公式推算云底降水同位素的组成。在云下蒸发的研究中，学者利用 Stewart 模型推算出地面和云底同位素值的变化量 $\Delta\delta^{18}O$、$\Delta\delta D$、Δd - $excess$。袁瑞强等利用这些变化值还原了太原云底同位素组成，公式如下（Yuan et al.，2024）：

$$\delta^{18}O_c = \delta^{18}O - \Delta\delta^{18}O$$
$$\delta D_c = \delta D - \Delta\delta D$$
$$d_c = d - \Delta d$$

式中 $\delta^{18}O_c$，δD_c，d_c——云底雨滴同位素组成；

$\delta^{18}O$，δD，d——地面降水同位素组成；

$\Delta\delta^{18}O$，$\Delta\delta D$，Δd——地面与云底的变化量。

受云下蒸发的影响，太原云底雨滴同位素组成比降水贫化重同位素，且云底雨滴同位素水线的斜率明显小于地面降水线的斜率。以 $\delta^{18}O$ 为例，春季降水平均比云底雨滴富集重同位素 2.88‰，夏季富集 3.28‰，秋季富集 6.83‰。太原云下雨滴同位素的水线为 $\delta D = 5.46\delta^{18}O - 3.26$（$R^2 = 0.84$），相对于地面降水线的斜率降低了 24%。云下蒸发最强烈的秋季云底雨滴的同位素水线偏离地面降水的程度最大，相对于地面降水线斜率偏低了 29.2%。云下蒸发最弱的春季云底雨滴的同位素水线偏离地面降水的程度最小，水线的斜率仅偏低了 1.4%。强空气对流和低冷凝温度可伴随着强烈的动力分馏。另外，混合云中也发生动力学分馏，分馏效应由混合云中冰面过饱和比控制（Zhang et al.，2003）。D 对动力学效应的敏感性远低于 ^{18}O（Dansgaard，1964），即两种同位素水分子的分馏速率明显不同。云下雨滴同位素水线斜率受这两种分馏的影响，可能导致偏低的水线斜率。雨滴在降落过程中受云下蒸发的影响，同位素组成沿蒸发线逐渐富集重同位素。蒸发线是水在蒸发前后或不同蒸发阶段的 $\delta^{18}O$ 和 δD 的线性变化规律，斜率一般在 3.5 ~ 6（Gat and Gonfiantini，1981）。太原降水云下蒸发的蒸发线平均斜率为 3.8 ± 0.2。同时，沿着蒸发线，夏、秋季贫化重同位素的云下雨滴通常富集重同位素的程度越大，这诱导了 LMWL 的斜率增加。

太原云底降水的 d-excess 在 −15.5‰ ~ 100.6‰ 变化，平均值为 22.7‰，显著高于地面降水。云下蒸发使得降水 d-excess 显著低于云底降水。降水的平均 d-excess 仅为 7.1‰。据报道，西安近地表空气水汽的最大 d-excess 接近 60‰（Xing et al.，2020）。在智利北部极度干旱的查赫南托尔高原（海拔 5 080 m，气压约 550 hPa），水汽中的 d-excess 平均值为（46 ± 5）‰，并且经常超过 100‰（Samuels-Crow et al.，2014）。因此，云底降水中 d-excess 的结果被认为是合理的。水汽源的季节差异表现为云底雨滴 d-excess 的季节变化（图 5-12）。来自西伯利亚和蒙古高原的干燥寒冷的西北气流形成太原冬季固态降水，平均 *d-excess* 为 11.4‰。春季西北大陆性气流减弱，蒸发土壤水分形成的再循环水汽对大气的贡献增加，云下雨滴的 *d-excess* 增大。因此，在 50.0% 的春季降雨事件中，云下雨滴的 *d-excess* 范围为 20‰ ~ 40‰，在 36.4% 的事件中为 0‰ ~ 20‰。夏季来自南中国海和西太平洋的潮湿东南季风盛行。在 65.5% 的夏季降雨事件中，云下雨滴的 *d-excess* 分布在 0‰ ~ 20‰ 内，均值接近全球平均水平（10‰），呈现出低纬度海洋水汽源的特征。秋季东南季风逐渐减弱，海洋水汽输送量减少，陆表局部循环水分贡献增加，秋季云下雨滴 *d-excess* 高于夏季。

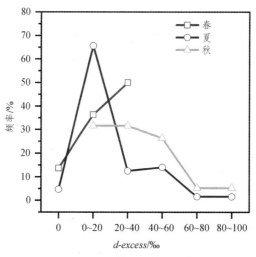

图 5-12　太原云底雨滴 *d-excess* 的季节分布

降水同位素组成的年内变化与气象变量变化之间的相位差引起了在温度、相对湿度、$\delta^{18}O$ 和 *d-excess* 关系中观察到的滞后效应（Froehlich et al.，2002）。海洋区域 $\delta^{18}O$ 和 *d-excess* 之间的相移近似为 6 个月。因此，磁滞曲线退化为直线，可利用这种线性关系判断海洋水汽源的影响。太原云下雨滴中 $\delta^{18}O$ 与 *d-excess* 线性相关性的 R^2 约为 0.49，表明海洋水汽源的强烈影响。然而，降水中 $\delta^{18}O$ 与 *d-excess* 之间的线性相关性 R^2 非常低（0.15），表明海洋水汽源的影响可以忽略不计，与已有认识相违背。海洋水汽源可以通过云下雨滴中的同位素组成而不是地面降水来有效地表示。这表明云下蒸发极大地削弱了降水 *d-excess* 指示水汽来源和气候影响的潜力。

地表再循环水汽作为降水返回地表，增加了降水的 *d-excess*（Froehlich et al.，2008）。利用再循环水汽形成降水产生的 $\Delta d\text{-}excess$ 与降水中再循环水汽比率 R 之间的质量平衡关系可估计再循环水汽的贡献（Froehlich et al.，2002）。在云下蒸发影响显著的太原，若使用降水的 *d-excess* 估计再循环水汽比率 R 比使用云底雨滴的 *d-excess* 将平均低估 20%。鉴于云下蒸发的影响，降水的 *d-excess* 似乎不是降水中再循环水汽的可靠指标。

第六节　降水的采集与测定

降水收集装置的放置地点要尽量避免人为干扰，安放在无任何遮挡的开阔地区，周围没有障碍物或污染源。装置可采用人工或者自动采集装置。人工收集装置包括集雨器和漏斗，在装置的漏斗中放入乒乓球防止蒸发引起同位素分馏。自动采集装置能自动根据预先设计的采样间隔进行不间断采集，如德国研发的 NSA181/S 型序列自动降水收集器（图 5-13）。当感知到降雨后，设备将会自动采集降水样品。对于场次内降水，选择降水持续时间较长的水样，降水采样间隔较小，气象数据需要进行高频次的记录。对于次降水事件，通常在降雨结束后对样品进行收集。对于日尺度上的降水，于每日固定时间进行一次降水观测。对于月尺度混合降水，GNIP 常用该尺度的降水混合样进行检测分析，具体方法是：在室内准备一个足够大的容器，每次降水后，将在室外盛雨器中的降水倒入该容器。每月的最后一天，将历次降水混合后装到水样瓶中（Zhang and Wang, 2016）。降雪样品需要将雪样放到室温融化，过滤后密封冷藏保存。注意，采集降雪样品时要采集完整的雪块，以获得代表整场降雪的样品。水样要装满防止分馏，放入冰箱冷藏密封保存。收集降水的过程中同时收集降水时段的气象数据，如降水量、温度、水汽压和相对湿度等。降水中氢氧稳定同位素比率的加权平均值为

$$\bar{\delta} = \frac{\sum P_i \delta_i}{\sum P_i}$$

式中　$\bar{\delta}$——加权平均值；

　　　P_i——单次降水量；

　　　δ_i——其相应的稳定同位素比率。

图 5-13　NSA181 自动降水收集器

第六章　地表水

地表水是指陆地表面上动态水和静态水的总称，亦称"陆地水"，包括各种液态和固态的水体，河流、湖泊、沼泽、冰川、冰盖等都可以称为地表水。降雨和地表水的关系非常密切。降水的同位素组分所具有的大陆、高程、季节、温度和蒸发等效应，使得不同地区或不同高度的降水同位素值具有各自的特征，而具有不同同位素特征的降水落到地面所形成的地表水会保留其特征。同位素独特的示踪特性可以识别水源的补给区、流域水的季节性变化、不同水体的混合，以及重建古气候和古水文情况。

第一节　径流产生

径流产生（即产流）是指雨水降落到流域后，通过植物截流、下渗、蒸散发和土壤水的增减等过程，产生能够由地面和地下汇集至流域出口断面水量的现象。径流产生的先决条件是要有降雨，而相同的降雨条件之所以会产生不同的产流特点，则与下垫面的条件有关。下垫面是指大气与其下界的固态地面或液态水面的分界面，可以理解为是地球表面的特征。水文过程就是气象条件和下垫面条件综合作用的产物，地面对降雨的再分配作用就是这种综合作用的体现。

一、地面对降雨的再分配作用

（一）瞬时降雨情况

如图 6-1 所示，某一个瞬时降落到包气带地面的降雨强度为 i，在这个瞬间包气带的土壤含水量为 W_0，根据 W_0 就可以知道相应的下渗能力 f_p。若 $i \leqslant f_p$，那么所有的降雨都会下渗到土壤中，地面就不会形成积水，若 $i > f_p$，那么降雨除下渗外的部分形成地面积水。这一过程可以表示为

$$f = \begin{cases} i & i \leqslant f_p \\ f_p & i > f_p \end{cases}$$

$$r_s = \begin{cases} 0 & i \leqslant f_p \\ i - f_p & i > f_p \end{cases} \tag{6-1}$$

式中　f——包气带地面下渗率；

　　　r_s——包气带地面积水率。

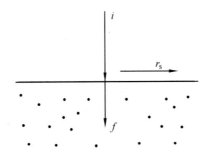

图 6-1　包气带地面对瞬时降雨的再分配作用

（二）一次降雨情况

降雨一般是一个持续过程，并且降雨强度随着降雨的进行会发生变化。如果用函数 $i(t)$ 来表示降雨强度随时间的变化过程，那么这场降雨的总降雨量 P 就是这个函数对这场降雨历时的积分，即

$$P = \int_T i(t)\mathrm{d}t \tag{6-2}$$

式中　T ——降雨历时。

在一场降雨过程中降雨强度和下渗能力之间的关系，即为式（6-1）表达的情况之一。一场降雨中的降雨强度在变化，下渗能力随土壤含水量也在变化，因此降雨强度和下渗能力的关系也在不断变化，但无论怎么变化无非就是降雨强度大于或小于等下渗能力两种情况。降雨发生后能够产生的径流成分如图 6-2 所示。

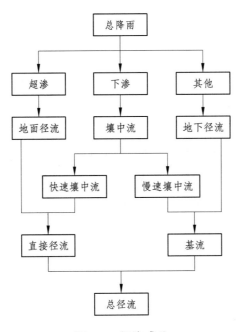

图 6-2　径流成分

二、产流机理

产流是径流形成的首要环节，同时也是流域水文过程研究的重要内容。自然界的降雨时空变化明显，下垫面条件也各有差异，因此径流产生的物理条件也必然具有多样性（芮孝芳，2004）。径流产生的机制、控制条件也成为了研究的重中之重。

20世纪30年代国际上出现了产流和产流机制的概念，20世纪60年代，壤中流和饱和地面径流的提出进一步丰富了产流的研究内容。20世纪60年代以来，我国学者也开启了径流研究。赵人俊等（赵人俊和庄一鸰，1963）在分析中国湿润地区降雨-径流关系时发现影响地区径流最主要的因素是降雨量、初始土壤含水量和蒸发量，而与降雨强度关系不大。于维忠等（于维忠，1985）则发现了产流机制并非静态，而是随着下垫面和降雨条件的变化而变化。20世纪80年代，中国学者发现了"局部产流"问题，并逐渐开始引入流域蓄水容量曲线、下渗容量面积分配曲线来计算不同产流模式下的流域产流量（芮孝芳，2013）。芮孝芳先生在其著作《水文学原理》中对产流进行了非常细致的论述和整理，本节有部分内容参考了其著作。

（一）Horton产流理论

Horton产流理论最初产生于1935年，在《地表径流现象》中，Horton提出自然界的降雨特征与包气带水分的变化可以概括为四种情况。

（1）如果一场降雨的强度很小，总是小于下渗能力，并且降雨历时也不长，下渗水量扣除蒸发量后仍然小于包气带缺水量，这种情况下降雨后的河道流量和水位无任何变化，河流降雨前为退水状态，降雨后仍为退水状态，既不会产生地面积水，也不会产生地下水径流。

（2）如果一场降雨强度很大，大于地面下渗能力，但降雨历时非常短，无法满足包气带缺水量，这种情况下会形成一个尖瘦洪峰，其特点是涨水快，退水也快。不过这种情况会产生地面径流，因其是由于降雨强度大于地面下渗能力而形成的，所以称这种地面径流为超渗地面径流。

（3）如果一场降雨的强度大于地面下渗能力，降雨历时也足够长，下渗水量扣除蒸发量后仍能满足包气带缺水量，那么就会形成超渗地面径流和地下水径流。

（4）如果一场降雨的降雨强度小于地面下渗能力，但降雨历时足够长，可以产生足够的下渗水量满足包气带缺水量，那么河流中会出现一个矮胖对称的流量过程线。这种情况不会形成超渗地面径流，但有可能形成地下水径流。

后人的研究表明Horton的理论与实际情况已经非常接近。就中国而言，不同下垫面条件的流域中径流产生的情况大部分属于上述这四种情况之一。在黄土高原地区，容易出现第二种情况，如山西、陕西、内蒙古等地，气候干旱，降雨稀少且集中，包气带厚度可达几十米到几百米，缺水量很大，有水文记录以来还没有出现过一场降雨能满足包气带缺水量的情况。而在降雨充足的湿润地区，一般会出现第三或第四种情况，例如秦岭、淮河以南的广大地区，降雨充足并且包气带缺水量少，一场降雨就能满足包气带缺水量，比较容易出现既有超渗地面径流又有地下水径流产生的情况。

可以看出径流产生需要满足两个基本条件：一是降雨强度大于地面下渗能力，二是降雨入渗的水量扣除蒸发量后大于包气带缺水量。用这套理论解释均质包气带的产流过程是合理的，而对非均质包气带来说，这套理论虽然并不完善，但也提供了最为基础的理论。所以，Horton产流理论是最经典的产流理论，后来的发展都是对其补充。

（二）Dunne产流理论

Dunne产流理论形成的时代相对较晚，比Horton产流理论要晚30年左右。1970年出版的《山坡水文学》一书详细记载了这一新的产流理论。Dunne在研究中发现，自然界中存在一些产流现象是Horton理论解释不通的。例如，某些地区的包气带非常疏松，地面下渗能力非常强，当一场降雨强度不大时，按照Horton产流理论，这种情况下理论上是不会产生地面径流的，但在实际观测中却能明显观察到地面径流。如果一场洪水是由多种径流成分组成的，那么由于不同径流成分的流速有快慢之分，在其退水段上会形成一些转折点，在数学上就是曲线的拐点，拐点越多就意味着这一场洪水的径流成分越多。若自然界的径流产生完全符合Horton理论，则退水曲线上至多有一个拐点，但事实上有的流域并不止一个拐点，有两个、三个甚至更多。在大量的水文观测和实验基础上，Dunne提出了新的产流理论。相较于Horton产流理论的创新点有：一是发现了壤中水径流现象及其产生的物理条件；二是提出了饱和地面径流的形成机制。

Dunne在实地考察中发现了包气带并非完全是均质的，非均质饱和带常常具有多层次结构，层面之间会形成界面，而界面下方的土壤颗粒、土壤孔隙、岩石裂缝一般要比上方的小，这样的结构会造成界面下方的饱和水力传导速度比上方小。上层土壤的透水性好，下层土壤的透水性差，有些地方甚至能分成三层、四层、五层等。在这样的土层中，下层相对于上层就是相对不透水层，Dunne发现在这样的分层次包气带结构中，一场降雨经过地面再分配后的下渗过程中，位于上层的土层会抢先吸附这一部分水，随着上层土壤的含水量不断增加，达到饱和时就出现了稳定下渗，继续下渗的水分到达下层（相对不透水层）后，虽然会继续下渗，但由于上层下渗能力大，下层下渗能力小，对于土壤中的下渗面，上层的稳定下渗率和降雨强度中的较小者就是其供水强度，当相对不透水层的供水强度大于下层土壤的下渗能力时，在相对不透水层上就会产生积水，形成饱和带。这种饱和带只有在降雨期间才会出现，降雨结束后就会迅速消失，所以称其为临时饱和带。如果河槽切入地面以下非常深，就可以观测到这个临时饱和带中的重力水将成为汇入河槽中的径流，Dunne称这种径流为壤中水径流。从上述的描述中可以看出壤中水径流产生的条件有两个：一是包气带中必须存在相对不透水层；二是上层土壤的土壤含水量必须达到田间持水量。

如果上层土壤达到田间持水量后，降雨仍然继续，那么相对不透水层的积水量就会越来越多，临时饱和带的水位就会不断上升，降雨历时足够长的情况下，临时饱和带的水面会抬升至与地面同一高程，这时上层土壤就会变成饱水带。如果上层土壤达到饱和含水量后再继续降雨，那么这部分降雨在扣除蒸发和稳定下渗后，就会沿着与地面地势相同的方向流动，形成地面径流。同为地面径流但其与超渗地面径流的形成机理不同，是由于临时饱和带扩展到整个上层土壤而形成的地面径流，因此Dunne称其为饱和地面径流。控制饱和地面径流产生的条件也有两个：一是包气带中必须存在相对不透水层；二是上层土壤的土壤含水量必须达到饱和含水量。

Dunne所揭示的壤中水径流和饱和地面径流的形成机理是水文学中的重大发现，是对Horton产流理论的补充和完善，并解释了Horton产流理论中无法解释的现象。

三、产流的基本模式

根据 Horton 和 Dunne 产流理论形成的超渗地面径流、饱和地面径流、壤中水径流和地下水径流中能汇集到流域出口断面的那部分称为流域产流量。流域产流量的组成情况如表 6-1 所示。可以看出，虽然常见的流域产流量有 9 种组成情况，但影响流域产流量的因子却只有两种情况。

（1）影响流域产流量的因子是 P、E、W_0，适用于表 6-1 中的第 2、3、5、7、9 种情况。

（2）影响流域产流量的因子是 P、E、W_0、i，适用于表 6-1 中的第 1、4、6、8 种情况。

这两种情况就是自然界中两种最常见的流域产流模式，（1）称为"蓄满产流"模式，（2）称为"超渗产流"模式。

表 6-1 产流基本模式

包气带结构	降雨条件	降雨流域水量平衡方程式	流域产流量 R 的组成	影响流域产流量的因子
均质	$i > f_p$，历时短，仅能出现 $i > f_p$ 的情况	$P = E + (W_e - W_0) + R$	R_s	P、E、W_0、i
	$i > f_p$，历时长，不仅能出现 $i > f_p$，而且能使包气带达到田间持水量	$P = E + (W_m - W_0) + R$	R_s、R_g	P、E、W_0
	$i < f_p$，不可能出现 $i > f_p$ 的情况，但历时足够长，能使包气带达到田间持水量	$P = E + (W_m - W_0) + R$	R_g	P、E、W_0
具有一个相对不透水层	$i > f_p$，历时短，仅能使包气带上层达到田间持水量	$P = E + (W_{mu} - W_{0u}) + (W_{el} - W_{0l}) + R$	R_s、R_{int}	P、E、W_0、i
	$i > f_p$，历时长，能使整个包气带达到田间持水量	$P = E + (W_m - W_0) + R$	R_s、R_{int}、R_g	P、E、W_0
	$i < f_p$，但降雨历时较长，能使包气带上层达到饱和含水量	$P = E + (W_{su} - W_{0u}) + (W_{el} - W_{0l}) + R$	R_{sat}、R_{int}	P、E、W_0、i
	$i < f_p$，但降雨历时足够长，不仅能使上层达到饱和含水量，还能使下层至少达到田间持水量	$P = E + (W_{su} - W_{0u}) + (W_{el} - W_{0l}) + R$	R_{sat}、R_{int}、R_g	P、E、W_0
	$i < f_p$，且降雨历时较短，只能使包气带上层达到田间持水量	$P = E + (W_{mu} - W_{0u}) + (W_{el} - W_{0l}) + R$	R_{int}	P、E、W_0、i
	$i < f_p$，但降雨历时较长，能使整个包气带达到田间持水量	$P = E + (W_m - W_0) + R$	R_{int}、R_g	P、E、W_0

四、基于同位素方法的径流产生研究

径流产生的研究方法包括水文试验观测方法、水文模型法以及同位素水化学示踪法等。其中同位素水化学示踪方法可以较为清楚地显示水流路径,分析水流流速以及干扰波波速(董玉婷等,2022)。

(一)高寒地区草甸坡地壤中流产流研究

壤中流是指土壤中沿不同透水层界面流动的水流,是流域径流过程的重要环节,不仅是地下径流、湖水和河流的重要补给来源,同时还在水源涵养、水文循环和水量循环等方面发挥重要作用。其产流过程主要受大气降水和土壤水的共同影响(裴铁等,1998;王小燕,2012)。在实地调查中发现:青海湖流域中的沙柳河子流域高寒草甸坡地坡上与坡中位置的土壤含水量较高,壤中流在此较为发育,所以在坡上和坡中设置观测断面。

该地区的降雨集中在5—8月,降雨$\delta^{18}O$同位素值在 −17.27‰ ~ 0.78‰,均值为 −6.31‰。坡上、坡中土壤水的$\delta^{18}O$值在 −7.73‰ ~ 7.32‰、−7.96‰ ~ −7.28‰,其中坡上土壤水的$\delta^{18}O$值变化较小,除20 ~ 40 cm深度外,坡上土壤水的$\delta^{18}O$值均比坡中的低。$\delta^{18}O$值随土壤深度的增加均先减小后增大,20 ~ 40 cm深度的土壤水中$\delta^{18}O$值最小。坡上和坡中深层壤中流的δD和$\delta^{18}O$集中分布在当地大气降水线的下方,坡上壤中流中的$\delta^{18}O$值较小且相对分散,坡中的$\delta^{18}O$值较大。

从壤中流、降雨和土壤水的δD和$\delta^{18}O$关系可以看出(图6-3):坡上壤中流的δD和$\delta^{18}O$值主要集中分布在当地大气降水线和深层(40 ~ 80 cm)土壤水线之间,并且更加靠近深层土壤水线[图6-3(a)];坡中壤中流的δD和$\delta^{18}O$值主要集中分布在当地大气降水线和浅层(0 ~ 40 cm)土壤水线之间,且与大气水线和浅层土壤水线距离相当[图6-3(b)]。浅层、深层土壤水的δD和$\delta^{18}O$值变化范围相差不大,浅层土壤水的$\delta^{18}O$值相较深层土壤水更小,坡中浅层土壤水线的斜率更接近当地大气降水线,因此受大气降水的影响要大于坡上的浅层土壤水。

通过二元线性混合模型计算得到了2013年8月4—7日连续降水前后土壤水对壤中流产流的贡献率(表6-2)。在降雨事件前,坡上、坡中土壤水对壤中流的贡献率分别为77.77%、86.51%,说明降雨前壤中流的产流来自土壤水;在降雨事件中,土壤水对壤中流的贡献率逐渐降低,截至8月7日,坡上、坡中土壤水的贡献率分别降低至37.81%、43.77%;降雨事件后其贡献率直线上升,其至达到100%;而在非降雨期间,土壤水对坡上、坡中壤中流的平均贡献率分别为88.54%、78.43%。

高寒草甸土壤水对坡地壤中流的产流过程具有重要贡献,其对壤中流的产流贡献因坡位和土壤深度的差异而存在变化。坡上的坡度一般较大并且存在砾石,入渗能力较差,降雨会以地表径流的形式快速流走,因此坡上的壤中流受土壤水的影响更大,体现在同位素特征即为$\delta^{18}O$值更接近土壤水的$\delta^{18}O$值,可见坡上壤中流水源来自土壤水。降雨以坡面径流的形式从坡上流走后逐渐向坡中汇流,在坡中更易入渗从而大量转化为壤中流,所以坡中的壤中流氢氧同位素值更加接近当地大气降水。

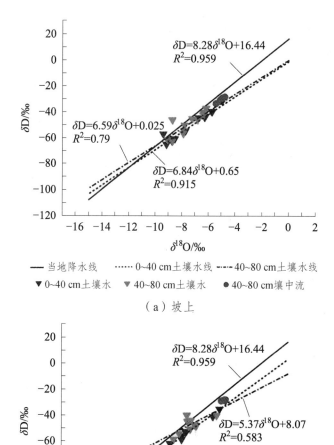

$\delta D = 8.28\delta^{18}O + 16.44$
$R^2 = 0.959$

$\delta D = 6.59\delta^{18}O + 0.025$
$R^2 = 0.79$

$\delta D = 6.84\delta^{18}O + 0.65$
$R^2 = 0.915$

—— 当地降水线　······ 0~40 cm土壤水线　--·-- 40~80 cm土壤水线

▼ 0~40 cm土壤水　▼ 40~80 cm土壤水　● 40~80 cm壤中流

（a）坡上

$\delta D = 8.28\delta^{18}O + 16.44$
$R^2 = 0.959$

$\delta D = 5.37\delta^{18}O + 8.07$
$R^2 = 0.583$

$\delta D = 7.53\delta^{18}O + 3.17$
$R^2 = 0.971$

—— 当地降水线　······ 0~40 cm土壤水线　--·-- 40~80 cm土壤水线

▼ 0~40 cm土壤水　▼ 40~80 cm土壤水　● 40~80 cm壤中流

（b）坡中

图 6-3　不同坡位壤中流和土壤水氢氧同位素值的关系
引自：蒋志云等，2020。

表 6-2　不同坡位土壤水对壤中流产流的贡献率

坡位	日期								非降水期均值
	2013-08-03（降水前）	2013-08-04（降水）	2013-08-05（降水）	2013-08-06（降水）	2013-08-07（降水）	2013-08-08（降水后）	2013-08-25（降水后）	2013-08-28（降水后）	
坡上	77.77	64.94	66.44	50.50	37.81	76.39	100.00	100.00	88.54
坡中	86.51	66.16	52.52	—	43.77	70.34	—	—	78.43

引自：蒋志云等，2020。

从以上的研究中可以看出：壤中流的产生过程也在动态变化。降雨前土壤水是壤中流的主要来源，降雨中壤中流的来源逐渐从土壤水转化为大气降水，降雨后土壤水重新成为壤中流的主要来源。该区域的降雨集中在了 5—8 月的三个月内，而在非降雨期间，土壤水对坡上、坡中的壤中流平均贡献率为 88.54%、78.43%，可见土壤水是高寒草甸壤中流的重要来源（蒋志云等，2020）。

（二）小流域产流机制分析

有效产流面积是指在忽略降雨的空间差异性情况下，降雨事件产流水量以该次降雨的深度落在流域内所形成的面积，示意图如图 6-4 所示。在数值上与直接径流系数和流域面积的乘积相等，计算公式为

$$S_{\mathrm{ERG}} = \frac{W_{\mathrm{new}}}{P \times S} \times S \times 10^{-3} = \frac{W_{\mathrm{new}}}{P} \times 10^{-3} \tag{6-3}$$

式中　S_{ERG}——有效产流面积，km^2；

　　　W_{new}——事件水量，即降雨在地表的直接产流量，m^3；

　　　P——事件降雨量，mm；

　　　S——流域面积，km^2。

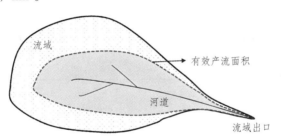

图 6-4　有效产流示意图
引自：赵思远等，2022。

选择了 2019—2020 年 3 场不同的典型降水事件，通过降雨、径流过程的连续观测，并结合水同位素样品，对时间尺度下小流域径流组分的来源进行了解析。3 场降雨事件分别发生于 2019 年 8 月 26 日（大雨）、9 月 8 日至 10 日（中雨）和 2020 年 8 月 30 日（小雨），分别计算了 3 场典型降雨事件的有效产流面积，由大到小依次为小雨事件、大雨事件和中雨事件，对应的有效产流面积分别为 3.76 km^2、3.54 km^2、2.89 km^2。

图 6-5 分别展示了 3 场典型降雨事件中，有效产流面积和降雨量、平均雨强、30 d 影响雨量的关系，30 d 是指前期影响雨量对降雨发生前研究区包气带土壤的湿润性进行评估的结果，可简单理解为降雨发生前的 30 天内包气带蓄积土壤的含水量。红色实线代表一元线性回归拟合的结果，饼状图则表示了不同事件下降雨产生的直接径流与基流对总径流的贡献程度。可以看出降雨产流贡献比会随着降雨量的增大而增大，而与平均雨强、30 d 影响雨量无线性相关。3 场典型降雨-径流事件中，有效产流面积与平均雨强的拟合结果最佳，R^2 达到 0.94，其次是 30 d 影响雨量，R^2 为 0.79。与降雨量的拟合效果最差，R^2 仅为 0.03，可见两者相关性极弱。

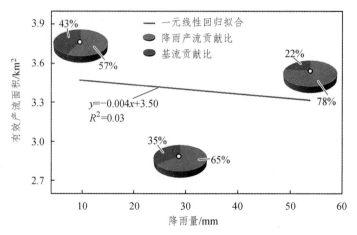

（a）降雨量与有效产流面积的线性回归拟合结果

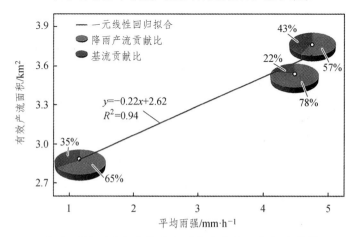

（b）平均雨强与有效产流面积的线性回归拟合结果

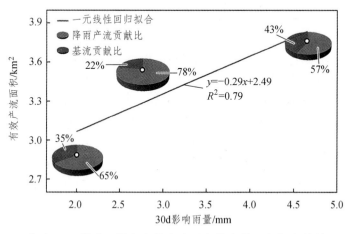

（c）30 d影响雨量与有效产流面积的线性回归拟合结果

图 6-5　降雨量、平均雨强、30 d 影响雨量与有效产流面积的线性回归拟合结果
引自：赵思远等，2022。

以上结果说明：有效产流面积受降雨强度和初始土壤含水量（30 d 影响雨量）的影响，

与降雨量无关，根据一元线性拟合方程估算，降雨事件的平均雨强每增加 1 mm/h，有效产流面积增大 0.22 km²，而初始土壤含水量每增加 1 mm，有效产流面积增大 0.29 km²。根据不同产流机制的差异可以判断，3 场降雨-径流事件下产流机制最有可能是超渗产流模式。

小雨事件和大雨事件下的径流过程线对降雨的响应比较类似，降雨发生后径流量响应极为迅速，地表径流的 δD 也在降雨发生后发生了即时响应，这表明降雨发生后迅速补给至河水[图 6-6（a）、（c）]。同时基流分割的结果显示大、小雨事件的前期径流主要来源于基流（事件前水），降雨发生后，降雨直接产流并迅速补给河道径流，洪峰阶段径流的主要组分基本全部来自降雨产生的事件水。超渗产流的基本条件即为降雨强度大于土壤入渗能力，虽然中雨事件前期径流的 δD 对降雨响应较慢，但 δD 在降雨后立即升高的现象为这一观点提供了支撑[图 6-6（b）]。研究区的黄土塬区地处内陆干旱半干旱地区，蒸发强烈，土壤长期缺水，很难有一场降雨产生的入渗量可以满足包气带缺水量（翟媛，2015）。另外，黄土塬区的空气阻力对地表土壤的入渗能力影响不容忽视，尤其是在强降雨条件下，非饱和带上层疏松的多孔介质内的孔隙无法及时排气，空气在相对封闭的孔隙中受到了雨水带来的压力，从而阻碍土壤入渗的进行（刘欢等，2018）。这也是黄土塬区产流方式以超渗产流模式为主的原因之一。

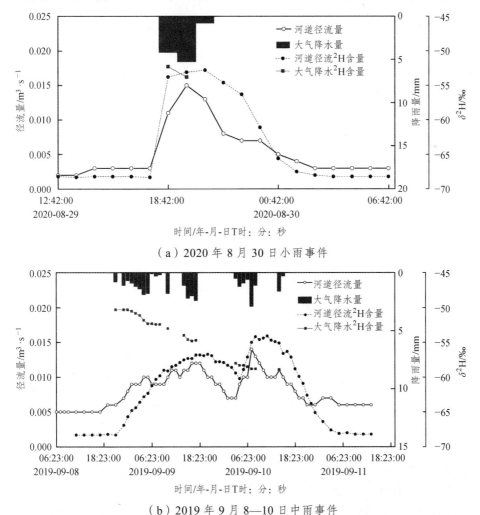

（a）2020 年 8 月 30 日小雨事件

（b）2019 年 9 月 8—10 日中雨事件

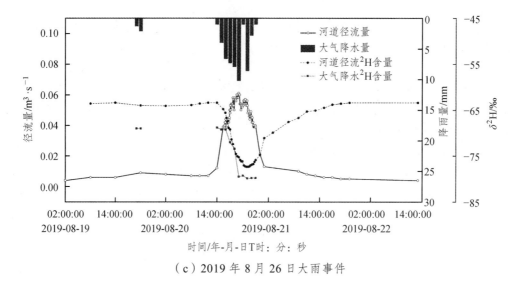

（c）2019年8月26日大雨事件

图6-6　研究区2019—2020年三次降雨事件对径流量的影响

引自：赵思远等，2022。

　　降雨在径流产生中起到了非常重要的作用，降雨量、降雨强度以及初始土壤含水量等是影响径流产生的关键因素。但在不同的地区和地质结构下，其影响过程和主导因素存在一定的差异。黄土塬区是黄土高原重要的地貌单元之一，黄土层厚度可达170 m，潜水水位埋深在30～100 m，这种独特的水文地质结构大大增加了当地水循环过程的复杂性。在黄土塬区，大气降雨是径流产生的主导因素，因为其厚实的黄土层，几乎不可能有单场降雨能够满足包气带缺水量，主要的产流机制是超渗产流模式。而在青海湖流域高寒地区，降雨在降雨事件中对壤中流的产生起重要作用，无降雨事件发生时，土壤水则是壤中流的主要径流来源。近年来受全球气候变化的影响，包括青海湖流域在内的青藏高原气候呈暖湿化特征，随着气候变暖，青藏高原冻土层正以3.6～7.5 cm/a的速率消融，以高寒草甸为代表的高海拔地区土壤水分呈非常明显的增加趋势。这意味着土壤水对壤中流的供给将持续增加，深刻影响高寒地区流域的水文循环和生态平衡。

第二节　基流分割

　　"基流"即基本径流，是河道中能够常年存在的那部分径流。在流域内的一次降雨过程中，出口断面形成的流量过程线是由不同的水源组成的，如何区分径流的这些不同组分所占比例，就需要对径流进行地面径流和基流的划分，即基流分割。基流分割又称流量过程线的分割或地下水分割，是工程水文学和应用水文学中的一个基本问题，其分割结果对降雨－径流关系、单位线分析和坡地汇流计算等的影响很大。一般情况下，基流是水文过程线上较低的部分，起伏较小，在工农业供水、水安全、非点源污染评价、水资源评价与调查、降雨-径流关系模拟中占有重要地位。在枯水期，基流是河川径流的重要补给来源，维持着河川基流量，对流域生产、生活稳定供水和生态环境保护具有重要作用。另外，基流分割对区域水资源规划、河流环境保护等具有重要意义，同时也是产流、汇流计算和水文模拟的重要研究内容之一。基流分割研究一直是水文学、生态水文学研究的重点和难点之一。基流分割的方法较多，大多数方法都是基于径流特征的经验方法，并且不同的分割方法得到的结果并不一定相同。基流分割涉及气候、自然地理、水文地质等领域，缺乏长期稳定的观测数据和试验资料。目前基流分割的方法包括：直接分割法、水量平衡法、时间序列分析法、电子滤波法和同位素分析方法等（陈利群等，2006）。

一、基流的组成

基流一般指来源于地下水或其他延迟部分的径流，或者可定义为下渗水到达地下水面并注入河道的部分。根据不同的概念，基流包含的径流成分各不相同，主要包括以下几类（徐磊磊等，2011）：

（1）基流是指补给河流的地下水，是枯水期河流的基本流量，包括浅层地下径流和深层地下径流。对于一般流域来说，深层地下径流所占比例较小，基流主要是浅层地下径流。

（2）基于传播时间可以将径流分为直接径流和基流，直接径流包括地面径流和快速壤中流，基流由地下径流和慢速壤中流组成。这种径流划分是基于传播时间而非传播路径。

（3）基流指深层地下水，为历年来最枯流量的平均值。传统水文学上将流量过程线划分为地表径流、壤中流和地下径流，其中地下径流又可分为快速（浅层）和慢速（深层）两种，通常后者称为基流。

（4）流域出口断面的流量过程线中，除地表径流外均为基流。在应用水文学中，一般对坡面、壤中流和地下径流不加区分，因为实际上不可能将三者分开。因而应用水文学家只区别地表径流和基流，将降雨分成净雨和下渗及其他损失。其中，净雨产生直接径流，而下渗补充土壤蓄水量到土壤饱和后，所有剩余下渗水量都补给地下水，最后成为"基流"。

（5）目前，主流的基流分割方法中的所谓基流，是由本次降雨形成的地下径流和深层基流两部分组成。

二、同位素法

同位素基流分割方法是利用同位素（主要是氢氧稳定同位素）示踪水的来源，并将径流进行划分并确定各成分的比例（蔺铭益等，2022）。目前国际上比较认可的三种分割方法是（瞿思敏等，2008）：

（1）按时间源划分。即将基流划分为事件水和事件前水，事件水一般由降雨产生，事件前水指降雨事件之前就已经储存在土壤中的水分。

（2）按产流机制划分。一般可以将基流划分为坡面径流、饱和坡面径流、壤中流、地下径流等。

（3）按地理源划分。根据水流到达河道之前所处的地理位置不同来划分，例如之前是储存在饱和带还是包气带等。

Dincer 和 Martinec 分别于 1970 年和 1975 年率先将稳定同位素应用于水文分割的研究中。随后，Fritz 提出单个流域基流分量的概念，并从 20 世纪 70 年代的二水源分割逐渐发展到 80

年代的三水源分割甚至目前的多水源划分阶段，但结果的不确定性使其应用受到了限制。90年代至今对同位素基流分割方法中的不确定性进行了探讨，并逐渐与其他水化学研究方法相结合进行综合研究。当前环境同位素虽然是基流分割调查的有效工具，但对于一些特殊区域（如高海拔地区）仍然存在较大的挑战性，例如实地测量受限，融雪同位素的时空变异性认知非常有限，现有的观测数据仍不足以准确量化融雪对径流的贡献（Schmieder et al., 2016）。同位素水文分割与传输时间模型的结合，能够有效反映多个时间尺度的水文响应和传输时间等实际信息（Roa-García and Weiler, 2010）。Kirchner 等（2019）提出了基于径流和一个或多个端元示踪波动之间的相关性进行分割的新方法，该方法相比传统的分割方法，具有可以准确估计端元贡献的平均值，同位素分馏的影响较小等优点。

近年来，国内有关同位素径流分割的研究也取得了长足的发展：

（1）高寒山区径流对降水或融雪水补给的响应。孔彦龙等（2010）论述了高寒流域同位素径流分割的研究现状和应用前景，该领域的研究填补了国内高寒地区同位素径流分割的短板，但目前水文输送过程以及高寒地区环境条件的变化对径流过程的影响有待进一步研究。

（2）在小流域径流分割方面，同位素径流分割方法将径流切分为降雨组分和降雨前的土壤组分，为水资源管理和灾害防控等的工作开展起到了指导作用（Tao et al., 2021；郭晓军等，2012）。

（3）在河流和地下径流方面，基于稳定同位素资料，判断各类水体的补给或混合关系。

总体而言，国内大多数的研究主要聚焦于分割方法的应用以及结果，方法中的不确定性、误差来源以及改善途径的研究开展相对较少，缺乏模型方法的选择依据，并且很少对不确定性进行系统分析从而校准输出的结果（蔺铭益等，2022）。

三、基于同位素法的基流分割应用

王荣军（2013）基于稳定同位素方法，对天山北坡的军塘湖流域进行了融雪期径流分割研究。该流域地处山区汇流区域，河谷切割较深，河网纵横，河水水位通常低于地下水位，因此河水接受地下水的补给。在春季融雪期，积雪消融产生融雪水通过地表径流、河道汇流并最终补给河水。此外，研究区还存在季节性冻土层，春季解冻后会以壤中流的形式补给河水。根据其产流机制，对不同时间段河水的补给来源进行划分，在 15 点前，河水中无积雪融水补给，补给水源为壤中流和地下水，利用二水源混合模型进行基流分割；在 15 点后至凌晨4 点前，积雪融水补给河水，河水补给来自地下水、壤中流和积雪融水，使用三水源混合模型；4—9 点，河水中的补给来自地下水和壤中流，因此使用二水源混合模型。

（一）二水源分割模型

在河水只有地下水和壤中流补给时，利用 $\delta^{18}O$ 对河水的水源进行分割，分割之前必须满足以下几个假设：

（1）地下水同位素组成恒定不变；

（2）壤中流的同位素含量时空分布均匀；

（3）不同水体存在同位素组成差异。

根据质量平衡方程和浓度平衡方程，二水源分割模型如下：

$$Q_t = Q_s + Q_p \tag{6-4}$$

$$Q_t \delta_t = Q_p \delta_p + Q_s \delta_s \tag{6-5}$$

从上式求算可以得到式（6.6）、式（6.7）：

$$\frac{Q_s}{Q_t} = \frac{\delta_p - \delta_t}{\delta_p - \delta_s} \tag{6-6}$$

$$\frac{Q_p}{Q_t} = \frac{\delta_t - \delta_s}{\delta_p - \delta_s} \tag{6-7}$$

式中　Q——河水、壤中流和地下水的流量；

　　　δ——^{18}O同位素值；

　　　δ_t——河水的^{18}O同位素值；

　　　δ_p——地下水的^{18}O同位素值；

　　　δ_s——壤中流的水^{18}O同位素值。

（二）三水源分割模型

由于氢氧同位素的分馏特性，陆地上不同水体的同位素特征往往出现明显差异，并且不同水体水源的混合对其的影响不显著，因此氢氧同位素可以用于示踪径流组分。此外，Cl^-是常用的示踪离子，也可用于辅助$\delta^{18}O$进行分割。三水源径流分割的方程为

$$Q_t = Q_g + Q_p + Q_s \tag{6-8}$$

$$Q_t \delta_t = Q_g \delta_g + Q_p \delta_p + Q_s \delta_s \tag{6-9}$$

$$Q_t C_t = Q_g C_g + Q_p C_p + Q_s C_s \tag{6-10}$$

式中　Q——径流流量，下标t代表河流径流，g代表积雪来源，p代表地下水来源，s代表壤中流来源；

　　　C_t、δ_t——河流的Cl^-浓度和^{18}O同位素值；

　　　C_g、δ_g——积雪融水的Cl^-浓度和^{18}O同位素值；

　　　C_p、δ_p——地下水的Cl^-浓度和^{18}O同位素值；

　　　C_s、δ_s——壤中流的Cl^-浓度和^{18}O同位素值。

将上述公式转化为向量形式则为

$$\begin{bmatrix} Q_g \\ Q_p \\ Q_s \end{bmatrix} = \begin{bmatrix} 1 & 1 & 1 \\ \delta_g & \delta_p & \delta_s \\ C_g & C_p & C_s \end{bmatrix}^{-1} \begin{bmatrix} 1 \\ \delta_t \\ C_t \end{bmatrix} Q_t \tag{6-11}$$

去掉等号右边Q_t得：

$$
\begin{bmatrix} Q_g / Q_t \\ Q_p / Q_t \\ Q_s / Q_t \end{bmatrix} = \begin{bmatrix} 1 & 1 & 1 \\ \delta_g & \delta_p & \delta_s \\ C_g & C_p & C_s \end{bmatrix}^{-1} \begin{bmatrix} 1 \\ \delta_t \\ C_t \end{bmatrix}
\tag{6-12}
$$

令

$$
A = \begin{bmatrix} 1 & 1 & 1 \\ \delta_g & \delta_p & \delta_s \\ C_g & C_p & C_s \end{bmatrix}^{-1} \quad B = \begin{bmatrix} 1 \\ \delta_t \\ C_t \end{bmatrix} \quad x = \begin{bmatrix} Q_g / Q_t \\ Q_p / Q_t \\ Q_s / Q_t \end{bmatrix}
$$

根据此方程式可以求得在融雪期每次融雪洪水暴发过程中，不同水源流量在总径流量中所占的比例。运用这些公式必须满足以下几个假设：

（1）不同的示踪剂具有明显的浓度差异；

（2）任何两种示踪剂之间不能存在线性关系；

（3）示踪剂物理化学性质相对保守，不会在混合过程中发生变化；

（4）示踪剂时空变化稳定，或能够定量化表达；

（5）各种示踪剂最终相互汇合时，彼此之间的影响忽略不计。

（三）分割模型的条件判断

水源分割模型必须对模型所需的条件进行验证，只有满足假设条件才能合理地进行基流分割。基于这一考虑，首先对研究区不同水源的同位素特征进行研究。图 6-7 可以看出军塘湖流域径流分割期间不同水体的氢氧同位素差异明显，且大多分布在 GMWL 两侧，表明其受到的不平衡蒸发分馏影响较小，唯独壤中流氢氧同位素位于 GMWL 上方，受到了不平衡分馏的影响。积雪融水的氢氧同位素最贫化，而地下水的氢氧同位素最富集。从分布来看，河水氢氧同位素介于壤中流、地下水和积雪融水之间，水源的补给明显，即河水由此三种水源补给，符合三水源分割的适用情况。进一步讨论 Cl^- 和 $\delta^{18}O$ 作为示踪剂在军塘湖流域进行三水源径流分割的可行性，以 Cl^- 浓度为横坐标，以 $\delta^{18}O$ 同位素值为纵坐标作图（图 6-8）。其中地下水、壤中流和积雪融水的平均值为顶点构建三角形，在此区域内，地下水位于最上端，积雪融水位于左下端，壤中流位于右下端，将河水围在三角形区域内，并且河水与三角形毫无接触，即河水是三水源混合的结果，从图 6-7、图 6-8 的结果可见，三水源径流分割完全可行。

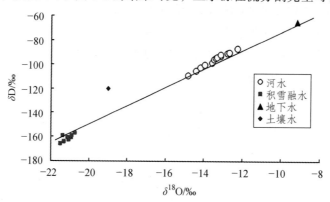

图 6-7　军塘湖河地表水和地下水同位素分布图
引自：王荣军，2013。

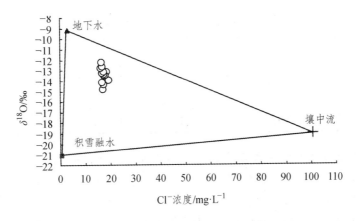

图 6-8　军塘湖河地表水和地下水 $Cl^- - \delta^{18}O$ 关系图

（四）分割模型的不确定性分析

在统计学上，由于变量含有误差，而使由函数计算出的被测量 Z 受其影响也含有误差，称之为误差传播。阐述这种关系的定律称为误差传播定律。

设有一般函数 $Z = f(x_1, x_2, \cdots, x_n)$，式中 $x_1, x_2, \cdots, x_n$ 为可直接观测的相互独立的未知量，Z 为不便于直接观测的未知量。已知 $x_1, x_2, \cdots, x_n$ 的标准差分别为 $m_1, m_2, \cdots, m_n$，现在要求 Z 的标准差 m_z。已知函数 Z 的中误差关系式为 $m_z^2 = k_1^2 m_1^2 + k_2^2 m_2^2 + \cdots + k_n^2 m_n^2$（其中 k_1，k_2，$\cdots$，k_n 为任意常数）。由数学分析可知，变量的误差与函数的误差之间的关系可以近似地用函数的全微分来表示。对函数求全微分，并以真误差 "Δ" 替代微分符号 "d"，得到 $\Delta Z = \partial f / \partial x_1 \cdot \Delta x_1 + \partial f / \partial x_2 \cdot \Delta x_2 + \cdots + \partial f / \partial x_n \cdot \Delta x_n$

对上式以标准差平方代替真误差，由函数 Z 的中误差关系式可得：

$$m_z^2 = (\partial f / \partial x_1)^2 \cdot m_1^2 + (\partial f / \partial x_2)^2 \cdot m_2^2 + \cdots + (\partial f / \partial x_n)^2 \cdot m_n^2 \qquad （6\text{-}13）$$

将上式取平方根可得误差传播定律的一般形式：

$$m_z = [(\partial f / \partial x_1)^2 \cdot m_1^2 + (\partial f / \partial x_2)^2 \cdot m_2^2 + \cdots + (\partial f / \partial x_n)^2 \cdot m_n^2]^{0.5} \qquad （6\text{-}14）$$

引入公式（6-14）可评估径流分割计算得到的河水中不同水源贡献率的不确定性。此时，对于公式（6-6）考虑的变量包括 δ_p、δ_t 和 δ_s。

（五）分割结果

基于以上的二水源、三水源分割原理，对军塘湖流域 2012 年融雪期 3 月 15 日 10:00 至 16 日 10:00 的融雪洪峰进行基流分割，在 9:00—15:00、4:00—9:00 时段内，利用二水源模型进行分割：在 9:00—15:00 时间段内，地下水和壤中流分别占 79.53% 和 20.47%，在融雪期无积雪融水补给的情况下，河水主要以地下水补给为主（表 6-3）。

表 6-3　不同时间段二水源径流分割结果

类型	分割比例/%		不确定性	
	9:00—15:00	4:00—9:00	9:00—15:00	4:00—9:00
地下水	79.53	77.8	0.13	0.88
壤中流	20.47	22.2	0.13	0.88

在 15:00—4:00 这段时间内积雪消融，并补给河水，河水的补给水源包括积雪融水、地下水和壤中流，故采样三水源模型。积雪消融期地下水、积雪融水和壤中流占河水比例分别为 61.34%、23.29%、15.38%（表 6-4）。由此可见，河水中地下水为主，积雪融水次之，壤中流所占的比例最小，说明研究区在积雪消融期河水主要由地下水补给为主，融雪期土壤湿度变化很大，无季节性冻土存在，积雪融水大量下渗，从而使得积雪融水在土壤界面汇流产生的水量较少，而土壤由于积雪融水的大量补给含水率迅速增大，以壤中流的形式补给河水。

表 6-4　三水源径流分割结果

水体类型		$\delta^{18}O$ /‰	$C(Cl^-)$/mg·L^{-1}	分割比例/%
积雪融水	采样数目	9	9	23.3
	平均值	−21.09	0.62	
地下水	采样数目	3	3	61.3
	平均值	−9.16	2.82	
壤中流	采样数目	3	3	15.4
	平均值	−18.98	100.65	
河水	采样数目	13	13	
	平均值	−13.49	17.35	

军塘湖流域融雪期径流分割结果壤中流占 15.38%，地下水是河水的主要补给水源，融雪水对河水的补给次之，壤中流所占的比例最小。同时也表明应用示踪剂 $\delta^{18}O$ 和 Cl$^-$ 进行水源径流分割是可行的。

第三节　大江大河同位素组成和变化

江河水是流域水文循环的积分输出，其同位素组成记录着流域内多方面的信息，包括大气圈层、浅层和深层水圈以及岩石圈和生物圈的信息。通过这些信息可以了解流域水文循环和水资源条件。江河水中氢、氧同位素组成的时程变化和空间分布受到多种因素的制约，例如流域的地形地貌特征、地质和水文地质条件、人类活动，并且随着流域面积增大，地表径流沿程滞留作用、地下水和湖泊等水体的调节作用都有所增强。此外，流域内降水的高程效应也影响着大江大河河水的同位素组成。一般地，相比中小流域，较大流域内河川径流的 $\delta^{18}O$

变化情况更平缓，但仍然存在一定的变化规律，例如季节变化或存在多年变化趋势等。这些变化规律体现了补给比例的变化以及补给源的同位素效应。长江和黄河是我国的两大母亲河，长江横贯中国的南国大地，形成了中国承东启西的现代重要经济纽带，支流和湖泊众多。黄河是中华文明最主要的发源地，其流域是中国开发最早的地区。因此这两大流域的水文研究和探索的意义重大。

一、长　江

长江是我国最大的河流，也是亚洲第一、世界第三大河。其流域面积广阔，工农业基础雄厚，兼具沿海和内陆的经济特征，是我国人口密集、经济发达的地区，在全国经济中具有十分重要的地位。研究长江流域的水文循环和补给来源，对其水资源的合理开发利用具有非常重要的意义。有关长江的研究历来受到重视，长江的水文变化已有 2 000 多年的记载，对长江流域的水文地质调查和科学研究也有 100 多年的历史。

长江流域各段以及整个流域的氢氧同位素特征研究多有开展。顾镇南等（1989）对上海、南京、武汉等地长江水的氢氧同位素组成及季节变化开展过调查，后续在各段长江水的氢氧同位素时空分布特征（陆宝宏等，2009）、湖泊水体对江水氢氧同位素的影响（吴敬禄等，2006），以及整个长江氢、氧同位素组成的时空变化（丁悌平等，2013）等方面均有研究。

（一）长江水同位素组成特征

重庆至上海段长江干流稳定同位素 $\delta^{18}O$ 和 δD 分别在 − 12.38‰ ~ − 8.26‰ 和 − 95.7‰ ~ − 56.2‰（陈新明等，2011）。从上游到下游的过程中，长江水的同位素组成呈现较大的波动变化（表 6-5），无论是在枯水期还是丰水期，总体呈现逐渐偏正的特征（图 6-9、图 6-10）（杨守业等，2021；周毅等，2017）。上游重庆至宜昌段的 δD 和 $\delta^{18}O$ 值随距离增大有明显的同位素富集现象，中下游河水的同位素更加富集，这与下游河水受当地多种水源补给和强蒸发作用影响密切相关。长江中下游湖泊密布，分布着洞庭-江汉、鄱阳-华阳以及太湖-当地水源相比上游富集重同位素且长江三角洲三大湖群，当地水源相比上游富集重同位素且水域面积增大促进了蒸发作用广泛进行,富集了重同位素的湖水与长江水混合导致了中下游段的变化速率明显大于上游段，造成了上、下游河水同位素值的差异。

表 6-5　长江水样氢氧同位素测试结果

水样编号	采样点	水样类型	$\delta^{18}O_{\text{V-SMOW}}$ ‰	$\delta D_{\text{V-SMOW}}$ ‰	d 值/‰
01	嘉陵江碚东大桥	嘉陵江水	− 8.75	− 60.0	10.0
02	鹅公岩大桥	长江干流水	− 12.38	− 95.7	3.3
03	朝天门大桥	长江干流水	− 11.92	− 90.6	4.8
04	丰都	长江干流水	− 11.32	− 83.9	6.7
05	新生镇	长江干流水	− 11.49	− 84.1	7.8
06	忠县长江大桥	长江干流水	− 11.54	− 85.4	6.9

水样编号	采样点	水样类型	$\delta^{18}O_{V\text{-}SMOW}$ ‰	$\delta D_{V\text{-}SMOW}$ ‰	d 值/‰
07	武陵	长江干流水	−11.33	−84.0	6.6
08	云阳县	长江干流水	−11.21	−77.5	12.2
09	重庆奉节	长江干流水	−11.23	−80.4	9.4
10	巫山	长江干流水	−11.65	−81.8	11.4
11	湖北巴东	长江干流水	−11.57	−86.8	5.8
12	湖北秭归	长江干流水	−11.44	−88.5	3.0
13	湖北宜昌市	长江干流水	−11.63	−81.2	11.8
14	湖北黄石	长江干流水	−9.92	−69.5	9.9
15	江西九江	长江干流水	−9.71	−67.1	10.6
16	鄱阳湖	湖水	−5.24	−35.1	6.8
17	安徽安庆	长江干流水	−9.23	−63.9	9.9
18	安庆铜陵	长江干流水	−9.17	−62.8	10.6
19	安徽芜湖	长江干流水	−8.60	−58.9	10.0
20	安徽马鞍山	长江干流水	−8.60	−58.9	10.0
21	江苏南京	长江干流水	−8.73	−60.2	9.7
22	江苏镇江	长江干流水	−8.72	−60.0	9.8
23	江苏江阴	长江干流水	−8.53	−57.9	10.3
24	上海宝杨码头	长江干流水	−8.26	−56.2	9.8
25	上海吴淞码头	黄浦江水	−5.70	−41.3	4.2

引自：陈新明，2011。

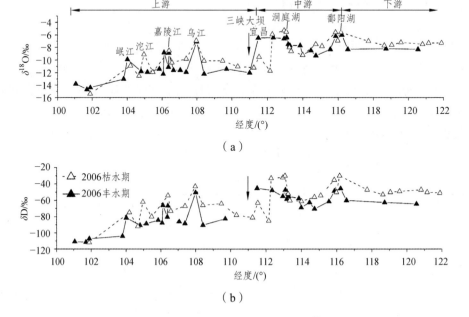

图 6-9　2006 年丰水期和枯水期长江水 δD 和 $\delta^{18}O$ 值的空间变化
引自：周毅，2017。

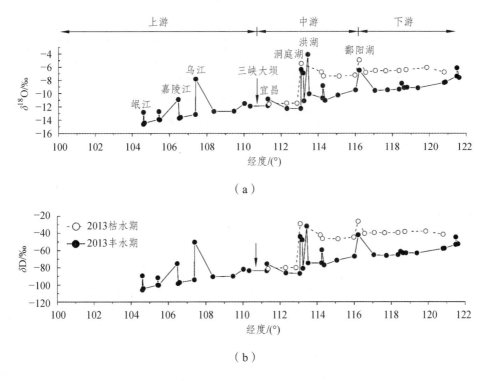

图 6-10　2013 年丰水期和枯水期长江水 δD 和 δ^{18}O 值的空间变化

引自：周毅，2017。

周毅等（2017）基于国内已发表的降水 δ^{18}O 数据得到了中国大气降水 δ^{18}O 的空间分布特征，其中长江流域降水的 δ^{18}O 值呈现西低东高的趋势，长江源区降水的 δ^{18}O 值最低，其次是四川盆地和云贵高原地区，中下游地区最高。青藏高原南部降水的 δ^{18}O 明显低于北部地区，原因是青藏高原南部地区降水同位素变化具有显著的降水量效应（Yao et al.，2013）造成长江源区降水 δ^{18}O 值偏低。随着海拔逐渐降低，四川盆地-云贵高原和长江中下游地区降水中的 δ^{18}O 值逐渐增大。长江流域河网密集，水体交换关系复杂，水利工程众多，对其流域的水文过程产生了较大的影响（Deng et al.，2016）。河水的同位素组成一定程度上可以反映降水和地下水同位素组成的变化。长江全流域的河水同位素特征表现为：长江干流上游重庆至宜昌段的氘盈余参数 d 值大部分小于全球大气降水线的氘盈余值 10‰，并且波动幅度较大，而中下游地区的氘盈余则基本稳定在 10‰ 左右（陈新明等，2011）。2006 年枯水期河水的 δD 和 δ^{18}O 和 d-excess 值波动范围大于 2013 年枯水期，而 2006 年丰水期波动范围小于 2013 年（表 6-6）。河水同位素组成变化具有明显的季节性差异，可能与长江的流量大小密切相关。2013 年枯水期和丰水期的流量均大于 2006 年，同时 2013 年的流域降水量显著大于 2006 年。大气降水作为河水的主要补给来源，河水同位素组成在一定程度上反映了降水的同位素信息。

表 6-6　枯水期和丰水期长江同位素值与流量统计分析（周毅，2017）

		$\delta^{18}O$ /‰			δD /‰			d-$excess$/‰			流量 /m³·s⁻¹
		max	min	mean	max	min	mean	max	min	mean	
2006	枯水期	−5.3	−15.4	−8.68	−30	−112	−58.6	16.8	4	10.8	23 882
	丰水期	−6	−14.7	−9.74	−45.2	−111.4	−72.4	9.8	−2.3	4.5	37 388
2013	枯水期	−4.94	−11.6	−7.46	−26.3	−81.2	−47.0	14.4	10.9	12.6	25 256
	丰水期	−4.11	−14.6	−10.5	−31.9	−106.1	−73.6	13.2	0.97	10.0	41 340

注：max，min 和 mean 分别为最大值、最小值和平均值。

（二）长江水的 δD 和 $\delta^{18}O$ 关系

长江全流域采样得到的河水 δD 和 $\delta^{18}O$ 同位素关系为 $\delta D = 7.62\delta^{18}O + 8.2$。上游重庆至宜昌段长江水 δD 和 $\delta^{18}O$ 同位素值基本分布在全球、中国、长江大气降水线附近（图 6-11）。重庆奉节段长江干流水的 δD 和 $\delta^{18}O$ 值在 3 条大气降水线之下，主要是受到了低同位素值高山融雪水补给的影响。巫山至河口段的长江干流水 δD 和 $\delta^{18}O$ 值基本分布在全球大气降水线和长江流域大气降水线之上。该段流域内降雨充足，支流汇入长江干流的水量较多，混合作用较强。而与九江段邻近的鄱阳湖水以及受太湖补给的黄浦江水的 δD 和 $\delta^{18}O$ 值均分布在全球大气降水线以下，受强烈蒸发作用的影响，导致了重同位素富集（陈新明，2011）。

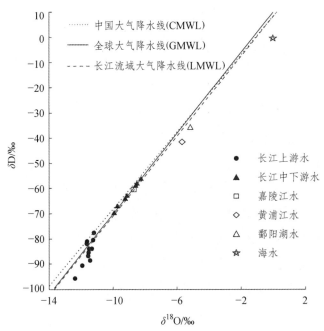

图 6-11　长江水 δD 和 $\delta^{18}O$ 关系图
引自：陈新明，2011。

周毅等收集的 2006 和 2013 年的同位素数据得到的长江河水线方程为 $\delta D = 7.8\delta^{18}O + 7.9$，可以看出河水线的斜率和截距都大于大气降水线，这一结果与其他研究所得出的结果存在差异（Araguas-Araguas et al.，1998；Merlivat and Jouzel，1979）（图6-12）。通常，河水水线方程的斜率和截距通常是小于当地大气降水线的。这是由于河水接受降水的补给后，受到不同程度的蒸发作用而导致河水水线的斜率和截距偏小（Araguas-Araguas et al.，1998；徐庆等，2007；詹泸成等，2014）。

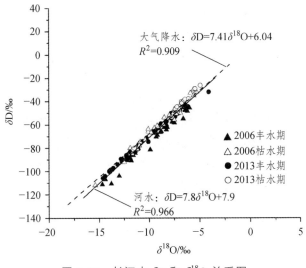

图 6-12　长江水 δD 和 $\delta^{18}O$ 关系图
引自：周毅，2017。

（三）蒸发作用对长江水氢氧同位素组成的影响

在降雨、径流和入渗的过程中，水中的 δD 和 $\delta^{18}O$ 值反映了水的起源。但环境因素造成的蒸发动力学效应可以改变这种相关关系。若蒸发较弱，剩余水受到的影响可能较小，若水量蒸发损失较大，δD 和 $\delta^{18}O$ 会向大气降水线的右侧偏移。干旱地区的地表径流、水库蓄水、降雨入渗等过程中均可以发生明显的蒸发。地表水的蒸发使剩余水体中富集重同位素，蒸发趋势的直线斜率为 2~5，主要取决于环境相对湿度。对于干旱和半干旱地区，了解蒸发过程中的同位素效应，就能算出地表水的蒸发损失水量。

长江源头位于青藏高原，高原湖泊和沼泽分布众多。同时当地气候干燥，由降水直接落入或冰川融雪水补给进入湖泊和沼泽的水经过长期蒸发，盐度逐渐增大，甚至演化后期出现盐湖。长期蒸发造成盐度增大的同时也会使得 δD 和 $\delta^{18}O$ 值也随之升高。而在一些既有河水流入又有湖水流出的湖泊中，δD 和 $\delta^{18}O$ 的上升幅度就要稍低一些。

湖泊、沼泽和土壤水的蒸发过程会改变其自身的同位素组成，进而影响其补给的河水的同位素组成。长江正源沱沱河河水的平均 $\delta^{18}O$ 值为 $-10.23‰$，而当地大气降水的平均 $\delta^{18}O$ 值为 $-11.95‰$，其源头各拉丹冬峰的冰雪 $\delta^{18}O$ 值为 $-12.35‰$。河水与其水量来源（降水和融雪水）的氧同位素组成存在差异。沱沱河流域中分布着一些小型淡水湖，可能是这些淡水湖的蒸发作用，对沱沱河河水氧同位素的组成造成了一定影响。

长江南源当曲水系的水文地质条件与沱沱河相似，蒸发作用对其河水的氢氧同位素也有不可忽略的影响。长江北源楚玛尔河水系的大气降水同位素组成尚无可靠的报道。据王宁练等（2006）根据可可西里山马兰冰芯中的 $\delta^{18}O$ 值（–14.42‰）估计，流域大气降水的 $\delta^{18}O$ 值应该不会低于 –12‰。丁悌平等（2013）测得楚玛尔河水的 $\delta^{18}O$ 值为 –4.2‰，远远高于当地大气降水和融雪水的 $\delta^{18}O$ 值，表明存在其他因素的强烈影响。可可西里地区是楚玛尔河的发源地，发育有大量湖泊沼泽，其中多尔改错湖的湖面面积为 142 km²，是长江源区的第一大湖。它承接楚玛尔河源头的水流，并汇入楚玛尔河。在长期蒸发作用的影响下，多尔改错湖的盐度不断升高，并已成为咸水湖。其 $\delta^{18}O$ 值远高于当地的降水和融雪水，当地湖泊和沼泽大多会有此现象，这些湖泊和沼泽对楚玛尔河的补给，是造成楚玛尔河河水高 $\delta^{18}O$ 值的重要原因。

与长江源相比，中下游河流受蒸发作用的影响较小，因为径流和湖泊水的流动性都有所增强，但在某些河段仍然能检测到蒸发作用对其氢氧同位素组成的影响。长江中下游流域中湖泊水体的 $\delta^{18}O$ 组成主要反映了流域内降水的 $\delta^{18}O$、湖泊蒸发强度、流域水文状况以及湖水滞留时间等因素。湖泊蒸发主要集中在夏季，水体经过夏季的强烈蒸发、秋冬季的浓缩，造成春季湖水的 $\delta^{18}O$ 值最高，在洞庭湖和鄱阳湖都监测到了这一现象。

二、黄　河

黄河是我国仅次于长江的第二大水系，是我国西北、华北地区重要的淡水来源。发源于青藏高原巴颜喀拉山北麓的约古宗列盆地，自西向东分别流经青海、四川、甘肃、宁夏、内蒙古、山西、陕西、河南以及山东 9 个省（自治区）后汇入渤海。黄河流域的径流量主要由大气降水补给，由于海陆位置、大气环流以及季风影响等原因，流域内的降水存在明显的时空差异。降雨的年内年际变化较大，季节性强，降雨量主要集中在夏季的 6—9 月，能占到全年降雨量的 70% 以上。

黄河流域的水文循环变化受到流域内复杂的地质和水文地质条件、气候变化和人类活动的共同影响。有研究指出外来水体混入、蒸发作用以及人类活动对黄河水体的氢氧同位素组成影响显著（苏小四等，2003）。除全流域河水氢氧同位素变化的研究之外，国内学者就黄河流域局部河段水体来源开展了研究，如内蒙古段（苏小四和林学钰，2003；王文科等，2004）、晋陕峡谷段（韩颖，2002）、银川平原段（Wang et al.，2013）等，结果显示大气降水和地下水补给是特定河段黄河水的重要补给来源。黄河流域氢氧同位素组成在全流域以及局部河段的差异性说明了河水氢氧同位素受多种因素形成的复杂控制。

（一）黄河水的氢氧同位素组成特征

2005 年 7 月汛期从黄河源头到入海口共采集了 24 个黄河水样品（高建飞等，2011）。从上游到下游，除了玛多外 $\delta^{18}O$ 和 δD 逐渐升高，表明云团从海洋向陆地迁移过程中轻同位素逐渐富集，符合降雨过程的一般规律。其中，玛多样品 $\delta^{18}O$ 和 δD 值明显高于其他样品。这可能是由于源头地区位于整个黄河流域蒸发作用最强烈的地区，且地势平缓，汇水环境相对平稳，既无较大地表支流的加入，也没有大面积灌溉的农田，因而湖沼中汇集的雨水和融化雪水受到强烈蒸发作用的影响后出现重同位素富集（表 6-7）。

表 6-7 黄河水氢氧稳定同位素组成（高建飞等，2011）

采样位置	δD_{V-SMOW}/‰	$\delta^{18}O_{V-SMOW}$/‰	氘盈余/‰
青海玛多县玛多	-44	-4.2	-10.4
青海达日县达日	-86	-11.9	9.2
青海军功乡拉加	-86	-12.3	12.4
青海兴海县唐乃亥	-91	-12.4	8.2
青海贵德县贵德	-78	-11	10
甘肃永靖县小川	-73	-10.7	12.6
甘肃兰州市兰州	-66	-9.7	11.6
宁夏青铜峡市青铜峡	-66	-9.7	11.6
宁夏石嘴山市石嘴山	-72	-9.7	5.6
内蒙古磴口县巴彦高勒	-65	-9.2	8.6
内蒙古托克托县头道拐	-65	-8.3	1.4
山西河曲县河曲	-65	-9	7
陕西府谷县府谷	-69	-9.2	4.6
陕西吴堡县吴堡	-68	-8.7	1.6
陕西韩城市龙门	-70	-8.8	0.4
陕西渭南市潼关	-51	-7.5	9
河南三门峡市三门峡	-63	-8.2	2.6
河南济源市小浪底	-63	-8.3	3.4
河南郑州市花园口	-58	-7.9	5.2
山东东明县高村	-62	-8.2	3.6
山东梁山县孙口	-63	-8.2	2.6
山东聊城市艾山	-60	-8	4
山东济南市泺口	-55	-7.1	1.8
山东东营市利津	-63	-7.8	-0.6

除扎陵湖（MH01）和玛多（MH02）两个黄河源头水样外，2012 年 7 月和 8 月间黄河干流河水 δD 值范围为 -97.2‰ ~ -62.9‰，均值为 -72.2‰，$\delta^{18}O$ 值范围为 -13.0‰ ~ -8.7‰，均值为 -9.9‰，d 盈余值为 4.1‰ ~ 11.0‰，均值为 7.0‰（表 6-8）。

表 6-8　黄河水水化学及氢氧同位素组成统计表

位置	项目	K⁺	Na⁺	Ca²⁺	Mg²⁺	Cl⁻	SO₄²⁻	NO₃⁻	HCO₃⁻	δD	δ¹⁸O	氘盈余
		μmmol $\cdot$ L⁻¹								‰		
MH01		58	1914	846	993	1738	229	2.9	3770	−38.6	−3.9	−7.4
MH02		153	13384	207	5753	14 187	1508	1.3	8600	−35.4	−3.3	−9.0
兰州以上	最小值	30	252	1034	663	151	256	11.4	2600	−78.2	−10.9	6.6
	最大值	43	943	1383	728	628	571	87.0	3430	−62.9	−9.2	11.0
	平均值	38	700	1276	704	448	455	50.6	3192	−72.0	−10.1	8.8
	中间值	39	791	1313	710	477	538	51.6	3360	−74.3	−10.2	8.2
兰州—头道拐	最小值	45	1193	1368	780	844	665	94.4	3210	−67.9	−9.6	6.0
	最大值	86	4115	1538	1353	3350	1574	225.6	4030	−64.9	−8.9	8.9
	平均值	67	2661	1458	1090	2014	1173	152.2	3543	−66.4	−9.2	7.3
	中间值	68	2777	1457	1131	2107	1237	151.9	3480	−66.8	−9.2	7.5
中游	最小值	70	2500	873	645	1193	962	164.6	3060	−97.2	−13.0	4.3
	最大值	95	3288	1441	1351	2234	1403	260.5	3880	−68.4	−9.3	7.7
	平均值	87	2937	1242	994	1700	1153	218.1	3475	−79.6	−10.7	6.3
	中间值	90	2965	1252	969.5	1623	1097	221.7	3410	−79.3	−10.9	6.5
下游	最小值	99	2934	1351	1058	2079	1434	248.1	2790	−67.8	−9.2	4.1
	最大值	102	2996	1428	1101	2115	1443	267.0	3590	−65.4	−8.7	5.8
	中间值	101	2963	1396	1080	2102	1438	254.6	3263	−66.2	−8.9	5.0
支流	最小值	42	590	895	600	315	331	14.2	2890	−103.8	−13.7	−18.5
	最大值	418	85 968	9481	23 100	55 586	39 440	1488.6	6140	−30.5	−1.5	13.2
	平均值	137	12 014	2055	3322	8801	4591	406.3	3658	−68.9	−9.2	4.5
	中间值	90	2763	1306	1110	1650	1035	339.5	3260	−67.5	−9.2	5.8

引自：范百龄，2017。

河水的 δ^{18}O 值与 Na⁺/Cl⁻物质的量浓度比值关系常用来说明河水经历的蒸发过程以及河水来源。接受大气降水和地下水补给的河水 Na⁺/Cl⁻摩尔比值一般较高，而水体的 δ^{18}O 值较低，经历了蒸发过程的水体 Na⁺/Cl⁻摩尔比值接近 1，而 δ^{18}O 同位素富集。黄河干流和支流的 Na⁺/Cl⁻摩尔比值范围为 0.94～3.02，源头河水的 Na⁺/Cl⁻摩尔比值均值为 1.02，兰州段以上均值为 1.58，兰州至头道拐之间的均值为 1.30，中游均值为 1.79，下游均值为 1.41。从黄河干流和支流河水 Na⁺/Cl⁻摩尔比值和 δ^{18}O 比值关系可以看出（图 6-13），黄河兰州段以上以及中游的河水得到了大量雨水和由雨水补给的地下水的补给，而源头区、兰州段至头道拐、下游的黄河水则经历了明显的蒸发过程。

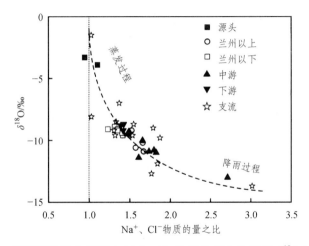

图 6-13　黄河干流及支流河水 Na^+、Cl^- 物质的量之比值和 $\delta^{18}O$ 比值关系

引自：范百龄，2017。

（二）黄河水的 δD 和 $\delta^{18}O$ 关系

黄河水的 δD 和 $\delta^{18}O$ 呈明显的线性关系（图 6-14），其拟合方程为 $\delta D = 5.69\delta^{18}O - 15.51$，$R^2 = 0.91$，与 GMWL 和郑淑蕙（郑淑蕙等，1983）报道的中国现代大气降水线方程（$\delta D = 7.9\delta^{18}O + 8.2$）相比，黄河水的斜率明显更小（高建飞等，2011）。与 GNIP 监测站点得出的黄河流域降水线的方程：$\delta D = 6.71\delta^{18}O - 5.96$（$R^2 = 0.94$）和 2000 年雨季黄河水的 δD 和 $\delta^{18}O$ 关系 $\delta D = 4.71\delta^{18}O - 22.64$（$R^2 = 0.92$）相比（苏小四等，2003），斜率较为接近（图 6-14）。

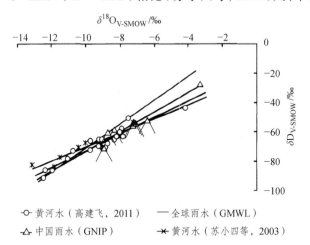

图 6-14　黄河水与全球降水、中国降水的 δD 和 $\delta^{18}O$ 值比较

引自：高建飞，2011。

黄河上游、中游、下游与其相邻地区的降水线方程总体上差异不大，河水的斜率略小于雨水（表 6-9）。黄河流域进入汛期后，季风降水的大规模发生，雨水大量补给使得黄河水的 δD 和 $\delta^{18}O$ 线性关系与雨水更加接近，但受黄河流域气候、地理以及人类活动的影响，黄河水的 δD 和 $\delta^{18}O$ 值产生了区域性差异。

表 6-9　黄河沿岸全球大气降水同位素监测网主要观测站氢氧同位素比值

站名	$\delta D_{\text{V-SMOW}}$ 平均值/‰	$\delta^{18}O_{\text{V-SMOW}}$ 平均值/‰	氘盈余平均值/‰	降水线方程	采集数据的年份
兰州	−27.1	−3.3	3.9	$\delta D = 6.51\delta^{18}O - 6.02$	—
银川	−58.6	−8.3	8.1		1988—2000
包头	−54.8	−7.2	2.9		1988—2000
太原	−52.3	−6.4	−0.8	$\delta D = 6.71\delta^{18}O - 6.07$	1988—2000
西安	−60.4	−8.7	9.4		1988—2000
郑州	−70.4	−8.9	0.6		1988—2000
烟台	−53.5	−7.2	3.8	$\delta D = 6.71\delta^{18}O - 5.96$	1988—2000

注：表中 $\delta^{18}O$ 和 δD 的平均值是依据全球大气降水同位素监测网相关站点多年监测值计算所得。
引自：高建飞等，2011。

上游草原湿地发育，海拔较高，大气降水是该段河水的重要来源。河水氢氧同位素组成相对偏负、氘盈余的值较高，这一事实也说明了源头区河水的蒸发强度相对中下游河段较小（范百龄等，2017）。2019 年最新的一项研究结果（Shi et al.，2019）显示上游河水的重同位素值较低，因为在高海拔内陆地区，降水和地表水的重同位素更加枯竭，尽管干旱背景也会影响同位素特征，但其重同位素的本底值较低，很难发生较大的波动。

中游地区是大规模的人口聚集区域，工农业生产发达，社会生产和居民生活以及调水工程大量取水使得中游流量有所减少（Yuan et al.，2020），并且黄河水的循环重复使用必然伴随着一定程度的蒸发作用，因此受到了自然和人为的双重影响。同时中游是"黄河真正变黄"的河段，大量的泥沙进入河道并随着水流运动。

下游由于泥沙淤积使得河床高出地面，阻碍了支流水的汇入，因此高水位的河水会补给低水位的地下水，黄河三角洲浅层地下水的 δD 和 $\delta^{18}O$ 关系为 $\delta D = 5.6\delta^{18}O - 15.3$，表明地下水在很大程度上接受了黄河水的补给（袁瑞强等，2006）。因此下游以上地区的 δD 和 $\delta^{18}O$ 关系表明下游河水的同位素特征继承自中游的同位素特征（高建飞等，2011）。

（三）黄河水氢氧同位素的年际变化特征

黄河干流河水在 2000 年 7 月、2001 年 3 月、2005 年 7 月以及 2012 年 7 月间的氢氧同位素组成特征表明：

（1）黄河干流兰州段以上河水的氢氧同位素总体偏正，且 2012 年黄河干流河水氢氧同位素组成较 2000 年和 2001 年更加偏正 [图 6-15（a）、（b）]，而氘盈余值变小 [图 6-15（c）]。

（2）兰州至头道拐段河水与兰州段以上河水相比，氢氧同位素组成呈现偏正趋势［图6-15（a）、（b）］。2000年、2005年和2012年该段黄河河水的氢氧同位素组成变化不明显，2001年该段河水氢氧同位素中轻同位素富集，河水的氘盈余值较高，可能受到了上游融雪水的影响［图6-15（c）］。

（3）黄河中游河水氢氧同位素组成的年际变化较大，2012年该段河水富集轻同位素［图6-15（a）、（b）］，氘盈余较高［图6-15（c）］，受到了大量地下水的补给。2000年和2005年该段河水富集重同位素，氘盈余值较低，显示了水体经历的蒸发过程。

（4）黄河下游河水氢氧同位素的年际变化与中游河段相同，2012年该段河水富集轻同位素［图6-15（a）、（b）］，氘盈余值也较高［图6-15（c）］。

（5）黄河干流河水在兰州段以上具有较低的同位素组成以及较高的氘盈余值；进入宁夏和内蒙古后，氢氧同位素发生富集，河水氘盈余值也开始降低；进入中段的晋陕峡谷后，由于接受了两岸支流和地下水补给，河水的氢氧同位素值降低，出峡谷后继续发生富集，氘盈余值也进一步降低；流出花园口后，黄河河水的氢氧同位素值继续富集，氘盈余值则继续降低。

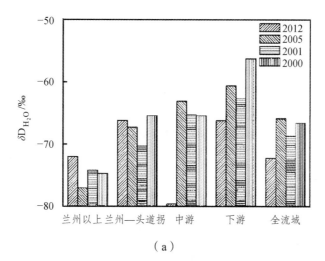

（a）

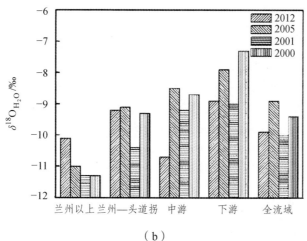

（b）

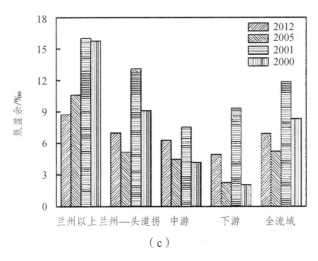

图 6-15　黄河水氢氧同位素及氘盈余值年际变化

引自：范百龄，2017。

长江干流河水自上游到下游，氢氧同位素总体呈现逐渐偏正的特征。黄河干流的河水氢氧同位素值从源头到兰州段逐渐偏正，从兰州段到中游则又逐渐偏负，中游到下游则又逐渐偏正，不过总体上也是呈逐渐偏正趋势，与长江总体规律相同。长江和黄河流域的氢氧同位素值关系分别为 $\delta D = 7.8\delta^{18}O + 7.9$ 和 $\delta D = 5.69\delta^{18}O - 15.51$，其斜率指示了蒸发的影响。长江全流域范围内上游的蒸发强度最高，中下游由于径流速度增加的缘故，蒸发的影响较小，但在某些河段仍能识别到蒸发的影响，从上游到下游受到的蒸发影响总体上呈下降趋势。黄河在上游的蒸发强度最低，中下游的蒸发强度则逐渐增强，总体上呈上升趋势。

第四节　湿地同位素组成和变化

湿地在调节气候、蓄洪防旱、净化水质、维持区域生态平衡方面具有重要作用（潘云芬等，2007）。近年来在全球气候变化的背景下，湿地的水文过程发生了剧烈的变化：一方面一些湿地的蒸散量增加，导致出现断流或干涸（Schindler，2001）；另一方面大面积湿地水资源面临着结构改变、数量减少、质量降低的风险，从而导致生态系统功能退化并影响区域生态安全（董李勤，2011）。湿地生态系统因其一系列的生态水文功能，探求湿地的水文过程具有极高的价值。早期的湿地水文研究多基于传统的水文测量法，即对降水量、地表径流、地表和地下水位以及蒸散发等开展监测，从而分析得到区域的水文指标。近几十年来，模型模拟应用于湿地水文过程研究取得较大进展。模型研究分为两类：一类是直接利用已有的模型来推测未知的湿地森林水文，如 Kaplan Muñoz-Carpena（2011）运用 DFA 来模拟土壤水分的时间序列，从而发现佛罗里达州湿地森林地表水与地下水对土壤水分的补偿作用；另一类则是监测当地的部分水文指标，从而构建一个新的概念水文模型来模拟未知的森林水文。如 Pyzoha 等（2008）对南卡罗来纳州海岸湿地的水文指标进行了连续 7 年的监测，运用监测数据生成了一个概念模型来描述该地区不同水文条件下的水文过程。湿地水文的研究方法存在一些问题，如对湿地生态系统的整个水循环过程缺乏综合分析，无法将各因子对林冠截流效应的影响程度全部量化。因此近年来，稳定氢氧同位素技术成为了新兴的湿地研究方法，Colon-Rivera 等（2014）通过同位素技术确定了加勒比海岸湿地紫檀林蒸腾作用的主要水分来源，并发现该物种的生存主要依靠的是周围不饱和土壤中的水分而非是深层地下水。不同生长环境下的植物生长水分来源存在一定的差异（Saha et al.，2010）。

氢氧同位素技术在湿地森林水文过程研究中应用广泛，如在大气降水、林冠穿透水、地下水、降雨径流、土壤水、植物水、蒸发、各水体的转化关系等方面。传统的水文学测量方法无法满足湿地水文过程研究的需求，很难定量阐明淡水湿地植物水分的来源、各水体的转化关系、优势植物的水分利用机理以及不同湿地植被结构对水文过程的调控机制。因此同位素技术在湿地研究中的应用仍有广阔空间。

湖泊作为湿地的一种类型，与其他的地表水体（如滩涂、水库、沼泽）一起覆盖了数百万平方公里的大陆面积，构成了区域和全球水循环的重要组成部分，是最容易获得的水资源，在世界各地被广泛使用。同时，湖泊是大陆上碳、氮和磷循环的重要参与者，通过原生有机质的产生、碎屑有机质的沉积以及碳酸盐和蒸发岩的沉淀等过程参与物质循环。湖泊沉积物是气候和环境变化最重要的档案，可以用来破译全球各地的气候演变情况，其分辨率媲美冰芯。相对于当地的降水和河流，湖泊水通常富集重同位素，δD 和 $\delta^{18}O$ 值偏正，因为含有重同位素的水分子更难通过蒸发离开湖泊。环境同位素和痕量物质在湖泊系统动力学方面的应用取得了成功，可以用于推导水平衡组成部分，量化与邻近地下水水体的相互联系。

一、湖泊同位素组成特征

Vystavna 等（2021）分析了全球 1 257 个湖泊的稳定同位素组成，发现大多数湖泊依赖降水和地下水补给，其同位素组成又会因集水区和湖泊的蒸发过程而发生改变。同位素质量平衡模型的结果显示全球湖泊中约有 20% 的流入水量会通过蒸发过程损失掉，干旱和温带地区的湖泊蒸发损失量占流入水量的 40% 以上。降水量、湿度、风速、相对湿度和太阳辐射是影响湖泊同位素组成和蒸发的主要因素。其工作中完成的地球主要陆地 1257 个湖泊的稳定同位素数据集（图 6-16）为湖泊同位素的研究提供了非常有价值的参考，这里简单列举了部分湖泊的同位素组成特征（表 6-10）。

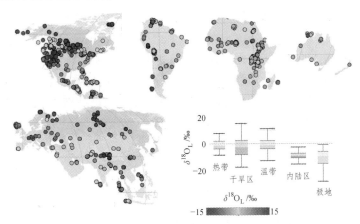

图 6-16 地球主要陆地湖泊 $\delta^{18}O$ 组成以及气候带分布位置示意图（彩图见附录）

引自：Vystavna，2021。

表 6-10　部分湖泊的同位素值

名称	地区	δD /‰	$\delta^{18}O$ /‰	氘盈余/‰	参考来源
太湖	长江三角洲	-34.9	-4.8	3.5	（Xiao et al.，2016）
洞庭湖	湖南	-40.6	-6.2	9.0	（Zhang et al.，2015）
鄱阳湖	江西	-38.1	-5.9	9.1	（Zhan et al.，2016）
青海湖	青海	6.6	1.7	-6.6	（Wu et al.，2017）
空母措湖	西藏	-121.8	-14.9	2.6	（Shi et al.，2014）
Kluane Lake	北美	-176.9	-22.6	3.5	（Brahney，2007）
Erie Lake	北美	-48.2	-6.7	3.9	（Jasechko et al.，2014）
Baikal Lake	东西伯利亚	-123.0	-15.8	3.4	（Seal and Shanks，1998）
Superior Lake	北美	-65.8	-8.6	3.3	（Jasechko et al.，2014）
东平湖	山东	-23.01	-1.84	-4.77 ~ -12.48	（靖淑慧等，2019）
巴丹湖（南）	内蒙古	1.57	5.64	—	（Cao et al.，2022）
巴丹湖（北）	内蒙古	0.32	7.82	—	（Cao et al.，2022）
High Dam	埃及	21.9	2.41	2.65	（Aly et al.，1993）

　　鄱阳湖湖水的 δD 和 $\delta^{18}O$ 值空间分布格局为从南到北呈均匀分布，这种空间分布的格局表明鄱阳湖是一个混合良好的湖泊，与其他湖泊（如太湖等）不同（Wu et al.，2021）。Xiao等（2016）发现湖泊的水流方向控制着水中同位素组成的空间格局。湖泊水同位素与每个单独湖泊集水区的气候和湖泊水文密切相关，如湖水输入源和蒸发等。混合良好的湖泊（如北美五大湖）显示出了明显的相对均匀且稳定的同位素组成，而常年分层或深度较小的湖泊（如太湖和乍得湖）则具有更加明显的同位素变异特征。相比之下，高纬度和高海拔的湖泊（如克卢纳湖）由于输入源的同位素组成较低，湖水的 δD 和 $\delta^{18}O$ 相对较低，而封闭的湖泊（如青海湖）同位素组成受蒸发富集的影响最高（Wu et al.，2017）。鄱阳湖水的高氘盈余值与其他地区如高寒湖泊和半干旱湖泊不同，一般地，由于蒸发的影响，湖水的平均氘盈余值在 4~6，而位于干旱地区的封闭内陆湖（如青海湖）由于湖水停留时间较长，蒸发富集的程度较高，具有负氘盈余值的特征（Yuan et al.，2011）。由此可见，湖泊水的氘盈余值显示了其水文过程：混合良好、停留时间短的湖泊具有相对较高的氘盈余值，而经历了强度较高的蒸发富集的湖泊平均氘盈余值较低。此外，较低的氘盈余值可能还与这些湖泊流域的年降水量相对较少有关。全球湖泊的地理空间同位素模式是非常明显的：与高纬度极地湖泊（-9.8‰）相比，热带湖泊（-1.3‰）的 $\delta^{18}O$ 值更偏正，大体上反映了 $\delta^{18}O$ 值与绝对纬度的关系，且 $\delta^{18}O$ 值往往是大于降水的。

二、稳态湖泊中同位素循环的模式

　　水稳定同位素广泛应用于区域乃至全球尺度上的水循环研究。湖泊是重要的地表水来源，影响着季节供水并能够调节当地气候。然而气候变化和人类活动都有可能改变湖泊的水量平衡，在系统监测数据有限或无法获得的情况下，同位素方法为了解这些影响的机理提供了一种可能。包括湖泊水在内的地表水在蒸发过程中会富集重同位素，由此 Gibson 等（2002）建立了同位素用于研究湖泊在区域水平衡中的作用的方法，特别是用于估算湖泊水停留时间和通流指数（蒸发/流入）。此后稳定同位素方法的平衡模型开始逐渐用于不同气象水文条件下的不同类型的湖泊系统的同位素循环模拟。

云贵高原位于中国西南部，在地形上是青藏高原向东的延伸。该地区在夏季受到印度季风降水的补给，在高原上广泛分布的湖泊在区域水文气候中起到了至关重要的作用。云贵高原的抚仙湖是区域内最深的湖泊，储水量最大，利用稳定氢氧同位素对其湖泊平衡进行研究以更好地显示湖泊水的稳定状态（Li et al.，2021）。

湖水同位素的组成代表了通过蒸发和排泄流出的水同位素与流入水同位素之间的平衡。这种变化可以用水-质量和同位素-质量平衡模型来模拟。关于其循环模拟的方法描述如下：

$$\frac{\mathrm{d}V}{\mathrm{d}t} = I - Q - E \tag{6-15}$$

$$\frac{\mathrm{d}(V\delta_L)}{\mathrm{d}t} = I\delta_I - Q\delta_Q - E\delta_E \tag{6-16}$$

式中　V ——湖泊体积；

　　　t ——时间；

　　　$\mathrm{d}V$ ——体积随时间间隔 $\mathrm{d}t$ 的变化量；

　　　I ——所有进入湖泊水通量之和，其中 $I = IR + IG + PL$（IR 为地表流入、IG 为地下水流入、PL 为湖面降水）；

　　　Q ——流出量，包括地表和地下水流出量；

　　　E ——湖泊蒸发量；

　　　δ_L，δ_I，δ_Q，δ_E ——湖泊、总流入、总流出和蒸发通量中的同位素组成。

蒸发水体通量的同位素组成受分子扩散和涡动扩散/湍流输运过程中同位素传输速率的控制。蒸发通量中的重同位素相对于湖水明显减少。Craig 和 Gordon 的线性阻力模型可以用于估算蒸发通量的同位素组成，其计算方法为

$$\delta_E = \frac{\alpha^* \delta_L - h\delta_A - \varepsilon}{1 - h + 10^{-3}\varepsilon_k} \tag{6-17}$$

式中　h ——相对湿度；

　　　δ_A ——大气水分的同位素组成；

　　　α^* ——液-气同位素分馏的平衡因子，是温度的函数；

　　　ε ——总同位素富集因子，由平衡富集因子 ε^* 和动力学富集因子 ε_k 组成：

$$\varepsilon = \varepsilon^* + \varepsilon_k \tag{6-18}$$

平衡富集因子 ε^* 与 α^* 的关系式为：$\varepsilon^* = 1000(\alpha^* - 1)$。动力学富集因子 ε_k 取决于边界层条件和相对湿度：

$$\varepsilon_k = C_k(1 - h) \tag{6-19}$$

对于湖泊水，氧的动力学常数 C_k 假定为 14.2‰，氢为 12.5‰。

在稳定的气候和水文条件下，湖泊水可以认为是接近稳态，即输入水量、蒸发和流出水量平衡。抚仙湖水量大，但表面积相对较小。因此该湖泊的水量变化相对较小，可以认为是一个稳态湖泊。假设湖水经过一段时间后达到彻底混合，在该模型中，假设湖泊初始同位素组成 δ_0 等于输入水量的同位素组成 δ_I。

第一步，引入通流指数 x，表示输入水的蒸发损失比例，湖面损失的少部分湖水 ΔV 由 $x\Delta V$ 蒸发的 δ_E 同位素和 $(1-x)*\Delta V$ 流出的 δ_L 同位素组成。蒸发后的湖泊剩余水体重同位素略有富集，δ_{L1} 的值为

$$\delta_{L1} = \frac{V\delta_O - x\Delta V\delta_E - (1-x)\Delta V\delta_L}{V - \Delta V} \qquad (6\text{-}20)$$

之后，假设有一小部分输入的水 ΔV 具有 δ_I 并且湖水将保持相同的体积，但湖水的同位素组成将改变为 δ_{L2}：

$$\delta_{L2} = \frac{(V - \Delta V)\delta_{L1} + \Delta V\delta_I}{V} \qquad (6\text{-}21)$$

每一步所需要的时间为 $\tau\Delta V/V$，其中 τ 为水在稳态湖泊中停留的时间，抚仙湖的停留时间为 167 年，可由下式计算得到

$$\tau = \frac{V}{I} \qquad (6\text{-}22)$$

随着湖水蒸发、流入和流出的重复进行，上述模型可以模拟湖水重同位素随时间逐渐富集的过程，最终湖水的同位素组成将达到恒定的 δ_S 值。

湖水同位素的时间变化表明（图 6-17）：表层湖水的 $\delta^{18}O$ 变化幅度较小，在 $-2.4‰\sim$ $-2.9‰$，春季时的 $\delta^{18}O$ 值略高，显示了旱季蒸发的同位素富集特征，随着雨季到来，河流的径流逐渐增加，$\delta^{18}O$ 值降低，湖水的同位素值也降低。抚仙湖湖水的 d-excess 在 $-9.5‰\sim$ $-7.7‰$，均值为 $-9.0‰$，显著低于输入河水的 d-excess（8‰ 左右）。河水和湖水 $\delta^{18}O$ 值和 d-excess 差异巨大表明在长期的湖泊水循环中，重同位素的蒸发富集较为强烈。湖水 $\delta^{18}O$ 和 d-excess 值的相反的变化趋势也证实了蒸发富集产生的季节性同位素信号。

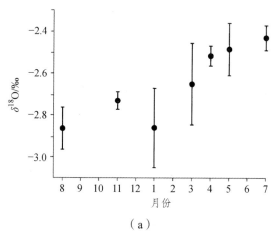

（a）

140

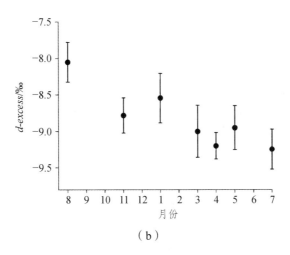

图 6-17　湖水 $\delta^{18}O$ 和 *d-excess* 的时间变化

引自：Li，2021。

为了评估湖水同位素分层的情况，测量了两个站点的湖水同位素垂直剖面（图 6-18），其 $\delta^{18}O$ 值在 −2.6‰ ~ −2.5‰。在采样点 1，*d-excess* 值从地表最大的 −8.8‰下降到了 100 m 深度的 −9.5‰，然后又在 150 m 处上升至 −9.1‰，另一个采样点的变化范围与此相同。在如此大的垂直采样区间内，水同位素的垂直变化幅度接近分析的不确定性，因此认为 $\delta^{18}O$ 值和 *d-excess* 在垂向上的变化不大，抚仙湖的同位素分层现象并不明显。

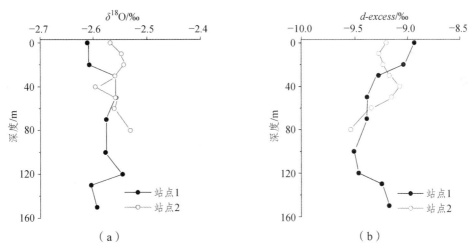

图 6-18　抚仙湖湖水 $\delta^{18}O$ 和 *d-excess* 垂直剖面

湖泊水的补给来自流入水流和降水，排泄则是水面蒸发和流出。输入水体的同位素组成显著影响着湖泊水的同位素平衡，因此首先需要评估初始输入湖泊的水同位素组成。抚仙湖的输入水量来自河水，输入 δD 为 −82.9‰，$\delta^{18}O$ 为 −11.4‰，氘盈余的 δ_I 为 8.0‰（梁王河河水的同位素平均值）。使用实测得到的大气蒸汽同位素（ δ_A ）值：δD 为 −110.0‰、$\delta^{18}O$ 为 −15.6‰、氘盈余值为 14.5‰，来约束湖泊水的同位素。2018 年 8 月至 2019 年 8 月湖泊水的实测温度约为 17.5 ℃，相对湿度约为 60%，利用输入的同位素值和气候条件，反演得到了蒸发-流入（ E/I ）比值为 0.45，并对观测到的湖水同位素值进行了模拟（图 6-19）。从理论上讲，在湖水的蒸发、流入和流出的过程中，由于蒸发过程中会出现同位素分馏现象，剩余湖水的 $\delta^{18}O$ 值会上升，而氘盈余会逐渐减少。在初始参数的情况下，该模型得到的湖水 δD 值为 -30.0‰，$\delta^{18}O$ 值为 -2.6‰，氘盈余为 -9.1‰。与目前观测到的湖泊水 δD 值为 -29.7‰，$\delta^{18}O$ 值为 -2.6‰，氘盈余为 -9.0‰ 非常接近，表明该同位素模型充分捕捉到了抚仙湖这一深度较大的高原湖泊的观测结果。

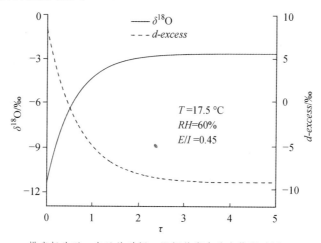

横坐标为以 τ 表示的时间，即抚仙湖中的水停留时间。

图 6-19　模型模拟了抚仙湖湖水 $\delta^{18}O$（实线）和 d-excess（虚线）的演化过程

河水、湖水的 δD 和 $\delta^{18}O$ 关系图（图 6-20）中，湖水几乎全部落在一条直线上，回归方程 LEL 为 $\delta D=5.92\delta^{18}O-14.34$（$n=89$，$r^2=0.96$），而湖水演化的模拟结果与实际观测到的回归方程基本重合，说明该同位素循环的模型能够较好地捕捉稳定状态下的湖水同位素平衡。

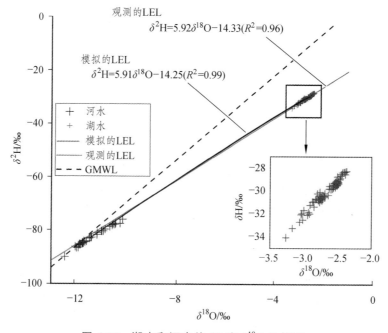

图 6-20　湖水和河水的 δD 和 $\delta^{18}O$ 比值图

由于蒸发效应，可以看到 LEL 远低于 GMWL，这两条线的交点 δD 和 δ^{18}O 值分别为 – 83.6‰ 和 – 11.7‰，与观测到的河水平均同位素值 δD = – 82.9‰ 和 δ^{18}O = – 11.4‰ 非常接近，揭示了水源的平均同位素组成。流入湖泊的水 δ^{18}O（ – 11.4‰）值与文献中报道的昆明降水同位素（ – 11.25‰）非常接近（Li et al.，2017），表明河水与当地的大气降水具有相同的同位素信号。

敏感性试验表明，该湖泊水体同位素值对相对湿度和 E/I 比值的变化较为敏感，而对水温的变化不敏感。这一同位素模型具有一定的准确性，能够确定气候和水文条件对湖泊水同位素平衡的具体影响。

三、基于湖泊同位素组成的蒸腾量估算

大陆上的可再生淡水通过降水输入，并通过蒸发、蒸腾作用重新回到大气中。蒸腾和蒸发对水中同位素的比率有不同影响，蒸发的物理过程会使得剩余水分中富集重同位素，而蒸腾的生物过程不会产生同位素分馏，因此水中氢氧稳定同位素的比率可以用来区分这两个过程。降雨落到地面后经过混合、蒸发（同位素分馏）、蒸腾（非同位素分馏），最终在下游的湖泊或河流中汇聚，每一个集水过程最终都会被湖泊水的同位素组成记录下来，因此可以通过湖泊水体的同位素组成以及蒸发、蒸腾的同位素效应来量化这两种过程中地球表面的水量损失。2013 年的一项研究利用蒸腾和蒸发独特的同位素效应发现，蒸腾是迄今为止地球大陆最大的水通量，占陆地蒸散的 80%~90%（Jasechko et al.，2013）。

首先需要了解全球大型湖泊的同位素组成（图 6-21），该研究收集到的湖泊水 δD 和 δ^{18}O 分别在 – 180‰~ + 80‰ 和 – 23‰~ + 15‰，回归线的斜率低于全球大气降水线。湖泊的同位素组成保留了关于蒸发损失的信息，几乎所有的湖泊都由于蒸发而落在了全球大气降水线的右侧。

然后，建立湖泊集水区内稳定同位素的质量平衡方程，估算蒸腾百分比，并将方程应用于大型湖泊水的同位素数据。一个稳态湖泊集水区的水量平衡可以通过收入（I，包括降水、上游水流入）、损失［包括植物截流（xP）、蒸发（E）和蒸腾（T）、流出（Q）］之间的平衡来描述。

$$I = xP + E + T + Q \qquad (6-23)$$

考虑各水通量的同位素组成，可以得到湖泊集水区稳定同位素的平衡关系：

$$\delta_I I = \delta_p xP + \delta_E E + \delta_T T + \delta_Q Q \qquad (6-24)$$

结合上述两式可以建立一个描述集水区蒸腾损失的新方程：

$$T = \frac{I(\delta_I - \delta_E) - Q(\delta_Q - \delta_E) - xp(\delta_P - \delta_E)}{\delta_T - \delta_E} \qquad (6-25)$$

式中的每个参数都可以从数据集或湖泊的特定研究中估算出来，蒸发的同位素组成使用了一个基于实验室推导的液-气分馏因子的蒸发模型计算，土壤和水面蒸发的同位素组成归为一项。

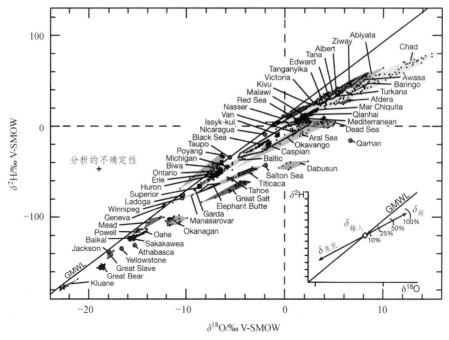

右下角的示意图显示了湖泊的水输入（菱形）和湖泊的蒸发轨迹。

图 6-21　湖泊和半封闭海的 $\delta^{18}O$ 和 δ^2H 值
引自：Jasechko，2013。

　　约 85% 的集水区蒸腾作用占到总地表水蒸散作用的 2/3 以上（图 6-22），在沙漠中蒸腾也占到了大部分的蒸散量（蒸腾作用占蒸散量的 35%～95%，均值 75%）。沙漠的原位蒸腾测量值在蒸发蒸腾的 7%～80%，这很大程度上是因为降水率在沙漠集水区的源头最高，从而增加了这些森林生态系统对集水区水平衡的重要性。蒸腾速率在 100～1 300 mm/a。

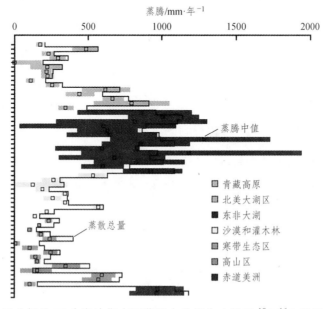

图 6-22　按生态区分组的 56 个湖泊集水区蒸腾水分损失（基于 $^{18}O/^{16}O$ 结果）（彩图见附录）

尽管开放水域发生在局部地区的蒸发速率大于蒸腾，但蒸发量占总蒸散量的比例由于大陆上开放水域而严重受限。因此，在蒸腾过程中，水通过植物的生物作用进入大气的过程可能主导着大陆上的水汽损失，而不是蒸发这一物理过程。由于植物根系能够深入土壤水和地下含水层，因此蒸腾作用能够有效利用这一通道将深层水输送到大气中，而蒸发作用仅能在近地表发生，可以解释蒸腾作用在总蒸散中占有很高比例的原因。

计算蒸腾通量的时间尺度从 1 ~ 1000 年不等，平均为 40 年，这一尺度取决于每个湖泊的水文停留时间，为了这一计算能够扩大到全球无冰面以外的陆地表面，根据全球淡水的稳定同位素质量平衡来评估了地球陆地的全球蒸腾。这一评估方法基于氘盈余。基于氘盈余的蒸腾测量可类似表达为

$$T = \frac{P(d_{\mathrm{I}} - d_{\mathrm{E}}) - Q(d_{\mathrm{Q}} - d_{\mathrm{E}}) - xp(d_{\mathrm{p}} - d_{\mathrm{E}})}{d_{\mathrm{T}} - d_{\mathrm{E}}} \tag{6-26}$$

降水［氘盈余 $d_{\mathrm{p}} = (9.5 \pm 1)$ ‰］是大陆唯一的水汽输入，落到地面后通过河流排放到海洋［氘盈余 $d_{\mathrm{Q}} = (6.8 \pm 3.8)$ ‰］、蒸发［$d_{\mathrm{E}} = (75 \pm 30)$ ‰］、蒸腾［$d_{\mathrm{T}} = (8 \pm 3)$ ‰］、植物截流［$d_{\mathrm{p}} = (9.5 \pm 1)$ ‰］。求解可知蒸腾作用占到陆地蒸散量的 80% ~ 90%。蒸腾作用每年会将 $(62\,000 \pm 8\,000)\ \mathrm{km}^3$ 的液态水转化为大气蒸汽，在此过程中使用了陆地表面吸收的全部太阳能的一半。

第五节　同位素观测网络

地表径流为工农业提供水源，在人类社会的发展中起到了关键作用。目前，尽管对水资源可利用性和对集水区水文过程的了解已经十分深刻，但在许多方面，特别是近几十年来人类改造自然的活动例如建造大型水库、河流改道、引水调水、水力发电等对当地的水循环的影响，以及水文过程积极响应气候变化等问题仍需要进一步研究。在大多数情况下，稳定同位素和其他水中的示踪剂提供了对水文过程更加深入的了解，特别是在水体相互联系、水文循环和溶质通量等方面。为了促进相关研究，国际原子能机构（IAEA）发起了一个监测方案，即全球河流同位素网络（GNIR），旨在定期监测和分析全球大江大河径流的同位素组成。GNIR补充了早期的全球降水同位素网络（GNIP）。同时，国际原子能机构为了准备 GNIR，启动了一个名为大河江流同位素监测网络设计标准的协调研究项目（CRP）。该研究的主要目的是为 GNIR 的运作提供科学依据和方案，并增进人类对集水区水文过程的了解。这一项目编制了覆盖各大洲主要河流的同位素数据集，以及根据这些数据得到的初步结论。

CRP 项目涵盖了约占年均径流量 1/3 流域的研究和监测，包括所有有人居住大陆上的流域，如长江流域、墨累河流域、密西西比河流域和亚马孙流域。基于该数据的研究已经讨论并形成了四个特定的子课题：

（1）追踪永久冻土、湖泊和河流之间的季节性流动路径变化。

（2）追踪区域气候现象（厄尔尼诺、季风）引起的降水变化对河流径流时空状况的影响。

（3）追踪山区源头补给、湿地养分输入和交换、地下水对河流的补给、河流对含水层的

渗透以及它们沿河道（多瑙河、萨瓦河、莱茵河、印度河、亚马孙河、长江、密西西比河等）的发展。

（4）追踪旱区灌溉和蒸发损失的时空影响。

GNIR 目前包括来自全球 600 多个采样点的数据，默认的采样间隔为每个月一次。从 GNIR 可以获取流域和采样点的相关信息。目前 IAEA 仍然通过 IAEA 过去的项目、论文，以及从国家组织和大学查询并整理现有的河流同位素数据，并整合汇编。通过原子能机构的网页（www.iaea.org/water）在线程序 WISER 可以查询到这些数据。宋献方等人建立了中国环境同位素网络（China-Isotope: China Isotope Research Network in Waters），使我国的环境同位素水文学研究实现了与国际原子能机构研究的同步。该网络包括中国大气降水同位素网络（CHNIP）、大江大河同位素网络（CHNIR）以及重点流域水循环研究等。

第七章　地下水

　　水资源对于所有生命的生存极为重要，水的循环演化深刻影响着地球表层系统的稳定运行。地下水在支持陆地生态环境以及人类社会和工农业的发展方面发挥了重要的作用。在干旱和半干旱地区，由于大气降水和地表径流都十分稀缺，地下水往往是最可靠也最容易获得的水源。随着工业化、城市化以及农业生产的发展，地下水这一稳定的水源遭到了非常严重的破坏，同时影响了许多重要的生态过程（Yuan et al.，2023）。目前，地下水可持续性开发和保护的重要性得到了广泛认可。然而，由于不同的区域自然地理条件和人类活动，地下水的演化呈现明显的差异。因此，地下水研究对其可持续性发展至关重要。地下水的补给-径流-排泄是一个非常复杂的水文过程，受大气、土壤、植被、水文地质条件和人类活动等因素的影响。相关研究中，水化学分析、数值模拟、环境同位素分析都是非常重要的手段。氢氧稳定同位素结合水化学技术是地下水研究的一种有效示踪方法。在地下水补给来源及其补给比例（杨丽芝等，2009）、地下水与河水的水力联系（苏小四等，2009）等方面都有广泛的应用。

　　20 世纪 50 年代初，同位素技术开始应用于水科学研究，液态水稳定同位素中的 δD 和 $\delta^{18}O$ 在没有高温水岩作用和强烈蒸发环境下是稳定的，可以用于示踪水文过程。稳定同位素在水文研究中的应用基于同位素的分馏原理，利用同位素的标记和示踪作用，直接或间接地获取水体和溶解物质中隐含的水体来源、形成、演化和循环机理等信息。近年来，稳定同位素技术在地下水水文研究，如土壤水、植物水分利用、降水-土壤水-地下水之间的"三水转化"、地表水和地下水相互作用等方面的应用十分广泛。

第一节　地下水类型

　　地下水是指赋存于地面以下岩石空隙中的水，狭义上是指地下水面以下饱和含水层中的水，广义上可以包含土壤水。在国家标准《水文地质术语》中，地下水是指埋藏在地表以下各种形式的重力水。地下水流动过程以及期间发生的化学变化属于水文循环的一部分。地下水来自大气降水，通过雨水直接渗入地下或地表水下渗间接进入地下水。需要指出，地下水中还有一小部分可能来源于地球内部的岩浆。

　　介质空隙充满水分的岩土层称为含水层。含有空隙，能够储水但导水能力极差的岩土层，称为隔水层，导水能力较小但有可能影响临近含水层水力特性的岩土层称为弱透水层。根据含水岩土层空隙类型，含水层可分为孔隙含水层、裂隙含水层和喀斯特含水层三类：

　　（1）孔隙含水层，指以含孔隙水为主的含水层，含水介质主要是松散沉积物。其富水性取决于含水层的成因类型、岩性结构和颗粒成分。

（2）裂隙含水层，指以含裂隙水为主的含水层，主要由各种坚硬岩石及其裂隙所构成。风化裂隙含水层在岩层露头或基岩埋藏浅的地区分布广泛。随着埋藏深度的增大，裂隙发育变弱。深部岩层的裂隙含水层，其富水性受岩性结构、构造裂隙和成岩裂隙控制，不同构造部位，富水性有明显变化。

（3）喀斯特含水层，指以含喀斯特水为主的含水层，由可溶岩层溶隙发育而构成。在中国各煤矿区，由石灰岩和白云岩构成的喀斯特含水层分布较广。喀斯特含水层的发育和分布基本格局受岩性和构造控制，富水地段总是沿着岩性变化带、构造断裂带、节理裂隙发育带及褶皱剧烈变化带分布。其水文地质特征独特，表现在其富水性极不均匀，在水平与垂直方向变化显著；水力联系各向异性和动态变化显著。中国各煤矿区喀斯特含水层的贮水空间大致呈区域性，北方以溶隙为主；南方是溶洞与溶隙互相联系；西南以暗河管道为主。

根据埋藏条件及水力学状态含水层又可分为承压含水层与潜水含水层：

（1）潜水含水层，又称自由含水层或无压含水层，指具有自由水面的含水层。此类含水层水表面的压力约等于 1×10^5 Pa（1 个大气压），自由水面以上可以是透水层，也可以是弱透水层或隔水层。

（2）承压含水层，又称压力含水层，指两个不透水层或弱透水层之间所夹的完全饱水的含水层。此类含水层中任一点的压强都大于 1×10^5 Pa。因此，若水井贯穿承压含水层，则井水水位将高出其上隔水层的底部，甚至超出地面成为自流井。

含水层根据其渗透性空间变化还可分为均质含水层和非均质含水层。

（1）均质含水层的透水性能是一个常量，无空间变化，多见于河流冲积相厚层砂。均质含水层还可进一步分为均质各向同性含水层和均质各向异性含水层。

（2）非均质含水层的透水性在空间是变化的，或沿水平方向，或沿垂直方向变化；可能渐变也可能突变。自然界中的含水层以非均质含水层居多。

含水层的空间格局控制着水流的形态和动力类型，以及地下水的过境时间和停留时间；岩性组成和水岩界面则控制着地下水中溶解组分的水化学反应和行为。

第二节　基于氢氧同位素的土壤水研究

"相"是指物质存在的形态。物质的固态称为固相，液态称为液相，气态称为气相。地下水面以上，土壤含水量未达到饱和的土层是土壤固体颗粒、液态水和土壤空气同时存在的三相系统，称为包气带。包气带是联系大气降水、地下水、地表水和生物水的纽带，在水循环中扮演着重要角色（徐英德等，2018）。水分透过土壤层面向土壤中运动的现象称为下渗。单位时间内透过单位面积下渗面进入土壤中的水分通量称为下渗率，其大小主要取决于供水强度、土壤质地和土壤含水量。

许多水文现象的发生和发展都与土壤有关，因此，土壤水及其运动也是水文循环研究的重要内容之一。氢氧稳定同位素在土壤水研究中的应用对于深入理解土壤水分迁移、水分补给机理以及水分再分配机制等都具有重要的意义（谢金艳等，2020；张玉翠等，2012）。存在于土壤中的水受到的作用力主要有分子引力、毛细管作用力（简称毛管力）和地球引力。根据土壤水的作用力可以将土壤水分为：① 吸湿水：被土壤颗粒分子吸附的空气中气态水分子称为吸湿水。② 薄膜水：土壤对吸湿水外层的水分子仍有一定的吸引力，在土壤颗粒周围除吸湿水外形成的薄层水膜，称为薄膜水。③ 毛管水：由毛管作用力而保持在土壤毛细管中的水分称为毛管水。④ 重力水：重力作用下能够在土壤中自由运动的水称为重力水。

用于土壤水研究的稳定同位素方法主要有两类：

（1）基于水文地球化学原理的自然丰度法。自然丰度法基于自然界水体中同位素自然丰度的时空差异建立，易于获得并且可操作性强，是目前同位素在水文循环、土壤水研究中的主要方法。

（2）将富集后的同位素制剂作为示踪剂添加到土壤中的人工添加法。人工添加法依托于人工富集的氢氧同位素示踪剂，通过观察示踪剂的行踪和变化情况从而明确水体运移过程、去向和变化机理。该方法精确度高，但实验材料较难获得，试验成本较高，导致应用有所受限。

一、土壤水的蒸发和运移

传统研究手段想要精准研究自然界中的水分运移和循环过程是比较困难的（汪集旸等，2015），稳定同位素的在示踪和指示方面的功能可以用来精确地揭示降水在土壤中的运移路径、停留时间以及补给过程等。土壤水因受降水和蒸发过程的影响而处于动态变化中，土壤和降雨中氢氧同位素丰度的变化特征可以探究在降雨、蒸发等过程影响下的土壤水和降雨的转化关系。

随着土壤水运移和转化研究的深入，概念模型和数值模拟模型对土壤水同位素变化的研究取得了很大的进展。早在 1967 年 Zimmermann 等（1967）就率先开展了基于水中同位素的土壤水蒸发研究，建立了水分运移模型。此后，应用同位素技术探究土壤-大气界面水循环规律的研究进展迅速，并得到了一系列土壤水分和同位素运移的模型。这些研究成果为土壤水中同位素的运移、土壤水蒸发量奠定了基础。此后，一些学者根据同位素质量守恒原理进一步量化了土壤水蒸发。如王永森和陈建生（2010）根据 Fick 定律和质量守恒定律得出了饱和土壤水蒸发过程的稳定同位素微分方程模型，推动了这一领域研究的深入。

Craig-Gordon 模型和瑞利分馏模型。这两个模型最初是为了评估地表水体（如湖泊）的蒸发而开发的，但最近的研究结果显示它们具有处理来自土壤和植被表面蒸发的潜力。为了评估土壤蒸发损失率（f），基于瑞利分馏模型和 lc-excess 框架推导了一种新型的双同位素方法，简称为 lc-excess 法。向伟等（2021）基于该方法对黄土高原土壤蒸发进行了评估。

（一）lc-excess 法

假设土壤水分蒸发过程中氢氧同位素的分馏符合瑞利分馏模式，蒸发损失率可根据公式（7-1）计算：

$$R_s = R_0(1-f)^{(\alpha-1)} \tag{7-1}$$

式中　α——分馏因子；

R_s，R_0——土壤水和土壤水来源的 $^2H/^1H$（$^{18}O/^{16}O$）的比率。

用 δ 替换式中的 R 可以获得等式（7-2）：

$$\delta_0 = (\delta_s + 1\,000)(1-f)^{(1-\alpha)} - 1\,000 \qquad （7-2）$$

式中　δ_s，δ_0——土壤水和土壤水来源的同位素值，‰。

假设土壤水来源于当地大气降水，根据定义土壤水来源的 lc-excess 值为 0‰，因此可获得公式（7-3）：

$$(lc\text{-}excess)_0 = (\delta^2 H)_0 - a(\delta^{18}O)_0 - b = 0 \qquad （7-3）$$

联立式（7-2）和式（7-3）可计算得到蒸发损失率 f

$$\frac{[\delta^2 H_s + 1\,000]}{(1-f)^{[\alpha_{(^2H)}-1]}} - \frac{a(\delta^{18}O_s + 1\,000)}{(1-f)^{[\alpha_{(^{18}O)}-1]}} + 1000(a-1) - b = 0 \qquad （7-4）$$

式中　$\delta^2 H_s$，$\delta^{18}O_s$——土壤水同位素值，‰；

　　　$\alpha_{(\cdot)}$——综合反映平衡分馏因子 $\alpha_{(\cdot)}^+$ 和动力分馏因子（$[\varepsilon_{k(\cdot)}]$）的总分馏因子，

　　　$\alpha_{(\cdot)} = (1 - \varepsilon_{k(\cdot)} \cdot 10^{-3}) / \alpha_{(\cdot)}^+$；

　　　a，b——当地大气降水线（LMWL）的斜率和截距。

（二）Craig-Gordon 模型

假设土壤蒸发过程属于非稳态过程，土壤蒸发可以基于单同位素（δD 和 $\delta^{18}O$）的 Craig-Gordon 模型进行评估（Yang et al.，2022）：

$$f = \left(\frac{\delta_s - \delta^*}{\delta_0 - \delta^*} \right)^m \qquad （7-5）$$

式中　δ_s——土壤水同位素值，‰；

　　　δ_0——土壤水分来源的同位素值，‰；

　　　δ^*，m——同位素富集限制因子和富集斜率，分别可根据公式（7-6）、公式（7-7）计算：

$$\delta^* = \frac{h \times \delta_A + \varepsilon_k + \varepsilon^+ / \alpha^+}{h - 10^{-3}(\varepsilon_k + \varepsilon^+ / \alpha^+)} \qquad （7-6）$$

$$m = \frac{h - 10^{-3}(\varepsilon_k + \varepsilon^+ / \alpha^+)}{1 - h + 10^{-3}\varepsilon_k} \qquad （7-7）$$

式中　h——大气相对湿度；

　　　δ_A——大气水汽同位素值，‰；

　　　ε_k——动力富集系数，‰，

　　　α^+——平衡分馏因子；

　　　ε^+——平衡分馏时液-气界面的富集系数，$\varepsilon^+ = (\alpha^+ - 1) \times 10^3$，‰。

土壤水分来源的同位素值使用交点法确定，土壤水蒸发趋势线与大气降水线方程的交点对应的同位素值即为土壤水分来源的同位素值，计算公式如下：

$$(\delta^{18}O)_0 = \frac{I_{LEL} - b}{a - S_{LEL}} \tag{7-8}$$

$$(\delta^2 H)_0 = a \times (\delta^{18}O)_0 + b \tag{7-9}$$

式中 a ，b ——LMWL 斜率和截距；

S_{LEL} ，I_{LEL} ——土壤蒸发趋势线的斜率和截距。

根据平衡分馏和瑞利分馏的理论方法计算 S_{LEL} ，公式如下：

$$S_{LEL} = \frac{\left[\dfrac{h \times (\delta_P - \delta_A) - (1 + \delta_P \times 10^{-3}) \times (\varepsilon_k + \varepsilon^+ / \alpha^+)}{1 - h + \varepsilon_k \times 10^{-3}}\right]_2}{\left[\dfrac{h \times (\delta_P - \delta_A) - (1 + \delta_P \times 10^{-3}) \times (\varepsilon_k + \varepsilon^+ / \alpha^+)}{1 - h + \varepsilon_k \times 10^{-3}}\right]_{18}} \tag{7-10}$$

式中 δ_P ——多年平均降水同位素值，‰；

土壤蒸发线的截距（ I_{SEL} ）利用土壤水的同位素（ $\delta^{18}O_s$ 和 δD_s ）计算：

$$I_{SEL} = \delta D_s - S_{SEL} \cdot \delta^{18}O_s$$

需要注意，经典的 Craig-Gordon 模型是一种单同位素模型。利用水中 $\delta^{18}O$ 和 δD 的测量值，该模型可以计算土壤蒸发损失率。然而，在实际应用中基于 $\delta^{18}O$ 和 δD 分别计算的土壤蒸发损失率通常是不同的。

上述两种方法均需要对平衡分馏因子和动力富集系数进行计算。平衡分馏因子是温度的函数，动力富集系数与蒸发时环境的相对湿度有关，计算方法如下：

$$10^3 \ln[\alpha^+_{(^2H)}] = 1\,158.8 \left(\frac{T^3}{10^9}\right) - 1\,620.1 \left(\frac{T^2}{10^6}\right) +$$
$$794.84 \left(\frac{T}{10^3}\right) - 161.04 + 2.9992(10^9 / T^3) \tag{7-11}$$

$$10^3 \ln[\alpha^+_{(^{18}O)}] = -7.685 + 6.712\,3 \left(\frac{10^3}{T}\right) - 1.666\,4 \left(\frac{10^6}{T^2}\right) + 0.350\,4 \left(\frac{10^9}{T^3}\right) \tag{7-12}$$

$$\varepsilon_k(^2H) = n \times (1 - h) \times (1 - 0.975\,5) \tag{7-13}$$

$$\varepsilon_k(^{18}O) = n \times (1 - h) \times (1 - 0.972\,3) \tag{7-14}$$

式中 n ——蒸发时液-气界面的空气动力学参数，通常情况下饱和土壤为 0.5，非常干燥的土壤为 1.0（受降水入渗和土壤蒸发的影响，表层土壤经常处于干-湿交替的过程中，因此，参数 n 取饱和干燥土壤的均值 0.75，代表土壤的平均干湿状况）。

T ，h ——温度和相对湿度，选用土壤采样点所在地区的气象观测站数据。

图 7-1（a）显示了黄土高原 33 个 10 m 深剖面土壤水 lc-excess 值的分布特征。尽管处在不同的气候和植被条件下，33 个土壤剖面具有相似的分布特征，即在浅层土壤中垂直变化明显，但这种变化会随着土壤深度增加而逐渐减弱，并在 2 m 以下后呈现微弱的波动或趋于稳定。根据定义降水同位素的 lc-excess 值为 0‰，蒸发后的水样为负值，并且蒸发越强烈负值

越低。因此，土壤中的 *lc-excess* 值垂直变化表明了降水入渗-土壤蒸发作用的交替变化，例如图 7-1（b）剖面 S8 在最表层的土壤水 *lc-excess* 值为 – 15.6‰，显示了干旱期强烈的蒸发作用影响；在 0.6 ~ 1.2 m 土层范围内，土壤水的 *lc-excess* 值较大并接近降水，代表了前期的降水入渗，可能来自是上一个雨季或大的降雨事件；在 2 ~ 10 m 土层范围内，土壤水的 *lc-excess* 值明显偏负，并且远小于降水响应值，表明土壤水分在这一土层深度范围内保留了明显的同位素分馏信号。

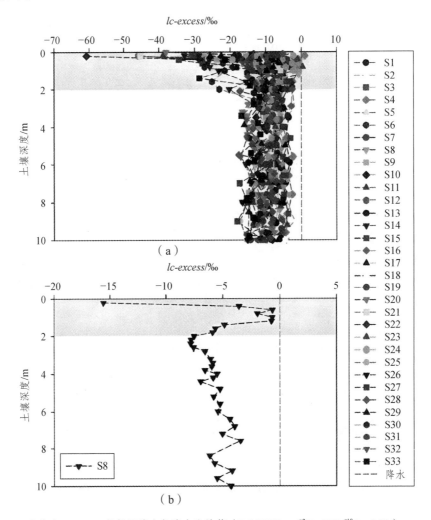

土壤水 *lc-excess* 根据区域大气降水线计算（R-LMWL： $\delta^2 H = 7.21\delta^{18}O + 4.24$ ）。

图 7-1　黄土高原 33 个采样点土壤水 *lc-excess* 剖面分布特征（彩图见附录）

引自：向伟，2021。

由于植物根系吸水不会引起土壤水同位素的富集（于静洁和李亚飞，2018），土壤蒸发通常是引起同位素富集的主要因素，所以通常被认为是引起表层土壤中入渗降水同位素富集的主要原因。土壤蒸发作用常发生在表层 0 ~ 30 cm 并且随着深度增加作用强度呈指数降低。因此深层土壤中偏负的 *lc-excess* 值代表过去入渗初期的地表蒸发作用的结果。值得注意的是，剖面土壤 *lc-excess* 值的垂向波动表明降水入渗过程的水分运动过程具有明显的对流-弥散特征（Yuan et al.，2012）。放射性氚剖面的数据结果也证实了黄土高原非饱和土壤中水分运动的主要机制是对流-弥散过程（Lin and Wei，2006；Yang and Fu，2017）。

综上所述，黄土高原非饱和区土壤水分过程主要以对流-弥散过程为主，该结论与在不同土壤、气候条件下的诸多同位素研究结论保持一致（Allison and Barnes，1983；Mueller et al.，2014；Yuan et al.，2012）。在一维对流-弥散情况下可以很好地模拟氢氧稳定同位素剖面并获得水分传输通量，表明了以对流-弥散过程为主的土壤水分运动机制的适应性。基于此，在深层（2~10 m）土壤中观测到的同位素分馏信号应该来源于浅层（<30 cm）土壤的蒸发作用，该信号在降雨事件结束后的干旱时期产生，然后以对流-弥散过程为主的水分运动过程中逐渐被传输到深层土壤中并得以保存（DePaolo et al.，2004；Mahindawansha et al.，2020）。因此剖面深层土壤的同位素信号记录了过去不同时期的地表蒸发作用（图 7-2）。虽然部分研究发现浅层土壤蒸发的同位素信号在向深层土壤的运动中逐渐减弱甚至消失（Sprenger et al.，2016a），但这一案例的观测结果与世界各地不同气候、土壤条件下的观测结果是一致的。

在了解土壤水蒸发量的基础上，土壤-大气系统中的水量变化及其相互关系的深入研究逐渐开展。一定深度的土层可以分为以气态水为主的干燥区（<20 mm）和以液态水为主的非饱和区两个层次（Allison and Hughes，1983）。在降水补给和水分蒸发的共同作用下，黄土高原丘陵区的 δD 和 $\delta^{18}O$ 在剖面200 cm 深处存在一个低值区，而这一共同作用会随着深度的增加而逐渐减弱（徐学选等，2010）。浅层土壤水富集 $\delta^{18}O$ 的现象也与强烈蒸发密切相关（Lee et al.，2007）。

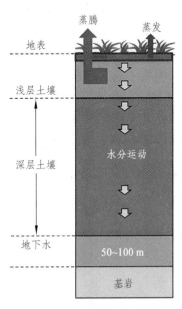

图 7-2 土壤剖面概念图

二、土壤水补给来源判别

包气带在水循环中扮演着重要的角色，决定着植物水分供应，以及农田生产力的能量平衡和物质传输。20 世纪 50 年代 Dansgaard 对大气降水的同位素研究以来（Dansgaard，1964），同位素技术应用到了获取土壤水运动的有效信息中。土壤水的同位素信息可以追踪水分运动、恢复补给历史、重建补给过程以及揭示土壤水分入渗机理，为水资源评价提供了有效途径。

基于以上的同位素方法，谢金艳等进行了西安市临潼区的土壤水补给来源判别研究（谢金艳等，2020）。研究区内 4 个采样点土壤水同位素总体分布特征见表 7-1，从平均值可以看出，JK6 土壤水中的 δD 和 $\delta^{18}O$ 值与 JK5、SK2 相比有明显的不同，并且在同为耕地类型的剖面中也存在差异。标准差方面，δD 和 $\delta^{18}O$ 值的稳定性顺序为：JK6 > SK2 > JK5 > SK1。其中 SK1 包气带更厚，JK5 的包气带厚度最小且为农耕地，这表明土地利用类型以及包气带厚度对土壤水分的分布和运移具有一定的影响。

表 7-1　不同土地利用类型的氢氧同位素特征统计（谢金艳，2020）

剖面	类型	δD				$\delta^{18}O$			
		最大值/‰	最小值/‰	平均值/‰	变异系数/%	最大值/‰	最小值/‰	平均值/‰	变异系数/%
JK6	物流园区	−57.14	−77.58	−67.00	6.87	−5.53	−10.00	−8.33	10.19
SK1	弃耕地	−22.27	−66.83	−54.22	21.30	2.74	−7.07	−4.90	55.27
JK5	麦地	−30.31	−62.82	−50.22	16.76	1.10	−10.38	−5.52	53.83
SK2	麦地	−42.10	−71.01	−59.57	11.50	−4.31	−12.17	−8.31	24.84

　　土壤水的 δD 和 $\delta^{18}O$ 相关性较强。西安市的降水线方程、土壤水拟合方程的斜率均小于全球降水线（GMWL），这反映了降水量、湿度以及蒸发作用的特点。临潼区属干旱半干旱气候区，降雨稀少且集中，蒸发作用强烈，造成了该地区的大气降水线方程斜率远低于全球降水线。地下水的 δD 和 $\delta^{18}O$ 比值点全部位于全球大气降水线和西安大气降水线下方，斜率小于降水线且分布集中，说明了地下水接受了大气降水的补给同时还受到了蒸发和混合作用的影响。四个剖面土壤水的 δD 和 $\delta^{18}O$ 比值点也大多位于全球大气降水线和西安大气降水线的下方，显示了土壤水受大气降水补给且蒸发作用明显。其中 JK5 和 SK2 剖面的同位素值斜率差异较小，但和 SK1、JK6 的斜率相差较大，指示了耕地区比弃耕地和物流园区受到的蒸发作用更明显（图 7-3）。

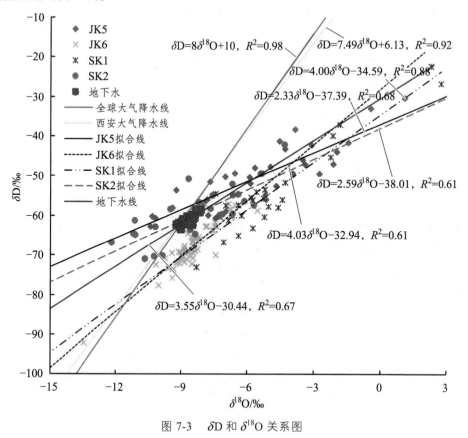

图 7-3　δD 和 $\delta^{18}O$ 关系图

为对比同一地块不同包气带厚度条件下土壤水同位素值在垂直方向上的变化，沿地形走势选取了不同厚度的土壤剖面，分析氢氧同位素值在垂直方向上的变化特征。耕地剖面 SK2 和 JK5 位于麦田地，包气带厚度分别为 40.02 m 和 35.5 m，两个剖面距离约为 0.25 km。两个剖面的 δD 值变化明显（图 7-4），在整条曲线上呈旋回变化，包气带厚度不同的土壤水中 δD 值分布具有一定的相似性，但也存在明显的差异。按照同位素特征的分布大致可以划分为三个层段。第一层段 0～2.5 m 和 0～5 m，δD 值在 $-50‰$～$-40‰$，土壤水受地表蒸发的影响。第二层段 2.5～21 m 和 5～30 m，JK5 包气带 δD 值总体上大于第三层段小于第一层段，其 δD 均值比第一层段小约 5.01%，而比第三层段大约 5.03%；SK2 包气带 δD 值随深度变化的差异较小，在 $-70‰$～$-60‰$ 波动。第三层段 21.00～35.50 m 和 30～40.02 m，这个层段内的 δD 值呈连续旋回的特征。这些 δD 值变化特征表明了在三个层段内发生了不同水源的混合下渗。

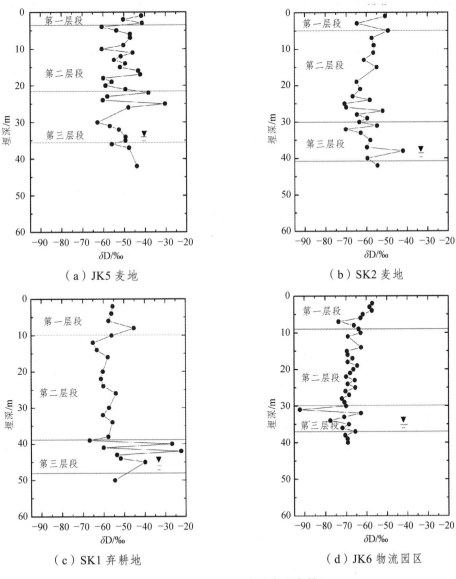

（a）JK5 麦地　　　　　　　　　　（b）SK2 麦地

（c）SK1 弃耕地　　　　　　　　　　（d）JK6 物流园区

图 7-4　土壤水 δD 值在垂向分布特征

弃耕地位于研究区南部，邻近物流园区，相距约 0.3 km，剖面为 SK1，包气带厚度 47.5 m，物流园区剖面为 JK6，包气带厚 37 m。剖面 δD 值的分布规律因土地利用类型的不同而存在差异。按照 δD 值分布特征，弃耕地 SK1 可以划分为 0 ~ 10 m、10 ~ 39 m、39 ~ 50 m 三个层段。0 ~ 10 m 和 39 ~ 50 m 层段波动较大，分别在 −50‰ ~ −40‰、−60‰ ~ −30‰ 区间波动。而物流园区剖面 JK6 可以划分为 0 ~ 9 m、9 ~ 30 m 和 30 ~ 37 m，δD 值较为稳定，总体在 −70‰ ~ −55‰ 波动。

综上所述，本案例中的土壤剖面可以分为三个层段。

第一层段分布在近地表层，该层段 δD 值受蒸发、入渗等过程以及土地利用类型的差异的影响，δD 值波动较大。δD 范围为 −60‰ ~ −40‰，而地下水的 δD 值在 −63.48‰ ~ −58.52‰，西安大气降水的 δD 值在 −122.7‰ ~ 0.8‰，可以看出该层段的 δD 值在降水范围内，但不在地下水的范围内。

第二层段远离地表，δD 值在 −70‰ ~ −55‰，土层由粉质土逐渐变为粉质黏土，蒸发和地下水对其的影响较小。

第三层段主要分布在地下水水面以上 11 m 以内的范围，δD 值在 −70‰ ~ −20‰，个别点位的波动变化明显，在地下水面以上为毛细水带，毛细水因土层孔隙大小的影响而上升不同的高度，由地下水面向上、由饱和毛细水带向不饱和毛细水带转化，δD 值的波动是由于地下水向上输水过程中与下渗水发生了不同程度的混合所致。因此第三层段内土壤水的来源可能为地下水和下渗水的混合补给。

土壤水的 δD 值在剖面上的分布特征呈现周期变化，入渗水补给具有"新水"推动"老水"的旋回特征。即新水入渗与土壤老水混合使得土壤水氢氧同位素逐渐贫化；地表入渗补给结束，土壤水向下运移并与老水混合，在蒸发作用的影响下同位素逐渐富集。土壤水在向下入渗和向上运输中都可能会经历蒸发作用。按照其 δD 值的分布规律，可以将土壤水划分为不同的层段，将不同层段土壤水的同位素特征与降水、地下水或其他有可能的水分来源同位素特征进行比较，即可实现土壤水分来源的判别。

三、土壤水同位素恢复华北平原地下水补给

稳定带土壤水的 δ^{18}O 值可以示踪强烈蒸发过程。Tyler 等（1996）发现在非饱和带内 39 m 深度处仍然可以观察到土壤水同位素蒸发的信息。Yuan 等（2012）在北易水河下游干河床内钻取了两个采样点 XB 和 CA 不同深度的土壤水样品。在 CA 采样点，土壤水 δ^{18}O 剖面在 2 m、4.5 m 和 5 m 处出现峰值（图 7-5）。土壤水 δ^{18}O 剖面出现的尖峰是由于干旱年份较少的降水入渗量和较强的蒸发共同作用形成的，这是干旱年的主要特征。然而，在 XB 采样点的土壤水 δ^{18}O 剖面只有对应的凸起，出现了 δ^{18}O 值均化的现象，这主要是来源于土壤水的扩散混合。自 20 世纪 70 年代以来，北易水河下游一直处于断流状态，干河床非饱和带已经发育了 30 多年。年降水量保证率高于 75% 的年份（降水偏少年份）包括 1980—1981 年、1984 年、1993 年、2000—2001 年。相应年份的蒸发量也较大。

根据干旱指数（AI）的定义，用年降水量（P）与年潜在蒸发量（PE）的比值来描述干旱程度：

$$AI = \frac{P}{PE} \qquad\qquad (7\text{-}15)$$

由此可以得到每年的干旱指数，将 AI 值小于等于 0.2 的年份定义为干旱年份，则 1980—1981
年、1984 年和 2001 年属于干旱年份，这意味着在这些年份里降水入渗形成的土壤水经历了
更为强烈的蒸发作用（图 7-6）。

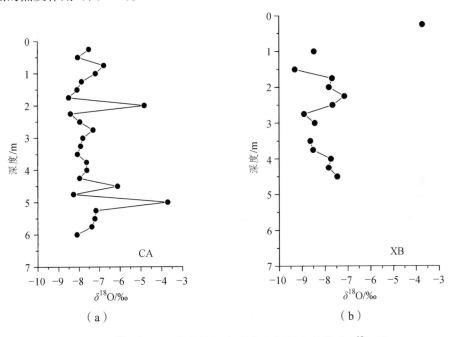

（a） （b）

图 7-5 $\delta^{18}O$ 剖面。蒸发特征表现为在剖面中保留的 $\delta^{18}O$ 峰

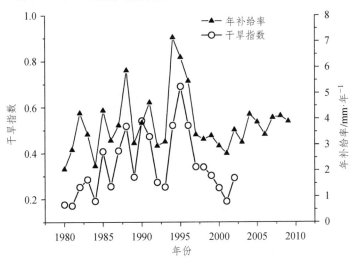

图 7-6 干旱性指数与年补给率的方差

因此，CA 采样点的土壤水 $\delta^{18}O$ 剖面里的尖峰与干旱年份相对应，同时深度最浅的尖峰
代表年代最近的干旱年份。因此，土壤水分剖面代表的时间尺度可以通过匹配土壤水 $\delta^{18}O$ 剖
面里的尖峰与干旱年份得到。结果表明，1980—1981 年的降水入渗补给位于剖面深度 5 m，

1984 年降水入渗补给位于剖面深度 4.5 m，2001 年降水入渗补给位于剖面深度 2 m 处。基于这个时间尺度，可以推算土壤剖面的平均记录密度为 7.14 a/m，所采集土壤水样品的分辨率约为 1.8 a。袁瑞强等利用氯离子守恒原理计算了记录时期内平均降水补给速率，并恢复了地下水补给速率历史变化（Yuan et al.，2012）。

第三节　基于氢氧同位素的地下水研究

一、流域浅层地下水流动系统

（一）汾河流域浅层地下水氢氧同位素特征

黄土高原降水量和氢氧稳定同位素组成有非常明显的季节变化（Sun et al.，2020），为同位素技术分析提供了基础。刘鑫等（2021）从 IAEA 获取了汾河流域和邻近的西安、太原观测站的降水同位素数据，汾河流域的月降水氢氧稳定同位素值 δD 和 $\delta^{18}O$ 的变化范围分别为 $-88.8‰ \sim -23.3‰$ 和 $-13.2‰ \sim -1.2‰$，均值分别为 $-54.3‰$ 和 $-7.7‰$，雨量加权平均值分别为 $-52.8‰$ 和 $-7.8‰$；进一步按月份进行雨量加权平均，δD 和 $\delta^{18}O$ 变化范围分别为 $-67.9‰ \sim -29.8‰$ 和 $-10.8‰ \sim -4.9‰$。整体变化幅度较大。月加权平均同位素值呈明显的季节变化，7 月到次年 2 月同位素相对贫化，3—6 月同位素值相对富集。

汾河流域地下水氢氧稳定同位素值的变化范围明显小于降水，浅层地下水氢氧稳定同位素值与 3—6 月的降水同位素值差异较大，而主要与 7 月至次年 2 月的降水相似（图 7-7）。

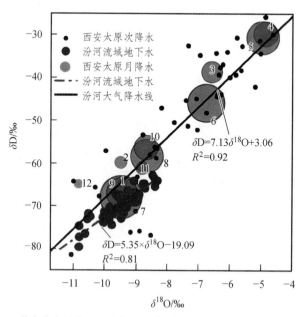

数字代表月份，圆圈半径大小代表月降雨量相对大小。

（a）汾河流域浅层地下水 δD 和 $\delta^{18}O$ 值关系

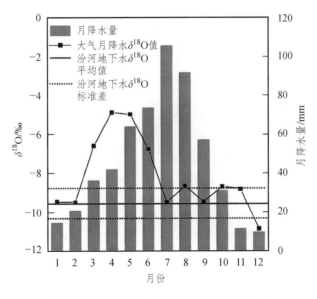

（b）汾河流域降水量和同位素的空间变化

图 7-7 汾河流域大气降水和浅层地下水氢氧稳定同位素关系

由于该地区的降水主要发生在 7—9 月，降雨量占全年的 70% 左右，因此推断汾河流域浅层地下水主要来源于雨季集中的降水。在大陆性季风气候的影响下，汾河流域降雨年内分布不均，7—9 月降雨集中且多为强降雨或持续性降雨，为补给地下水创造了有利气象条件（Huang et al.，2020）。浅层地下水中的 δD 值从上游到下游逐渐贫化，然后逐渐富集重同位素，表明浅层地下水的径流过程中不同水源混合的影响（图 7-8）。

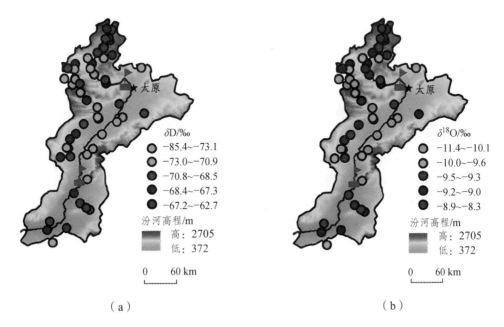

（a）   （b）

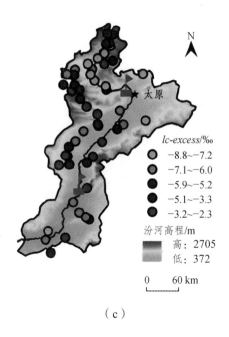

lc-excess/‰
○ −8.8~−7.2
● −7.1~−6.0
● −5.9~−5.2
● −5.1~−3.3
● −3.2~−2.3

汾河高程/m
高：2705
低：372

0   60 km

（c）

图 7-8　汾河流域浅层地下水 δD、$\delta^{18}O$ 值和 lc-excess 空间分布（彩图见附录）
引自：刘鑫，2021。

地下水的 lc-excess 值可以反映其在补给过程中经历的蒸发及非平衡分馏程度

$$lc\text{-}excess = \delta D - a \times \delta^{18}O - b$$

式中　a，b——当地大气降水线的斜率和截距；

　　　lc-excess——由蒸发导致的地下水同位素偏离当地大气降水线的程度，一般默认降水
　　　　　　　　　　的 lc-excess 值为 0，值越小说明地下水的蒸发程度越大。

根据太原和西安降水同位素数据回归拟合得到了当地大气降水线方程（LMWL）：
$\delta D = 7.13\delta^{18}O + 3.06$，$R^2 = 0.92$。该方程斜率小于全球大气降水线和中国大气降水线方程的
斜率。浅层地下的水同位素值分布在 LMWL 右下方，呈明显的线性变化（$\delta D = 5.35\delta^{18}O -$
19.09，$R^2 = 0.81$），且大部分地下水 lc-excess 值明显小于降水，表明地下水在补给过程中经
历了蒸发。降水向地下水转化过程中地下水受大气、土壤、植被和人类等多因素的影响，补
给路径和方式变得非常复杂，但通常可以简化为两个过程（Xiang et al.，2019）：① 活塞流：
降雨通过土壤非饱和带整体均匀缓慢入渗补给地下水；② 优先流：降雨通过土壤非饱和带或
低洼地区等优势通道快速到达含水层补给地下水。从同位素角度出发，以活塞流方式补给地
下水的水分会因为经历更明显的土壤蒸发而具有明显的同位素分馏特征，而优先流通常不具
有同位素分馏特征（Lin，2010）。浅层地下水保留有明显的同位素分馏特征，表明活塞流是
汾河流域浅层地下水的补给方式，但地下水的 lc-excess 表示的蒸发分馏特征在整个流域内存
在较大变化，且在部分样点同位素蒸发分馏特征不明显，这可能与局部地区的微地形和地貌
条件有关。

（二）鄱阳湖浅层地下水中氢氧同位素的特征

如图 7-9 所示，鄱阳湖流域当地大气降水线为 $\delta D = 8.40\delta^{18}O + 17.86$，斜率和截距均大于全球大气降水线，氘盈余约为 15，大于全球大气降水线的 d 值，表明流域内水汽湿度较大，降雨充沛。地表水和地下水采样点均位于当地大气降水线附近且位于右下方，指示了地表水和地下水的降水起源和蒸发作用的影响，其中地下水入渗过程中受到的蒸发作用较弱，地表水蒸发作用强于地下水。

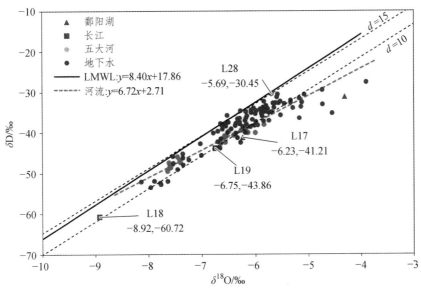

图 7-9　δD 和 $\delta^{18}O$ 关系图

引自：黄旭娟，2017。

地下水的 δD 和 $\delta^{18}O$ 范围分别为 $-53.51‰ \sim -27.62‰$ 和 $-8.13‰ \sim -3.90‰$，均值分别为 $-37.85‰$ 和 $-6.18‰$；氘盈余范围为 $1.22 \sim 16.43$，均值为 11.56，大部分地下水的氘盈余在 $10 \sim 15$。地下水采样点大部分落在当地大气降水线与蒸发线之间，并且地表水和地下水的 δD 和 $\delta^{18}O$ 值都比较接近，表明两者水源相同，很可能存在一定的水力联系。野外调查中了解到很多民用井的水位与邻近河流的水位具有相同趋势的变化规律，同样说明河水和地下水之间的水力联系较为密切（黄旭娟，2017）。

二、浅层地下水的补给

地下水的补给是一个非常复杂的过程，刘鑫等在汾河流域浅层地下水的研究中提到主要包括优势流和活塞流两种方式。这两种补给方式维持了黄土高原干旱半干旱丘陵沟壑区的常年地下水。黄土高原丘陵沟壑区的地下水是当地居民的重要供水水源。几十年来黄土高原地下水的补给机制一直存在争议，以往在黄土高原平坦塬区的研究表明，降雨可以通过活塞流补给机制通过厚的非饱和土壤带补给地下水，但这需要几十年甚至几百年的时间，也有学者认为黄土高原相对丰富的地下水资源来自深部承压水的向上补给。目前得到多数认可的观点是优先流补给机制。对于优先流补给，以往在平坦地区的研究发现在黄土深层的剖面中很难监测到，因此大多数学者普遍认为它仅存在于地表以下几米的深度。浅层地下水几乎是黄土高原高海拔地区居民可以获得的唯一水源，了解土壤水分和补给关系对于这些地区的地下水管理至关重要。以 Tan 等（2017）在黄土高原西南部丘陵沟壑区开展的研究为例，探讨黄土高原丘陵沟壑区土壤剖面中补给和水分运动的机制。

（一）氢氧同位素特征

土壤水的 δD 和 $\delta^{18}O$ 值在不同季节和土壤剖面的不同部位都存在差异，不同年份的同一季节中也存在差异（表 7-2）。剖面浅层的样品 δD 和 $\delta^{18}O$ 值普遍较高，而在蒸发锋以下，土壤水分的 $\delta^{18}O$ 值的时间变化特征基本与地下水相似。各剖面稳定同位素值整体的变化较小。

一般来说，剖面上层（蒸发锋上方）的土壤水分容易受到蒸发和降水的影响。靠近饱和含水层的土壤剖面下部也会受到潜水水位波动的影响。与土壤水相比，地下水的 δD 值随时间变化较小。研究区浅层地下水位的变化小于 2 m，因此这里定义了一个稳定的水文层（SSHL），位于蒸发锋面以下 1 m 到地下水位以上 2 m。在 SSHL 中，土壤水的稳定同位素值时间变异性较小，但仍然能识别出波动。观测期内，2013 年 11 月 SSHL 的 δD 和 $\delta^{18}O$ 均值与 2014 年 4 月相似，但 2013 年 5 月和 2014 年 11 月的值不同，表明一个水文年内雨季过后 SSHL 中同位素值较为稳定。

（二）补给机制

陇川土壤剖面的 δD 和 $\delta^{18}O$ 稳定同位素值以及 Cl^- 浓度随时间变化而变化（图 7-10、图 7-11），在 2013 年的雨季之后，深层土壤水中的 Cl^- 浓度明显升高，但在 2014 年 4 月明显降低，降水、土壤水和地下水的稳定同位素普遍表现出类似的变化，说明降水可以通过土壤剖面垂直入渗补给深层土壤水和地下水。因此，降水对黄土高原丘陵沟壑区土壤水分的补给影响可能比一般预期快得多。降水入渗稀释了土壤水的 Cl^- 浓度，并改变了地表水和含水层之间土壤剖面中土壤水的同位素值，尽管稳定同位素组成的时间变化规律类似，但 SSHL 中大部分土壤水的 δD 和 $\delta^{18}O$ 值低于地下水的（图 7-12）。

如果大气降水通过土壤剖面的入渗是唯一影响地下水补给的因素，那么地下水和土壤水的 δD 和 $\delta^{18}O$ 值和 Cl^- 浓度应该是相似的，地下水中的氯离子浓度不低于土壤水的平均氯离子浓度。而上层土壤剖面中 Cl^- 浓度较大，特别是在蒸发锋的上方。土壤剖面中不同深度的土壤水分存在不同的 Cl^- 含量和稳定同位素峰。雨季过后，剖面中 Cl^- 的形状和稳定同位素曲线发生了变化。这些特征表明，降水入渗、土壤水分补充和地下水补给是一个复杂的过程。

表7-2 黄土高原丘陵沟壑区陇川监测点不同月份土壤水和地下水同位素组成

深度/m	2013年5月			2013年11月			2014年4月			2014年7月			2017年11月		
	δD	δ¹⁸O	d	δD	δ¹⁸O	d	δD	δ¹⁸O	d	δD	δ¹⁸O	d	δD	δ¹⁸O	d
0	-13.5	-2.26	4.6	-62.5	-82.0	3.1	-53.4	-4.38	-18.3	-41.1	-4.53	-4.8	-71.5	-9.28	2.8
50	-73.5	-9.33	1.2	-72.2	-9.76	5.9	-69.3	-7.45	-9.6	-60.5	-8.06	4.0	-53.1	-7.01	2.9
100	-71.2	-9.27	3.0	-44.2	-5.58	0.5	-55.8	-5.60	-11.0	-67.6	-8.86	3.3	-51.3	-6.75	2.7
150	-73.2	-9.53	3.1	-63.5	-9.05	8.9	-64.8	-6.73	-10.9	-70.7	-8.96	1.0	-69.3	-8.92	2.0
200	-73.5	-9.74	4.4	-67.4	-9.81	11.1	-68.2	-7.44	-8.6	-70.4	-9.33	4.3	-71.3	-8.11	-6.4
250	-76.0	-10.05	4.4	-72.9	-9.99	7.0	-70.5	-7.32	-12.0	-81.4	-10.68	4.1	-75.3	-10.12	5.7
300	-82.9	-10.89	4.2	-77.2	-9.49	-1.3	-77.5	-10.39	5.6	-75.4	-10.20	6.3	-90.4	-12.35	8.4
350	-79.3	-10.38	3.7	-74.6	-9.47	1.2	-73.0	-9.64	4.1	-94.2	-12.35	4.6	-76.5	-10.24	5.4
400	-76.8	-9.99	3.1	-82.0	-9.56	-5.6	-73.7	-9.29	0.6	-83.0	-11.66	10.3	-88.3	-11.90	6.8
450	-87.1	-11.41	4.2	-72.6	-10.00	7.4	-74.2	-8.95	-2.7	-75.2	-9.84	3.6	-89.0	-12.01	7.1
500	-76.4	-9.51	-0.3	-75.3	-10.19	6.2	-76.0	-8.45	-8.5	-80.8	-10.63	4.2	-75.6	-9.97	4.2
550	-83.2	-10.92	4.1	-72.6	-9.72	5.2	-73.5	-8.83	-2.8	-75.4	-9.64	1.7	-69.8	-8.62	-0.8
600	-78.8	-10.38	4.3	-76.0	-9.89	3.2	-73.8	-9.45	1.8	-85.1	-11.48	6.8	-71.7	-9.17	1.6
650	-81.8	-10.46	1.9	-71.4	-9.48	4.4	-73.5	-8.46	-5.8	-76.5	-10.13	4.5	-101.2	-12.91	2.1
700	-75.2	-9.64	1.9	-67.4	-7.87	-4.5	-81.2	-9.12	-8.2	-91.6	-11.64	1.5	-69.9	-9.02	2.2
750	-73.6	-9.32	1.0	-68.4	-8.50	-0.4~-70.9	-70.9	-8.70	-1.4	-69.9	-9.21	3.8	-87.6	-11.00	0.4
800	-73.4	-9.42	1.9	-79.3	-10.27	2.8	-70.9	-8.47	-3.2	-76.9	-10.32	5.7	-70.0	-9.34	4.7
850	-79.1	-10.48	4.7	-74.7	-9.77	3.5	-71.1	-8.48	-3.2	-76.4	-10.44	7.1	—	—	—
900	-70.0	-9.05	2.3	-69.0	-8.77	1.1	-71.1	-8.08	-6.5	-76.9	-10.48	7.0	—	—	—
950	-72.3	-9.62	4.7	-76.2	-9.84	2.5	-73.7	-9.06	-1.3	-75.6	-10.38	7.5	—	—	—
1000	-73.6	-10.15	7.6	-71.0	-8.71	-1.4	-73.7	-8.27	-7.6	-70.8	-9.54	5.5	—	—	—
1050	-71.9	-10.14	9.2	-60.7	-7.19	-3.2	-71.2	-8.39	-4.1	—	—	—	—	—	—
1100	—	—	—	-7136	-9.29	2.7	-82.4	-10.25	-0.4	—	—	—	—	—	—
1150	—	—	—	-70.3	-8.19	-4.7	—	—	—	—	—	—	—	—	—
SSHL	-78.5	-10.15	2.7	-73.7	-9.49	2.2	-73.6	-8.75	-3.6	-79.4	-10.51	4.7	-80.4	-10.44	3.2
地下水	-68.5	-9.54	8.1	-68.9	-7.42	-9.5	-55.9	-7.41	3.3	-69.7	-9.39	5.4	-67.3	-8.86	3.6

引自：Tan，2017。

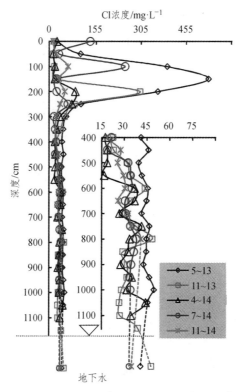

图 7-10　2013 年 5 月、11 月和 2014 年 4、7、11 月陇川土壤剖面中氯浓度分布

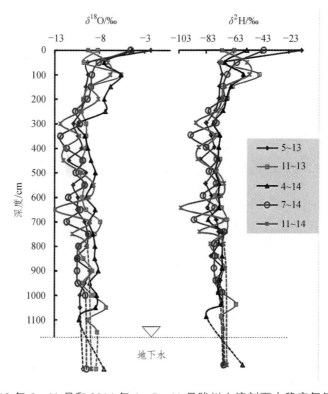

图 7-11　2013 年 5、11 月和 2014 年 4、7、11 月陇川土壤剖面中稳定氢氧同位素分布

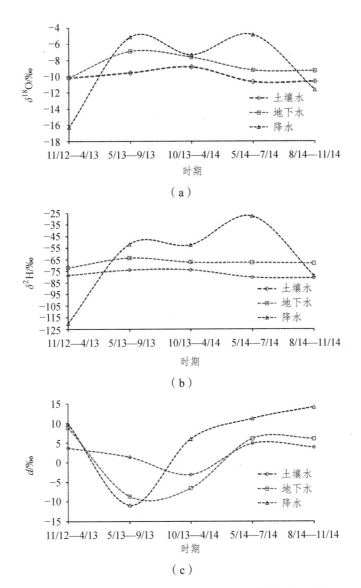

（a）

（b）

（c）

土壤水分分别为 2013 年 5、11 月和 2014 年 4、7、11 月剖面 SSHL 的平均值，地下水为 2012 年 11 月至 2013 年 4 月、2013 年 5—9 月、2013 年 10 月至 2014 年 4 月、2014 年 5—7 月、2014 年 8—11 月的月均值，大气降水是与地下水相同时期的较大降水事件的加权平均值。

图 7-12　陇川剖面不同季节土壤水、地下水和降水的 δD、$\delta^{18}O$、d 值同位素曲线

　　野外调查中观察到许多微观地形特征，包括垂直裂缝、大孔隙、陷坑、水槽、滑坡表面和黄土-古土壤界面。例如，在山顶附近有直径超过 1 m、深度超过 5 m 的天坑。一般来说，随着裂缝的增大，表层土会缓慢地塌陷，形成一个天坑。这些特征可由新构造活动和大暴雨形成。它们可以作为入渗的优先通道，使降水快速输送到土壤剖面的不同深度。因此，地下水补给主要模式是通过微地形特征优先入渗，这种像通道一样的入渗可以迅速将降水向下移动到深层土壤中，同时在研究区干旱至半干旱的条件下，大大减少了蒸发。这种渗透减缓了水沿斜坡的侧向渗透和土壤水势；弱渗透性的古黄土层阻止了水的垂直流动，使水最终达到饱和状态。第二种模式是优先渗透和活塞流的结合。各种类型的管道在上部土壤剖面中发育，

包括小裂缝、虫洞和根管。这些特征会导致在不太强烈的降雨或融雪期间迅速渗透到根区以下。当降雨或降雪持续较长时间时，上层土壤变得饱和，导致水向下移动。到达深层土层时，因为土壤深处的优先管道较少，这种流动开始表现得更像活塞流。

因此，该地区雨季补给后的浅层黄土含水层地下水可能是以下两个端元的混合（图7-13）：全年主要通过土壤水分补给；而雨季典型的降水事件主要是以优先流为主。这两种流动模式共同形成了黄土高原干旱丘陵地区土壤水分和地下水的特征。地下水水位的高时间变异性、黄土剖面 SSHL 中土壤水稳定同位素值的变化以及地下水 Cl⁻ 浓度低且稳定同位素值高于土壤水的特征表明降水-土壤-地下水系统存在优先流动。总体而言，黄土含水层下地下水的补给机制包括上部非饱和带的优先流和下部土体剖面的活塞流。优先流既包括通过微地形特征的快速通道状流动，也包括通过黄土剖面内的大孔隙的入渗。

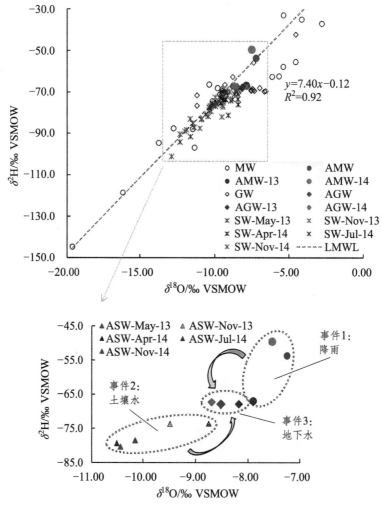

MW—降水事件；AMW—两年监测时间内的平均降水；SW—土壤水。
圆弧形箭头表明地下水可以由降水和土壤水的混合来源或过程补给。

图 7-13　2012 年 11 月至 2014 年 11 月 SSHL 水分剖面、降水事件、
月地下水数据的 δD 和 $\delta^{18}O$ 关系图（彩图见附录）

土壤剖面深层土壤水分的较低同位素值与世界各地土壤剖面的测量结果一致，这一特征在黄土高原土壤中尤为明显（Huang et al.，2013）。从大气水和地下水的加权平均值来看，深层黄土剖面土壤水分贫化重同位素的机制尚不清楚。这种差异的原因是多方面的，如季节性补给的优先性和补给水的类型不同。一般来说，短暂但强烈的暴雨通常会产生类似通道的优先流，而不那么强烈但持续的降雨或融雪会导致入渗。较大的暴雨通常发生在夏季，δD 和 $\delta^{18}O$ 值较高。深层土壤中的水主要来自强度较小但持续时间较长的雨或暴风雪，其 δD 和 $\delta^{18}O$ 值较低，经常使上部土壤剖面饱和，并使土壤水分向下流动。

以往针对年降水量较大的黄土高原低海拔平坦塬、台地和平原的研究认为降雨在黄土土壤剖面中渗透缓慢（Huang 等，2013；Lin and Wei，2006；张之淦等，1990）。该案例的研究结果给出了不同的结论，这可能是因为研究区域的地貌特征不同。与平坦的台地和平原相比，黄土高原丘陵沟壑区的特点是由厚黄土、古黄土和红黏土层组成的陡峭的山谷和起伏的丘陵，有许多微地形特征。这些特征包括滑坡面，暴露在丘陵和山谷上的黄土与古土壤或红黏土的界面，以及其他垂直裂缝、大孔隙、陷坑和溶洞等。所有这些结构都可以作为降水优先渗透的管道，导致地下水获得快速补给。因此，优先流在这些地区的上层土壤水分和地下水补给中起着重要作用，使得较大的降雨能够快速补给黄土含水层。野外观察发现，许多微地形结构在大小、类型和分布上都有很大的不同。这些特征解释了为什么地下水特征因地而异，以及为什么许多泉水和井的水量表现出很大的季节性变化。例如，某座山可能有丰富的地下水，但邻近地区的地下水很少，地下水可能出现在山顶而不是山下。此外，在冬末夏初长达数月的旱季中，大多数泉水和井的出水量减少，地下水位下降。有些井在非常干旱的季节或年份完全干涸。在雨季和初冬，特别是 7—9 月的暴雨过后，这些井的地下水位恢复。综上所述，黄土沉积物内部具有微地形结构和大孔隙等特殊通道的典型区域，能够产生局部有限的入渗降水向黄土深层渗透，最终补给地下水。

三、浅层地下水的蒸发

区域尺度的浅层地下水和降水中的 δD 和 $\delta^{18}O$ 值的对比可以说明降水输入信号以及其与地下水之间的联系。在一定条件下，浅层地下水的同位素组分均值与降水的年平均值的组成不同，差异主要来自季节性降水以及与其相伴随的强烈蒸发的影响。地下水资源来源于降水，大气降水线上降水的氘（δD）和氧 18（$\delta^{18}O$）之间具有很强的相关性（Dansgaard，1964）。地下水的同位素特征与降水线存在偏差指示了同位素交换和分馏的不同过程。最显著的例子是地下水蒸发导致的偏移。Dansgaard 提出用 d 或 d-excess（$d=\delta D-8\delta^{18}O$）来表征降水的氘盈余，它通常在蒸发过程中减少而在矿物溶解和蒸腾过程中保持不变，并且与初始同位素组成无关。因此在特定的温度和湿度下，可以通过建立氘盈余与蒸发剩余比的关系从而确定蒸发对地下水含盐量的影响。黄天明等（Huang et al.，2012）根据瑞利方程推导了氘盈余和蒸发剩余水分的关系，确定了蒸发浓缩对浅层地下水的影响。基于氘盈余和瑞利分馏模型联立可得：

$$d = \delta^2 H - 8\delta^{18}O = (\delta_0{}^2H + 1\,000)f^{(\alpha^{2}{}_H-1)} - 8(\delta_0{}^{18}O + 1\,000)f^{(\alpha^{18}{}_O-1)} + 7\,000 \qquad （7\text{-}16）$$

式中　d——氘盈余；

f ——蒸发剩余比；

$\alpha(\alpha_{v-1})$ ——蒸发过程中生成物（蒸汽）和反应物（液态水）之间的分馏系数，包括平衡分馏和动力学分馏；

δ_0^2H，$\delta_0^{18}O$ ——水的初始同位素组成。

平衡分馏［式（7-17）、式（7-18）］和动力分馏［式（7-19）、式（7-20）］计算方法如下：

$$10^3 \ln \varepsilon_{l-v}{}^2H = 24.844\left(\frac{10^6}{T^2}\right) - 76.248\left(\frac{10^3}{T}\right) + 52.612 \tag{7-17}$$

$$10^3 \ln \varepsilon_{l-v}{}^{18}O = 1.137\left(\frac{10^6}{T^2}\right) - 0.415\,6\left(\frac{10^3}{T}\right) - 2.066\,7 \tag{7-18}$$

$$\Delta\varepsilon^2H_{bl-v} = 12.5\frac{(1-h)}{1\,000} \tag{7-19}$$

$$\Delta\varepsilon^{18}O_{bl-v} = 14.2\frac{(1-h)}{1\,000} \tag{7-20}$$

在给定的蒸发条件（温度 T 和相对湿度 h），可以得到 d 和 f 的关系，如果没有研究出精确的相对湿度，可以从蒸发线斜率和相对湿度的关系中求得，蒸发线斜率 6.8、5.2、4.5、4.2、3.9 分别对应 95%、75%、50%、25%、0% 的相对湿度。

蒸发过程产生的盐度变化为：$\dfrac{S_0}{f} - S_0$

蒸发对总盐度的贡献比为：$\dfrac{\dfrac{S_0}{f} - S_0}{S}$

式中　S_0 ——降雨的初始 TDS，定义为 0.05 g/L；

　　　S ——水样 TDS 的测量值。

蒸发作用使得水系统中的溶剂减少而溶质不变，从而造成地表水和地下水的 TDS 浓度值升高，由此带来 TDS 浓度变化，即蒸发盐度贡献。当地下水由于遇到地形障碍流动不畅或其他因素而发生蓄积或水位升高时，长时间的蒸发作用可能会使地下水的 TDS 值大幅上升，甚至造成地下水咸化。根据上述计算浅层地下水的方法，袁瑞强等得到了汾河流域浅层地下水的 d 和 f 关系如下：

$$d = 888.36 \times f^{-0.077\,88} - 8 \times 984.17 \times f^{-0.011\,99} + 7\,000$$

基于上述方法计算可得蒸发对 TDS 的贡献率在 0.16% ~ 4.82%（Yuan et al.，2024a）。因此，蒸发过程是影响汾河流域浅层地下水水化学演化的重要过程之一。汾河流域内裂隙水矿化度受到蒸发过程影响的程度较孔隙水和岩溶水更大，这与裂隙含水介质内地下水埋藏深度不大有关。计算结果如表 7-3 所示：旱季蒸发对地表水（汾河）和地下水的 TDS 平均贡献率分别为 1.19%、1.12%，雨季分别为 1.61%、1.60%。雨季蒸发的影响更大，这是因为汾河流域为半干旱区且雨热同期，浅层地下水在雨季接受大量的降水补给使地下水的水位抬升，有利发蒸发，而在旱季时地下水水位较低，蒸发主要发生在地表水。有研究表明，经过蒸发影响的地下水进入深部后由于距离地表较远，蒸发效应较弱，但可以长期保持着地表蒸发效应，这一现象在黄土高原土壤深层水中很常见（Xiang et al.，2021）。

表 7-3　蒸发总盐度贡献计算结果

蒸发总盐度贡献	地下水		地表水	
	旱季	雨季	旱季	雨季
最大值	3.14%	4.82%	2.56%	3.33%
最小值	0.16%	0.04%	0.39%	0.82%
平均值	1.12%	1.60%	1.19%	1.61%

四、承压水对古气候信息的记录

人类正对所居住的地球环境变化及其未来趋势进行着不懈的研究，跨领域多学科的交叉合作成为了目前地学领域前沿计划的特点。目前对于古气候变化的了解主要从深海沉积物、黄土、冰芯、湖泊沉积物、珊瑚和石笋等各种代用物的气候记录中获得。但各种信息承载物的记录之间存在不一致性。例如，一个非常令人困惑的现象是海洋和大陆的古温度记录不一致。南北半球及赤道附近的雪线说明在末次冰盛期温度比现代低 5 ℃ 左右，而按海洋沉积的生物丰度和氧同位素记录，多数低纬度海洋的表面温度仅仅比现代低 2 ℃。其中的原因可能与信息承载物的分布不均有关，黄土、冰芯和湖泊沉积物等基本都在特定的景观区分布，此外间接气候指标转换为直接气候指标方法的有效性也是导致差异的原因。地下水是全球水循环的重要组成部分，是地球表层各种生物化学过程的活跃介质，在各圈层的物质和能量交换中起着传输媒介的作用，因此地下水系统可能蕴藏着地质环境变化的丰富信息，是可能的大陆古气候档案。陈宗宇等（2001）基于多同位素方法研究了华北平原的深层地下水及其气候变化信息。

（一）δD 和 $\delta^{18}O$ 的分布特征

华北平原从山前到渤海的地下水 δD 和 $\delta^{18}O$ 关系图中（图 7-14），各采样点均落在全球大气降水线附近，说明第四系地下水起源于大气降水。由表 7-4 和图 7-14 可见：

（1）在山前倾斜平原（束鹿以西），浅层水的 δD 和 $\delta^{18}O$ 均值分别为 − 62.8‰、− 8.51‰，深层水的 δD 和 $\delta^{18}O$ 均值分别为 − 68.9‰、− 9.53‰，与浅层水相比，深层水 δD 和 $\delta^{18}O$ 均值分别贫化 6.1‰ 和 1.02‰。

（2）在束鹿以东至沧州、南皮一带的中部平原，浅层淡水的 δD 和 $\delta^{18}O$ 平均值分别为 − 65.2‰、− 9.0‰；浅层咸水的 δD 和 $\delta^{18}O$ 平均值分别为 − 64.8‰、− 8.19‰；深层承压水的 δD 和 $\delta^{18}O$ 平均值分别为 − 79.2‰、− 10.79‰；与中部平原深层水相比，浅层水 δD 和 $\delta^{18}O$ 平均分别贫化 14.0‰、1.79‰。

（3）沧州以东的滨海平原，浅层水的 δD 和 $\delta^{18}O$ 平均值为 − 57.3‰、− 7.14‰；深层水的 δD 和 $\delta^{18}O$ 平均值为 − 76.9‰、− 9.95‰。滨海平原深层水比浅层水 δD 和 $\delta^{18}O$ 分别贫化 19.5‰、2.81‰。

表 7-4　华北平原地下水 δD 和 $\delta^{18}O$ 的统计特征

分区	含水层	样品数	δD /‰				$\delta^{18}O$ /‰			
			最小	最大	平均	标准差	最小	最大	平均	标准差
山前平原	浅层潜水	15	−70.95	−52.30	−62.83	4.85	−9.01	−7.96	−8.51	0.34
	深层承压水	5	−72.38	−64.68	−68.94	3.01	−10.46	−8.65	−9.53	0.77
中部平原	浅层淡水	6	−71.91	−58.13	−65.18	4.68	−10.16	−8.39	−9.0	0.64
	浅层咸水	6	−81.87	−51.04	−64.73	10.64	−9.26	−7.22	−8.19	0.81
	深层承压水	14	−87.04	−73.88	−79.2	3.85	−12.52	−10.18	−10.79	0.64
滨海平原	浅层咸水	7	−66.20	−50.16	−57.33	5.4	−8.77	−5.17	−7.14	1.27
	浅层淡水	1	—	—	−61.53	—	—	—	−8.4	—
	深层承压水	9	−80.88	−75.13	−76.87	1.76	−10.66	−9.50	−9.95	0.41

引自：陈宗宇，2001。

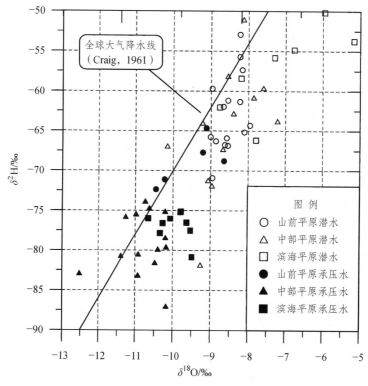

图 7-14　华北平原第四系地下水 δD 和 $\delta^{18}O$ 关系图
引自：陈宗宇，2001。

　　上述的同位素特征说明浅层地下水 δD 和 $\delta^{18}O$ 值从山前到海滨呈先降低后升高的趋势，滨海平原稍低于山前平原。深层承压水的特征与浅层地下水相似，但滨海地区明显低于山前平原。在水平分布上，山前冲积扇顶部深层承压水的 δD 和 $\delta^{18}O$ 值往往高于东部平原地区，这与同位素的大陆效应不符。另外，垂直方向上有明显的同位素分层现象，无论是哪个地区，深层承压水的 δD 和 $\delta^{18}O$ 同位素特征明显区别于浅层潜水（图 7-15），显示了不同的形成和演化过程以及环境差异的影响。

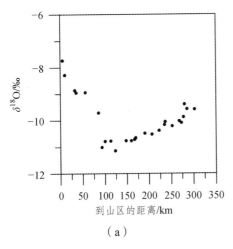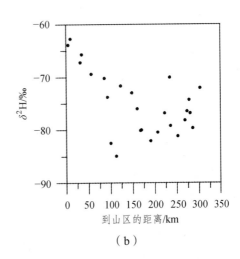

图 7-15　华北平原承压水中氢氧稳定同位素沿流动路径的变化

（二）深层承压水的补给来源

承压水 δD 和 $\delta^{18}O$ 比值大多数偏向于全球大气降水线的右侧，指示了蒸发的影响，在半干旱地区很常见。山前平原的 δD 和 $\delta^{18}O$ 回归线方程为：$\delta D = 3.03\delta^{18}O - 39.44$，明显偏低的斜率是土壤蒸发的特征，从这条曲线与当地大气降水线的交点可以求得初始降水的平均同位素值 δD 和 $\delta^{18}O$ 分别为 $-69.60‰$、$-9.95‰$，与当地大气降水的均值接近。δD 和 $\delta^{18}O$ 并非从山前平原向滨海平原系统变化，最重的同位素在山前平原，而最轻的同位素在中部平原，这与华北平原大气降水的形势不符。

山前平原样品多数都具有高氚、低氯、高 ^{14}C 的特征，高 ^{14}C 说明了水的年龄至多几千年，而高含量的氚说明了多数样品含有一部分近 50 年来的补给水。按照中国大气降水的 $\delta^{18}O$ 与年均温度的关系（郑淑蕙等，1983）：$\delta^{18}O = 0.35t - 13.0$（‰），计算得到的温度在 $10.2 \sim 15.1 \ ℃$，与现代的平均气温基本相符，说明是全新世以来当地的补给形成的，地下水的滞留时间可能短至几十年，最多不超过几千年。

中部平原承压水的年龄在 12 650 ~ 21 520 年。除了靠近山前平原的几个样品含有少量的氚之外，大多数样品氚含量极低，说明现代补给并没有严重影响含水层。Cl^- 浓度明显高于山前平原，假设没有其他来源的补给，则表明这些水的补给速率比山前平原全新世晚期的补给速率要低。$\delta^{18}O$ 的范围为 $-10.29‰ \sim -11.58‰$，比山前平原平均轻 2.4‰，$\delta^{18}O$ 温度在 $4.9 \sim 7.7 \ ℃$，比山前平原平均低 $4 \sim 8 \ ℃$，而古气候的研究表明黄土高原在末次冰期盛期的温度比现代温度要低 $5 \sim 8 \ ℃$（吴忱，1992）。因此，中部平原的承压水来自末次冰期盛期的补给。

滨海平原水龄大于 12.60 kaB.P.（kaB.P.含义为距今……千年前）。$\delta^{18}O$ 温度为 $8 \sim 11 \ ℃$，反映了较暖的气候特征。Cl^- 浓度明显高于中部平原，识别到了上层咸水渗漏或海水入侵，其 Cl^-/Na^+ 的比值说明了 Cl^- 是海相起源，沿海样品中含有一定量的氚也反映了年轻水的混合，可能是地下水开采造成了年轻地下水越流混入。

化学指标和同位素示踪剂的分布特征说明了华北平原深层承压水的补给模式。山前平原地下水滞留时间小于 1 万年，$\delta^{18}O$ 温度与现今气温相符，为近代当地降水入渗补给；中部平原地下水滞留时间在 12.65 ~ 21.52 kaB.P.，$\delta^{18}O$ 温度为 4 ~ 9 ℃，比现今气温低 4 ~ 8 ℃，推测为末次冰期冰盛期的补给；滨海平原地下水滞留时间为 29.35 kaB.P.和 12.60 kaB.P.，$\delta^{18}O$ 温度为 8 ~ 10 ℃，推测为间冰期较暖的气候补给，浅层咸水和海水在沿海排泄区进入承压含水层并发生了混合。

（三）地下水同位素记录的华北平原三万年来的古气候特征

深层地下水的 δD 和 $\delta^{18}O$ 的偏低现象与极地冰芯中的同位素变化相似，尽管地下水的弥散作用会对同位素含量有一定影响，但地下水仍然可以通过同位素信息记录古气候变化，即高同位素值指示较高的年均气温，低同位素值指示较低的年均气温。

δD 和 $\delta^{18}O$ 与 ^{14}C 年龄的变化曲线中显示了两个明显不同的阶段（图 7-16），这两个阶段可以用 δD 和 $\delta^{18}O$ 均值 −73‰ 和 −9.9‰ 划分开来。从 30 kaB.P. 到 10 kaB.P.，地下水的同位素值低于均值，而 10 kaB.P. 后则高于均值。更新世地下水的同位素特征逐渐贫化与冰期的年均气温降低有关，证明了更新世末期的气候要比全新世冷。

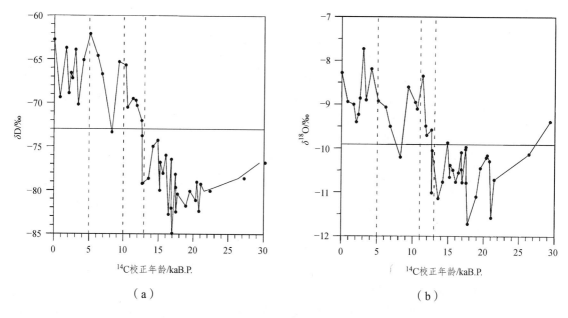

（a）　　　　　　　　　　（b）

图 7-16　华北平原承压地下水的 δD 、$\delta^{18}O$ 与 ^{14}C 年龄的关系

30 ~ 13 kaB.P.，地下水的同位素值较低，反映了末次冰期的寒冷气候特征，特别地，δD 和 $\delta^{18}O$ 分别在 17、18 kaB.P.出现最低值对应了末次冰期冰盛期。根据稳定同位素与年均气温的关系计算得出末次冰期冰盛期的地表平均气温为 4 ℃，比如今的平均气温低 6 ~ 9 ℃。

13 ~ 11 kaB.P.，地下水的 δD 和 $\delta^{18}O$ 呈振荡式增加，并在 11 kaB.P. 时达到最高值，反映了末次冰期向全新世过渡时期的气候变化特征。如果忽略水动力弥散的影响，这一振荡变化大约持续 2000 年。δD 和 $\delta^{18}O$ 的振荡说明气候波动频繁而不稳定，经历了短暂的冷暖交替变化后，快速向全新世转变。

11 kaB.P. 至今，从 11 kaB.P. 之后进入了全新世时期，地下水的 δD 和 $\delta^{18}O$ 值明显升高，

显示了全新世的温暖气候。但在 8 ~ 5 kaB.P. 间，地下水的同位素值在整个全新世中较低，如果按照同位素和温度的关系推测，这一时期在全新世属于低温时期，与其他古气候研究的结果不符。

五、深循环地下水系统

深循环地下水对于地球的地表过程具有特别重要的意义。其流场和水化学特性受地热储层的显著影响，来自降水的地下水深层循环将陆地表面与更深的地下环境连接起来，传递对地球化学过程至关重要的水、能量和生命，如深层矿物风化和养分释放、人为污染物的运输和长期储存，以及地热能源系统。深层地下水与流域浅层地下水的混合，可以成为控制河流流动和溶质浓度的重要因素。而在沿海地区，深层循环地下水可以排入海洋，对海洋环境的生物地球化学过程产生重大影响。深循环地下水的分布极不均匀，仅限于能够产生渗透性通道的地质单元深部。因此，深循环地下水并不会均匀地穿过深部岩石，而是集中于高渗透率的路径，例如断层背斜和深大断层系统。断平面和断层带的交叉点通常会形成地下水深循环的优先通道。导水断层与阻水断层相结合形成了地下水深循环的上升通道（Long al., 2019）。一般来说，地层变形可以通过自然压裂提高其渗透率。深层地下水循环也会因地理环境而异，例如，末次盛冰期，中国西南地区的碳酸盐矿床的深部地下水循环深度约为 1 900 m，这可以通过非常轻的地下水同位素组成来说明。

深层地下水循环的研究进展有限，因为其流动路径无法直接观测，此外地质构造的复杂性也影响着局部区域尺度的地下水循环。地下水同位素与水化学相结合可以产生深层地下水系统的可靠概念模型，是探索地下水流动的实用方法。以汝城向斜深层循环的地下水研究为例，介绍同位素资料和水文地球化学相结合的深层循环水的研究（Yuan et al., 2022）。

利用长沙和桂林的当地大气降水线（LMWL）估算研究区的大气降水线。长沙位于研究区以北 300 km，黄一民等（2012）和 Wu 等（2012）分别估算了长沙的 LMWL 为：$\delta D = 8.6\delta^{18}O + 18.6$，$\delta D = 8.4\delta^{18}O + 15.1$；桂林位于研究区以西 350 km 处，LMWL 为 $\delta D = 8.4\delta^{18}O + 16.3$。可以看出这些当地大气降水线非常相似，根据其平均值估算研究区的 LWML 为 $\delta D = 8.5\delta^{18}O + 16.7$（图 7-17）。

采样点都很接近 LMWL，指示了其降水来源。温泉水重同位素相对贫化，δD 和 $\delta^{18}O$ 均值分别为 – 40‰ 和 – 6.7‰，而河水的平均同位素组成分别为 – 38‰ 和 – 6.3‰。浅层地下水的同位素组成比温泉水和河水分布更广。特别地，$\delta^{18}O = - 6.4‰$ 将浅层地下水划分为冷孔隙水和冷泉水，汝城向斜两翼的 $\delta^{18}O$ 值均小于 – 6.4‰，说明其水的来源不同。蒸发对浅层地下水的影响可以由局部蒸发线（LEL）表示，该线与 LMWL 交点的同位素值 δD 和 $\delta^{18}O$ 为 – 38.5‰ 和 – 6.4‰。

同位素可以追踪深循环地下水水源，指示补给区的高度。温泉水可以看作是附近冷泉水与深层循环地下水混合的产物。深层循环地下水的原始水化学特征需要根据混合比反演。在本研究中，因为 TDS < 300 mg/L，所以保守的混合假设是合理的。当深循环地下水与浅层地下水混合良好时，可以通过端元混合分析估算出初始水化学成分和同位素组成。结果显示，深循环地下水为大气来源，其同位素组成贫化重同位素，由高纬度山区的降水补给。

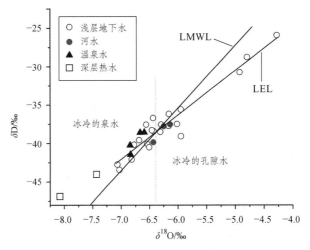

图 7-17　不同水样的 δD 和 $\delta^{18}O$ 关系

　　向斜两翼向中心高度逐渐减小，岩层在两翼露头形成的山体是深层循环水的主要补给区。为了验证这一假设，利用同位素的海拔效应估算了补给区的海拔。海拔被认为是中国南方降水中 $\delta^{18}O$ 值的主要地理控制因素，其递减率约为 0.2‰/100 m。LEL 在 $\delta^{18}O = -6.4‰$ 和 $\delta D = -38.5‰$ 处与 LMWL 相交，反映了向斜中心局地浅层地下水的平均同位素组成。深层循环地下水的 $\delta^{18}O$ 值分别为 -8.1‰ 和 -7.4‰。考虑到向斜中心的平均海拔为 350 m，深层循环地下水补给区的平均海拔估计为 1 200 m 和 850 m。向斜轴平面向东南倾斜，向斜西北翼的露头倾角比东南翼更陡，海拔更高。由此可见，向斜两翼分别形成了两个深循环地下水系统并分别形成两个温泉露头（图 7-18）。

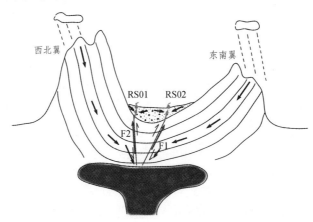

图 7-18　向斜深部地下水循环的概念示意图模型

第四节　地表水和地下水相互作用

　　地下水环境退化是目前世界性的环境问题，地表水的渗漏同时对地下水的水量和水质产生影响。同位素水文在地表水对地下水的影响范围、湖泊渗漏量估算以及沉积物-水面盐的交换通量计算方面都有应用。地表水与地下水交换的过程十分复杂，受到气候条件、土壤质地结构、土壤含水量以及植被覆盖等多种因素的影响。天然水同位素记录着水体转化过程的历史，因而稳定同位素方法在地表水与地下水相互作用及转换数量方面有其独到之处。近年来人们针对地表水分入渗及其与地下水的相互补给问题，在实验观测、定量模拟、模型开发方面做了大量的研究。一般来说，降雨中的氢、氧同位素丰度变化最大，土壤水次之，地下水最小；并且水中的重同位素丰度沿降水-土壤水-地下水这一水循环路径呈下降趋势，说明地下水有较为单一且稳定的水源供给。松花江流域下游平原地区浅层地下水补给江水的补给比例 20% 左右（张兵等，2014）。漳河流域地下水中来自地表水的补给比重均值为 48.72%，并且不同流域段存在地表水和地下水转化关系的差异（陈伟，2018）。

袁瑞强等（2012）基于氢氧稳定同位素对白洋淀地表水和地下水相互作用开展了研究。白洋淀地势平坦，区域内地表水整体流动滞缓，氢氧同位素组成主要在当地大气降水线的右侧沿直线分布，指示了蒸发引起的重同位素富集现象。利用线性回归法拟合地表水水样的同位素组成得到了 δD 和 $\delta^{18}O$ 关系线为

$$\delta D = 4.6\delta^{18}O - 21.7 \quad (R^2 = 0.954 , \quad n = 28)$$

白洋淀区域地下水氢氧稳定同位素组成主要分布在当地大气降水线（LMWL）的两侧，表明地下水主要起源于大气降水（图 7-19）。另一方面，深层地下水较浅层地下水有明显的重同位素贫化特征。浅层地下水主要接受当地降水的补给，而深层地下水的补给区和径流区位置不同。根据华北平原区域大气降水同位素 $\delta^{18}O$ 高程效应梯度值 – 0.2‰/100 m，大致判断深层地下水的补给区域来自高程为 1 700 ~ 1 900 m 的太行山山区。地下水补给区的高程差异是不同地下水系统间出现 δD 和 $\delta^{18}O$ 组成差异的主要原因。同时，同位素组成的明显差异表明深、浅层地下水之间的相互影响较弱。

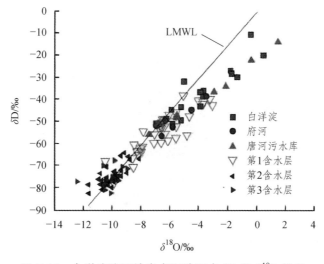

图 7-19　白洋淀淀区地表水和地下水 δD 和 $\delta^{18}O$ 关系

浅层地下水水位埋深和 $\delta^{18}O$ 值的空间分布共同标记了白洋淀水渗漏对浅层地下水的影响范围。上游未受地表水影响的浅层地下水的埋深为 12 ~ 15 m，$\delta^{18}O$ 均值为 – 7.7‰，以此作为背景值来比较。虽然白洋淀内地形平坦，但地下水埋深的空间变化较大，可以分为浅埋

区和深埋区（图 7-20）。浅埋区主要分布在白洋淀及其周边，水位埋深为 3~9 m。深埋区域水位埋深一般为 10~20 m。浅埋区内常年有河水（府河）注入，同时主要负责向白洋淀生态输水的安各庄水库也通过该区域的白沟渠向淀内输水。该区域地表水能够得到经常性的补充，地表水持续渗漏补给地下水造成该区域浅层地下水埋深较小。浅层地下水中 $\delta^{18}O$ 值大于 -7‰ 的区域与浅埋区的范围基本重合（图 7-21），而且浅埋区内的地下水沿地表水蒸发线两侧分布。由于该区域浅层地下水埋深大于 3 m，平均埋深接近 8 m，处于潜水蒸发深度以下，所以浅层地下水富集重同位素的现象是由富集重同位素的地表水体渗漏补给造成的。结合地下水位埋深和地下水的 $\delta^{18}O$ 值定性地确定了白洋淀渗漏影响浅层地下水的范围分布在白洋淀周边，以白洋淀西部的浅层地下水受影响较大。

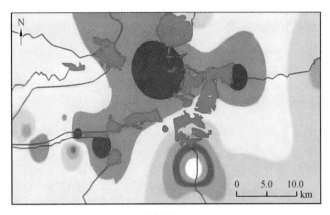

水位埋深/m

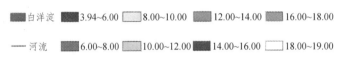

图 7-20　浅层地下水埋深分布（彩图见附录）

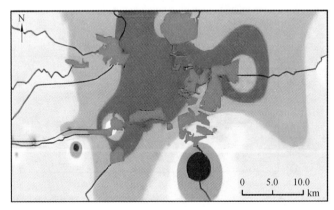

$\delta^{18}O$/‰

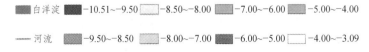

图 7-21　浅层地下水 $\delta^{18}O$ 空间分布（彩图见附录）

第五节　降水-土壤水-地下水转化

"三水"转化是指大气降水、地下水和地表水之间的水量循环和平衡关系。大气降水到达陆地表面后，一部分会通过入渗形式转化为地下水，另一部分则直接成为地表水。降水、地表水和地下水的水量、能量交换存在很大的时空差异性，气候变化、地质构造和流域条件等因素都会影响"三水"转化关系。"三水"转化关系对整个水循环系统都起着至关重要的调节作用，它不仅决定着系统内各类水体之间的物质与能量平衡状况，而且还影响到系统的整体功能及其可持续性发展。"三水"转化关系的研究是水资源评价中必须认真考虑的重要内容，忽视"三水"转化关系、片面评价水资源必然导致评价结果的失真。可根据稳定同位素在大气降水、地表水和土壤水中的含量差异判断它们之间的相互转化关系。需要注意，"三水"混合作用以及物理条件的变化等都会引起水体中氢氧稳定同位素的含量发生变化。

除"三水"转化研究外，"四水"转化和"五水"转化研究同步开展。早在 1993 年，张德祯等就开展了大气水-地表水-土壤水-地下水"四水"相互转化关系的试验研究，发现约 80% 的降水转化为土壤水，10% 转化为地下水，8% 转化为地表水。"五水"的转化过程是指降水、蒸散水、土壤水、地下水和地面水流之间的相互转化过程。蒸发水还包括地表蒸发水和植被蒸腾水。中国科学院地理科学与资源研究所自主研制的五水转化动力过程实验装置，可综合实现作物生长环境（光照、温度、湿度和 CO_2 浓度）的自动控制和大型称重系统的连续高精度测量，具备观测和模拟 GSPAC（大气-土壤-植被-地下水系统）内能量传输和水分变化过程的能力。吴亚莉等（2015）利用该实验装置模拟北京地区气候条件和均质粉砂壤、层状壤质土壤条件下夏玉米生长及耗水规律。Song 等（2022）基于长期定位观测建立了"五水"转化模型，其转化过程主要包括：降水直接转化为地面流、土壤水、地下水和岩溶裂隙水的过程；降水通过土壤水和岩溶裂隙水间接转化为地下水的过程；地表蒸发和植被蒸腾的水分流失过程（图 7-22）。此外，人类活动对不同水体间的转化关系的影响已被证明。例如，煤矿开采改变了流域的水文地质条件，造成了矿区降水对地表水和地下水补给的平均贡献率增加了 2% ~ 10%（Qian et al.，2022）。

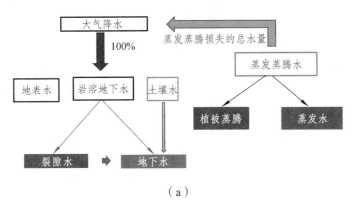

（a）

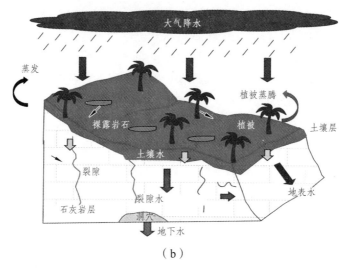

（b）

图 7-22　表层岩溶带五水的转化过程

引自：Song，2022。

在多水源相互转化的研究中，不同水源对所研究水体的贡献率的计算方法常用二元、三元混合模型、贝叶斯混合模型等。在遵守同位素质量守恒定律的前提下，所研究水体的水分来源超过三个时混合模型可以简化或合并水源。

以三元混合模型为例，根据同位素守恒定律，同位素的混合比例公式可以写为

$$\delta D = X_1 \delta D_1 + X_2 \delta D_2 + X_3 \delta D_3$$
$$\delta^{18}O = X_1 \delta^{18}O_1 + X_2 \delta^{18}O_2 + X_3 \delta^{18}O_3$$
$$X_1 + X_2 + X_3 = 1$$

式中　　δD，$\delta^{18}O$——混合水中氢氧同位素组成；

δD_i，$\delta^{18}O_i$——不同水体的氢氧同位素组成，$i = 1, 2, 3$；

X_i——各水体的混合比例，其中 $i = 1, 2, 3$。

六盘山位于宁夏南部山区，又称陇山。骆驼林流域位于六盘山东麓石林地区，海拔 2200 m 左右。骆驼林流域上游河水由大气降水对地表水和土壤水进行补给。地下水的水位埋深较深，来自地下水的补给可以忽略不计。运用三源混合模型进行计算河道中降水、地表水和土壤水的补给构成。计算结果如表 7-5 所示。

表 7-5　氢氧同位素混合比例

样地	大气降水		地表水		土壤水		大气降水混合比例/%	径流混合比例/%	土壤水混合比例/%
	δD /‰	$\delta^{18}O$ /‰	δD /‰	$\delta^{18}O$ /‰	δD /‰	$\delta^{18}O$ /‰			
S1	−54.82	−7.47	−61.56	−9.30	−53.29	−8.79	31.2	61.1	7.7
S2	−58.89	−8.63	−57.97	−8.17	−59.45	−9.65	89.8	1.7	8.1
S3	−58.27	−8.14	−59.37	−8.03	−63.06	−10.30	90.6	8.2	1.2
S4	−55.43	−7.51	−58.50	−8.40	−55.42	−9.39	66.4	27.4	6.6
平均值	−56.85	−7.94	−59.35	−8.48	−57.84	−9.53	69.5	24.6	5.9

引自：董立霞，2022。

可以看出，河流中来自降水、地表水和土壤水所占的比例分别为 69.5%、24.6% 和 5.9%。河流水源主要来自大气降水。随着地表植被覆盖率提高，土壤中含水率增加，土壤水的混合比例和径流量也有一定的增加（董立霞，2022）。

需要注意，如果不同水体的同位素组成存在高的线性相关性时，即不同水体的双同位素组成沿着一条直线分布，建议使用单同位素和其他离子，如氯离子，来构造上述三元混合模型。因为两个混合指示指标间的高相关性会引入大的估计误差，使三元混合模型失效。

第六节　植物水分利用

通过挖掘植物根系确定其时空分布特征来分析植物吸收水分的来源，这一传统方法既耗时又对植物具有破坏性（张丛志等，2012），并且得到的结果准确性也较差（Williams，2000）。除少数排盐的盐生植物以外，绝大多数的植物在土壤中吸收水分以及水分在植物体内运移的过程中，不会发生氢氧同位素的分馏（邢星等，2014）。因此比对植物体内水分和不同深度土壤水的氢氧同位素的组成进行分析就可以判断植物吸收水分的来源。

20 世纪 80 年代以来，随着质谱测定技术的不断完善，使得稳定性氢氧同位素技术在植物水分研究中得以广泛应用和发展。虽然植物体内水分运移的过程中不会发生同位素分馏，但在水进入植物中成为植物组分之前可能会出现几次潜在的分馏。水分进入叶片中，由于蒸腾作用对重同位素的影响，氢和氧同位素的比率会发生变化，叶片中的水会越来越富集重同位素，δD 和 $\delta^{18}O$ 值变大，并且具有明显的空间异质性。此外，相关的研究表明能利用较深层土壤水分的植物个体相比只能依靠土壤表层水的植物个体更具有生存竞争优势（张小娟等，2015）。所以，自然条件下生态系统中植物对不同水源的利用研究，有助于更好地了解植物之间的竞争关系和水分利用模式（褚建民，2007）。目前利用稳定同位素技术确定植物吸收水分的具体来源主要有直观法和模型法两种。直观法是将植物体内水分的氢氧同位素与其生长环境中不同层次的土壤水同位素进行直接比对，从而确定其水分来源。这一方法简单快捷，但需要经验知识以合理假设植物生长过程中优先利用某一特定土层的水分。但事实上植物吸收的水分很可能具有多种来源，因此利用直观法研究不容易得到准确的结果；而模型法则能够克服这一弊端，可以通过计算得出植物吸收水分中不同来源的贡献。

当假设植物吸收的水分来源较少（2～3 种）时，可根据来源不同，按照线性组合混合：

$$\delta D_{植物体内水分} = X_1\delta D_1 + X_2\delta D_2 + X_3\delta D_3 + \cdots + X_n\delta D_n$$

式中　$\delta D_{植物体内水分}$——植物体内水的 δD 值；

X_1，X_2，X_3——不同来源水分所占的分数；

δD_1、δD_2，δD_3——不同来源水中的 δD 值。

当植物吸收水分的来源更加复杂时，可以使用 Phillips 等（2003）提出的基于同位素质量守恒定律原理的多水源混合模型——IsoSource 模型确定植物利用水源的比率。

由于干旱、半干旱地区的降雨稀少且集中，土壤水分状况是当地植物生长最关键的影响因子（周天河等，2015），探究这些地区植物吸收水分的来源，对于阐明植物水分利用机理和理解植物对干旱事件响应等具有重要意义。氢氧同位素技术在示踪树木和草原生态系统中植物的水分吸收过程方面应用广泛，一是确定植物吸收水分的层位以及其动态变化，二是利用同位素的自然丰度确定植物吸收水源的比例及其变化情况。一般地，不同类型植物利用水分的方式并不相同，如草本植物、禾本科植物主要利用浅层土壤水以及近期的降水，深根性的灌木和河岸树木则主要利用深层土壤水和地下水，而灌木所利用的则是混合水源（李静等，2017）。此外，雨季获得大量的降水补给使得地表水和地下水水位均有抬升，植物有充足的水源可以利用，此时不同的植物对土壤水分的利用模式是比较相似的。而仅在旱季时不同类型的植物会选择利用不同层位的土壤水来面对可能面临的水分短缺。关于干旱、半干旱地区自然植被水分利用来源的研究已相当成熟，农田作物的研究也已经具有可观的成果。冬小麦植物根系吸收的水分主要来自深度 0 ~ 40 cm 的土层，但其水分利用情况与不同水源的可利用度、根长密度和根细胞的活性密切相关，因此冬小麦的灌溉计划并不能只是将湿润深度调整至 40 cm 而非传统的 100 cm，全土壤层的灌溉更能改善作物根系的分布情况，从而提高其土壤水利用的效率（Guo et al.，2016；Zhang et al.，2011）。夏玉米在整个生长周期中吸收水分的土层深度呈由浅变深再变浅的规律，这与玉米和棉花生长周期利用水分的土层深度只由浅变深的规律有所差异（Vodila et al.，2011）。

在干旱环境中，植物会通过一些生理反应抵御干旱胁迫，从而满足自身的生存需要。根系是植物调节干旱胁迫的重要器官之一。有研究发现植物具有提升土壤水分的现象，即植物根系可以将相对湿润的深层土壤中的水分转移到较为干燥的浅层土壤中以供给植物吸收利用（Richards，1987）。水分提升的现象是植物根系为了适应环境而相互协调的生存机制。近年来同位素技术在不同环境条件下的植物根系水分提升研究，特别是干旱地区以及农田作物间作系统的研究中应用较多，这些结果促进了农田土壤水分管理、提高水分利用率。植物根系在某些特定条件下还可以将浅层土壤水运移到深层土壤中以供深层根系利用。因此，一些学者提出了使用植物"水分再分配"来更客观地描述植物对水分的调控特征，得到了普遍认可（林芙蓉等，2021）。同位素示踪法在植物水分再分配研究中的应用通过重水浇灌植物根区，观测植物本身及其相邻植物的土壤水同位素特征，或对比同位素分馏从而确定是否存在水分再分配并量化。这一方法的弊端主要有两点：一是目前的技术手段无法准确地判断土壤水分中检出的同位素起源于毛管水上升、由下而上扩散的气态水或根部向外的传输水等；二是成本较高，连续性的观测非常受限，并且取样过程对植物根部有一定损伤。除同位素法外，植物根系水分再分配的研究方法还包括土壤水分法、木质部液流法以及近年来逐渐成为热点的模型模拟法。总的来说，单一方法的研究结果都有所偏差，准确估计植物根系水分再分配的方法仍是未来需要突破的难题。多种传统方法的结合以及新技术的开发将是未来有希望突破的方向。

第七节　土壤和植物中水样的采集

一、土壤水样品收集

土壤水分样品的采集方法有田间直接采集和实验室提取。田间直接采集适用于含水量较高的土壤，在选定的采样位置寻找较为平整的地面，挖出所需深度的土壤剖面，利用陶土头连接负压采样瓶采集不同深度的土壤水样品（图7-23），装入样品瓶中并密封保存。

图 7-23 陶土头连接负压采样瓶采集土壤水样品（陶土头埋在土壤内指定深度）

　　实验室提取土壤水的方法包括榨取法、离心法、真空干燥法和蒸馏法等多种方法（Koeniger et al.，2016）。其中榨取法和离心法对同位素组成的影响较小，而真空干燥法和蒸馏法的水分提取效率较高。多种方法的比较中发现，真空蒸馏法的土壤水提取效率接近100%，并且能有效避免其他物质污染（王涛等，2009）。图7-24为自制的蒸馏装置，共五组。在每组装置中，有两个玻璃管分别与真空抽提管相连接。先将待抽提样品放在其中一个玻璃管内并放入液氮中冷冻 5 ~ 10 min（防止抽真空过程中水分损失），对两个玻璃管组成的 U 形装置抽真空至管内真空度为 100 Pa 左右，然后关闭阀门组成封闭系统。将装有样品的玻璃管加热至 90 ℃ 蒸发水汽，同时将另一玻璃管放入液氮降温以冷凝收集水分。根据样品含水量的不同，抽提时间在 30 ~ 90 min。将经过蒸馏提取的样品放入烘箱中 105 ℃ 下烘干 48 h 并称重，计算其重量含水率。新设备的发明（如 LI-2000 液态水真空抽提泵）正不断提高土壤水采集的效率（张小娟等，2015）。土壤水氢、氧稳定同位素样品在测定前应冷藏保存。

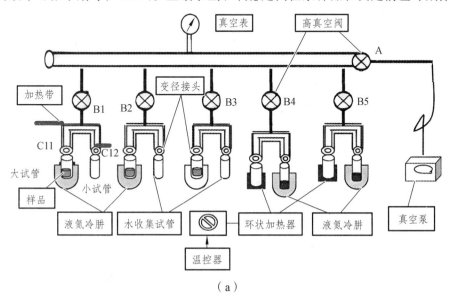

（a）

（b）

图 7-24　土壤水低温真空蒸馏装置图

二、植物样品收集

为消除气孔蒸腾作用造成同位素富集的影响，对乔木、灌木类选择超过两年的茎（非绿色的枝条，没有气孔不会发生蒸腾作用），取直径为 0.3～0.5 cm、长 3～5 cm 的枝条 2～3 段，将枝条段的外皮和韧皮部去掉，保留木质部。对于草本类则取茎与根结合处的非绿色部分作为样品。采样量不宜过多也不宜过少。样品取样过多将导致抽提时间过长，并容易造成抽提不完全而影响结果；过少则有可能很难获得足够测定的样品。取样要迅速，植物样品装入玻璃瓶内盖好瓶盖并用 Parafilm 膜封口，放入冰盒带回实验室。植物样品可以通过真空蒸馏法提取植物水样品。在进行同位素测定前，植物样品均需置于 − 20 ℃ 冷冻保存。

第八章 冰 川

第一节 冰芯和冰芯研究

3 400 万年（34 Ma）前，地球结束了持续 3 000 多万年温暖的无冰期。起初，南极的冰盖开始发育。在距今 600 万年（6 Ma）到 360 万年（3.6 Ma）前的数百万年间，格陵兰岛出现非永久冰盖。360 万年来，两极冰盖再未曾消亡，静默在地球的南北两端。在中低纬度高山地区，气候寒冷，也存在冰冻的地区。冰川广泛地分布于地球表面，它们所储存的淡水占地球淡水总量的 75%～85%。按照冰川的形态，现代冰川可分为两种基本类型：

（1）大陆冰盖型冰川，也叫大陆冰川或冰盖（Continental Glacier 或 Ice Sheet），主要分布于南极大陆、格陵兰岛和加拿大北部，几乎覆盖了全球 10% 的陆地面积。此种类型冰川发育在两极地区，不受地形约束。谷地被其吞没，是规模极大的冰体。由于冰体的面积和厚度很大，表面呈凸起的盾状，故冰流由中央向四周流动。南极大陆和格陵兰的冰川就是这种类型。

（2）山岳型冰川，也叫阿尔卑斯式冰川（Alpine Glacier），分布于高海拔的山区，是许多河流的源头。此种类型冰川主要分布于中低纬度山区，因雪线较高故积累区不大。冰川受限于地形，冰流有固定的明显的路径。此类冰川又可按形态分为：冰斗冰川、悬冰川和山谷冰川。冰斗冰川发生在雪线以上的圆形山谷，规模较小，伸出冰斗外的冰舌很小，无明显的积累区与消融区的界线。悬冰川是山岳型冰川中最常见的，冰川从冰斗溢出，沿冰斗口外沿下坠，悬挂于山坡上，面积通常小于 1 km²。山谷冰川是山岳型冰川中规模最大的，冰川溢出冰斗，进入谷地，两侧谷坡界限明显，有如冰冻的河流，其积累区与消融区分明。山谷冰川有单式、复式、树枝状和网状等，长度有数千米至数十千米不等，厚度有达百米。由几条山谷冰川在山麓地带扩展汇合成的一片广阔冰体称为山麓冰川。此外，冰川还有山峰冰川、孤坑（火山口）冰川等。

冰川的形成过程：在高纬极地地区及中纬度山区，气候严寒，新雪降落地表后，层层叠加，最下方的雪花尖部在压力之下发生部分融化，形成雪水。雪水在低温下再度凝结之后，会形成颗粒状的粒雪。随雪盖厚度的增加，下部粒雪层受压加大，在重结晶作用下，各晶体相互紧密地结合起来，形成块状冰川冰。中低纬度高山区，夏季气温高，冰雪融水的渗透再冻结作用，加速了粒雪化和成冰作用过程，甚至当年就有成冰作用的条件，形成的冰川冰，一般比极地区冰川的密度大、透明度高。

冰川冰与普通冰的颜色不同。冰川冰有着如蔚蓝的天空一样神秘又美丽的蓝色。普通的冰是白色的，是由于冰内的气泡不一样，冰川冰受压实作用的影响，里面封闭的气泡越来越小，会对阳光产生散射作用，从而变成蓝色。冰川的水要相对纯净一些，这是因为远古时候降下的雪在千万年的时间中不断地压缩，雪花中原本所含的杂质都被挤到雪花晶体边缘并被相继冲刷带走，最后形成冰块，特别是单晶花所形成的冰块，其纯净度堪比三次蒸馏的水，远比最初的降雪纯净。

冰芯是取自冰川内部的芯。由于气温低，积雪不融化，每年的积雪形成一层层沉积物，年复一年，从底部往上逐渐形成一层层的冰层，越向上年代越新。冬季气温低，雪粒细而紧密；夏季气温高，雪粒粗而疏松；因而，冬夏季积雪形成的冰层之间具有显著的层理结构差异，宛如树木的年轮一样。国内外利用冰芯对南极冰盖雪冰地球化学的研究可以从冰芯记录的时间尺度（深度）来进行界定。浅冰芯一般是指深度小于 300 m 的冰芯，中等深度冰芯则在 300～1 000 m。冰芯记录以其分辨率高、时间尺度长、信息量大、保真度高等特点，成为研究全球气候变化的重要方法之一。通过冰芯记录可以检测过去与现代气候环境变化，也记录了人类活动对环境的影响，而且也能探究影响气候变化的不同驱动因子，如太阳活动、火山活动及温室气体等的变化。冰芯作为过去降水的载体，高保真地保存了过去降水同位素的信息。降水中氧、氢同位素比率（$\delta^{18}O$ 和 δD）变化与温度之间存在密切关系。冰芯的氧同位素比率的变化指示气温高低的变化，因此，分析冰芯中氧、氢同位素比率变化可重建过去气候变化。在 20 世纪 50 年代初，Dansgaard 提出了冰芯古气候研究的科学思想。首次利用冰（雪）芯建立了 1910 年至 20 世纪 50 年代末格陵兰地区的气温变化，并揭示出 1920—1945 年是一个温暖时期，进入 20 世纪 50 年代气候存在变冷的信号。这一研究拉开了冰芯古气候研究的序幕。1966 年，科学家在格陵兰冰盖世纪营地（Camp Century）钻取的冰芯，长度为 1 390 m，建立了世界上第一个长时间尺度的冰芯气候记录，揭示了末次冰期以来完整的气候变化过程。1968 年，在南极冰盖伯德站（Byrd Station）钻取了南极第一支透底冰芯。随后在南极冰盖上钻取了 Vostok、EPICA Dome C、WAIS Divide 等冰芯，在格陵兰冰盖上钻取 Dye 3、GRIP、GISP 2、NGRIP 和 NEEM 等冰芯（姚檀栋等，2020）。冰芯研究从极地冰盖开始，大家普遍认为中低纬度山地冰川上较强烈的消融会使其粒雪层中各种气候环境指标的季节性变化信号受到严重影响，不适合于开展冰芯研究。20 世纪 70 年代中后期，美国 Thompson 等对秘鲁热带奎尔卡亚（Quelccaya）冰帽开展了考察与冰芯钻取工作，结果发现其粒雪层中 $\delta^{18}O$ 等参数具有显著的季节性变化信号，并以此建立了近 1 500 年的气候变化记录。从此，在全球范围内掀起了山地冰芯研究的热潮。第三极地区是中低纬度山地冰川的主要分布区域，后来扩展到中低纬度山地冰川地区。我国在第三极地区钻取了敦德、古里雅、达索普、东绒布、马兰、普若岗日、崇测、慕士塔格等大量冰芯。青藏高原在全球的气候环境变化研究中占据着重要位置。青藏高原最早开展的中低纬高山冰芯研究是 1986—1987 年在祁连山敦德冰帽钻取 140 m 的冰芯，从此拉开了中低纬高山冰川冰芯研究的序幕（姚檀栋等，1990）。1997 年在喜马拉雅山中部希夏邦马峰的达索普冰川大平台处又钻取了 160 多米深的透底冰芯，创造了世界冰芯研究界采样点海拔最高（7200 m）的世界纪录，提供了 2000 多年以来的高分辨率气候记录（田立德等，2006）。1992 年，在西昆仑山钻取 309 m 的古里雅冰芯，是世界冰芯研究界钻取的中低纬度上最深的、时间尺度最长的山地冰芯。图 8-1 为冰芯站点，表 8-1 为部分冰芯信息。

表 8-1　部分冰芯信息

区域	冰芯名称	纬度	经度	海拔/m	冰芯长度/m	年代长度/ka	来源文献
南极冰盖冰芯	Vostok	78°28′S	106°48′E	3 490	3623	> 420	（Petit et al., 1999）
	Byrd	80°01′S	119°31′W	1 515	2164	～ 70	（Paterson, 1994）
	Dome Concordia	75°06′S	123°21′E	3 233	3259.7	800	（Jouzel et al., 2007）
	Taylor Dome	77°48′S	158°43′E	2365	554	130	（Steig et al., 1998）
	Law DomeL D2017	66°46′S	112°48′E	1370	1182	88	（Roberts et al., 2017）
	Dome Fuji	77°19′S	39°40′E	3810	3035.2	720	（Shiraishi, 2012）
	Talos Dome	72°47′S	159°04′E	2315	1620	250	（Stenni et al., 2011）
	EDML	75°00′S	00°04′E	2822	2774	150	（2006）
	Siple Dome	81°40′S	148°49′W	621	1003	40	（Ahn et al., 2004）
	WAIS Divide	79°28.058′S	112°05.189′W	1766	3405	68	
	DomeA 2005	80°22′S	70°22′E	4092.5	109.91	2.8	（马天鸣, 2016）
格陵兰盖冰芯	GRIP	72.58 °N	37.64 °W	3238	3 029	～ 250	（Dansgaard et al., 1993）
	GISP2	72.6 °N	38.5 °W	3200	3 053	>150	（Grootes et al., 1993）
	Camp Century	77°11′N	82°08′W	1885	1 388	>100	（Paterson, 1995）
	Dye 3	65°11′N	43°50′W	2479	2 037	>100	（Paterson, 1995）
	Devon Island	75°20′N	82°30′W	1800	299	～ 125	（Paterson, 1995）
	NGRIP	75.108 N	42.328 W	2917	3, 085	123	（2004）
	NEEM	77.45 °N	51.07 °W	2479	2, 537	128.5	（2013）
	EGRIP	75°38′N	35°60′W				
青藏高原冰芯	敦德冰芯	38°06′N	96°24′E	4 900	140	～ 40	（Shi et al., 2001）
	古里雅冰芯	35°17′N	81°29′E	6 200	309	>125	（Shi et al., 2001）
	达索普冰芯	28°23′N	85°43′E	7200	160	2	（田立德等, 2006）
	普若岗日冰芯	33°55′N	89°05′E	6200	214.7	7.5	（段克勤等, 2012）
	慕士塔格冰芯	38°17′N	75°06′E	7010	41.6	0.5	（Tian et al., 2006）
	马兰冰芯	35°50′N	90°40′E	5680	102	1	（王宁练等, 2006）
	格拉丹冬	33°35′N	91°11′E	5720	147	0.5	（张玉兰, 2011）
	龙匣宰陇巴冰芯	33°07′N	92°05′E	5743			
	宁金岗桑冰芯	29°02′N	90°12E	5950			
	东绒布冰芯-1998	27°59′N	86°55′E	6518	108.8	1	（许浩, 2017）
	羌塘1号冰芯			5900	109	1.3	（Ritterbusch et al., 2022）
	崇测冰芯	35°14′N	81°7′E	6010	216.6	7	（Hou et al., 2018）

部分引自：王有清和姚檀栋, 2002；赵华标等, 2014。

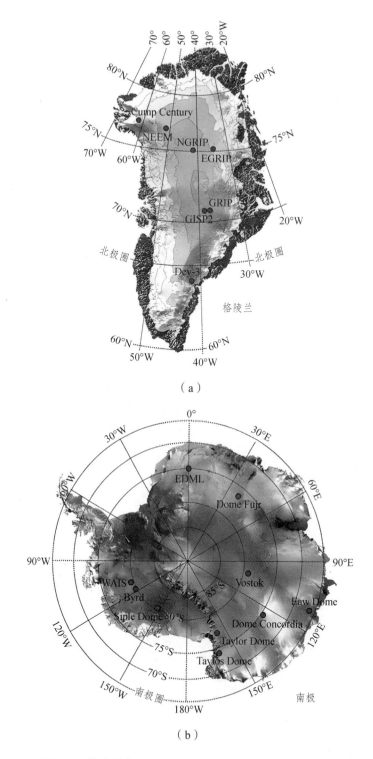

（a）

（b）

图 8-1　格陵兰岛和南极洲冰芯站点（刘植等，2019）

　　南极冰盖是地球上重要的组成部分，平均厚度 2 500 m，覆盖了 1.398×10^7 km² 的面积，温度低、受到人类活动的影响小，储存着信息量大、时间序列长、保真性强、分辨率高的气候环境演化信息，被誉为"地球气候的档案库"。南极洲的气候特点是酷寒、多烈风、降水稀少。南极洲每年分寒、暖两季，4—10月是寒季，11月至翌年3月是暖季。全洲年平均气温为 – 25 ℃，内陆高原平均气温为 – 50 ℃左右，寒季气温很少高于 – 40 ℃。南极冰芯作为古气候记录的良好载体之一，在过去全球变化研究中占有极其重要的地位。它不仅在全球气候环境变化中扮演着重要角色，影响着地球表面的热量平衡、大气环流、海平面升降、物理海洋和生物地球化学循环等，还储藏有大量反映全球气候环境变化的信息。Dome C 深冰芯记录了过去 80 万年的气候变化（Lambert et al.，2008）。南极冰盖的数支深孔深冰芯已提供了过去气候环境变化的宝贵资料，并通过稳定同位素比率-时间关系重建了古气候温度变化曲线（秦大河和康世昌，1997）。

格陵兰冰盖的平均厚度 1 500 m，面积 1.82×10^6 km^2，是北半球最大的冰体。格陵兰岛全年平均气温在 0 ℃以下。冬季（1月）平均气温南部为 – 6 ℃，北部为 – 35 ℃。夏季（7月）西南沿岸平均气温为 8 ℃，最北部夏季平均气温为 3.6 ℃。其中最冷的中部高原地区最冷月的绝对最低温度达到 – 70 ℃，是地球上仅次于南极洲的第二个"寒极"。年平均降水量从南部的 1 900 mm 递减到北部的约 50 mm。格陵兰冰芯物质积累速率为南极冰盖的 10 倍，由于其积累率高，可根据冰芯的氢氧同位素记录探究短时间尺度的气候突变事件（如 D-O 循环等）（Johnsen et al.，2001）。如 GRIP 冰芯和 GISP2 冰芯的深度分别达到了 3029 m 和 3053 m，然而只记录了过去十几万年的温度变化（Ren et al.，2009）。它记录的地球现代和过去气候环境信息对全球变化，特别是北半球的气候环境变化的研究意义重大。它具有分辨率高的特点，已经获取的冰芯记录揭示末次冰期出现了快速的气候变化规律，为深入了解全球气候变化做出了重要的贡献（Boutron et al.，1994）。

高山冰川规模远小于极地冰盖，在中低纬度广泛分布，对全球变化的反应更敏感、更直接，对区域性气候环境变化有重要意义。作为"世界第三极"的青藏高原，由于其特殊的地理位置（中纬度）和高海拔（平均在 4 000 m 以上），成为两极之外人们最感兴趣的冰芯研究热点地区（孙艳荣等，2001）。青藏高原，气温低，积温少，气温随高度和纬度的升高而降低，气温日较差大；冬季干冷漫长，大风多；夏季温凉多雨，冰雹多。青藏高原年平均气温由东南的 20 ℃，向西北递减至 – 6 ℃以下。由于南部海洋暖湿气流受多重高山阻留，年降水量也相应由 2 000 mm 递减至 50 mm 以下。喜马拉雅山脉北翼年降水量不足 600 mm，而南翼为亚热带及热带北缘山地森林气候，最热月平均气温 18 ~ 25 ℃，年降水量 1 000 ~ 4 000 mm。而昆仑山中西段南翼属高寒半荒漠和荒漠气候，最暖月平均气温 4 ~ 6 ℃，年降水量 20 ~ 100 mm。利用冰芯中的氧稳定同位素记录来恢复古气候和古环境的变化，在中低纬高山冰川冰芯研究中更有不同的意义。这些冰川的地理位置较极地地区更接近于人类活动地区，其冰芯中的气候变化记录更能反映人类活动的影响（田立德等，1997）。

冰芯是地球气候环境变化的天然档案库。然而，随着全球气候的进一步变暖，山地冰川逐渐消亡，极地冰盖的消融也呈增加趋势。这意味着冰芯这一天然档案库存在"融化消失"的极大风险。为了更好地认识我们所居住的地球环境的变化，拯救冰芯是当务之急，而这一点西方国家走在了前面。早在 1993 年，美国在科罗拉多州首府丹佛建立了美国国家冰芯实验室（National Ice Core Laboratory）；2018 年，该实验室更名为美国国家科学基金会冰芯机构（National Science Foundation Ice Core Facility）。该机构是对取自全世界不同地区的冰芯进行保存与管理，鼓励不同学科的科学家利用该机构的冰芯样品开展科学研究。2015 年，欧洲科学家发起了"冰存储计划"（Ice Memory），其目的是建立一个国际冰芯储存库，将取自全球关键山地、亚极地和极地冰川的冰芯储存在温度极低的南极地区，为未来的科学家提供高质量的冰芯样品以从事相关科学研究。以青藏高原为主体的第三极是中低纬度冰川发育最多的地区，加强南北两极研究是我国现在和未来发展的需要。在全球变暖加剧、冰川加速消亡的今天，应尽快拯救冰芯资源，建立我国的冰芯档案储藏库，为国家发展及后世科学研究服务（《中国科学院院刊》）。

第二节　冰芯同位素恢复气候变量

为了恢复冰芯同位素与古气温的关系，应先验证地表雪同位素组成与温度之间的变化关系。根据南极表层雪的空间分布，可以观察到在沿海地区同位素值富集，越往内陆方向，同位素值贫化（图 8-2）。南极大陆有短暂温暖的夏季，随后就是漫长寒冷的冬季。降水的同位素组成显示出规律的季节性周期。夏季同位素组成富集，冬季贫化（Casado et al.，2018）。在南极 Vostok 站点，年平均雪同位素（δD）与年平均地表气温（$-55 \sim -20\,℃$）之间有显著的线性关系，回归线斜率为 $6‰℃^{-1}$（Jouzel et al.，1987）。1990 年"国际横穿南极考察队"完成了横穿南极大陆的壮举，雪样中 δD 与温度呈正相关，也发现了不同空间雪样中 δD 与温度回归模型差异，反映了水汽来源的差异或分馏过程的差异（姚檀栋和秦大河，1995）。青藏高原东北部地区大气降水中 $\delta^{18}O$ 与温度存在显著的正相关关系（章新平等，1995）。姚檀栋等通过对青藏高原古里雅冰芯氧同位素的研究，发现冬季气温降低，降水中的 $\delta^{18}O$ 值减小；夏季气温升高，降水中的 $\delta^{18}O$ 值也增大，大致是降水中的 $\delta^{18}O$ 每增大（或减小）1‰，温度上升（或下降）约 1.6 ℃，或者说，温度每上升（或下降）1 ℃，降水中的 $\delta^{18}O$ 增大（或减小）约 0.6‰（姚檀栋等，1995）。在年际尺度上，慕士塔格冰川 7 000 m 冰芯的稳定同位素时间变化序列，与当地气象站观测的年气温变化高度相关，相关系数达 0.67，进一步明确了高纬度高海拔地区冰芯稳定同位素对气候变化的指示意义（Tian et al.，2007）。青藏高原南部地区虽受到季风的影响，季风期 $\delta^{18}O$ 值低，非季风期 $\delta^{18}O$ 值高，多被解释为降水量效应。许浩等人研究中指出，青藏高原南部及中部地区长时间变化表现为温度效应，短时间表现为降水量效应（许浩，2017）。由此可以看出，冰芯的同位素值与温度一般呈正相关。

大多数基于冰芯的过去气候重建是基于通过估计的线性关系将单一同位素记录转换为温度。当地气温变化与 $\delta^{18}O$ 变化相关性建立温度与 $\delta^{18}O$ 归方程，表达为 $\delta^{18}O = kT + C$ 的函数形式。Lorius 和 Merlivat（1977）在南极地区利用东南极洲 Dumont d'Urville 站到 Dome C 断面表层雪中 $\delta^{18}O$ 和 δD 以及年平均气温结果，首先建立了 $\delta^{18}O\text{-}T$ 和 $\delta D\text{-}T$ 空间尺度上的线性关系式 $\delta D = 6.04T - 51‰$。1971—1985 年期间，在格陵兰岛 GISP 下钻探或处理了许多深度在 10 ~ 400 m 的冰芯。它们提供了利用 GISP 材料重新建立平均 $\delta^{18}O$ 与平均表面温度关系的数据，这些数据绘制在图 8-3 中。在格陵兰地区最佳线性拟合经验关系式为 $\delta^{18}O = 0.67T - 13.7‰$（Johnsen et al.，1989）。这种经验公式并不适用于大部分区域，为提高准确性，可以使用研究区有气象数据的时段来检验温度与同位素的相关性。

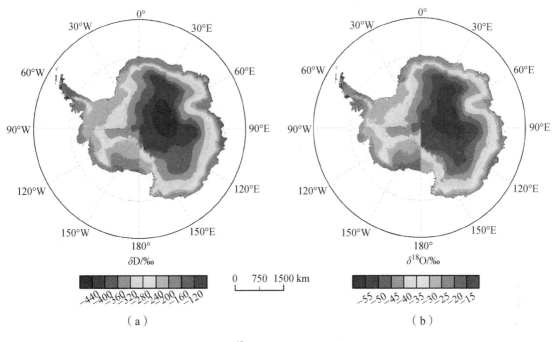

图 8-2　南极表层雪 $\delta^{18}O$ 与 δD 的空间分布（彩图见附录）

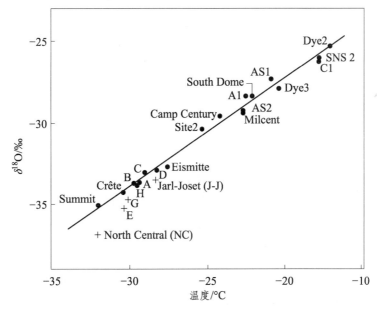

图 8-3　格陵兰岛冰盖表层雪平均 $\delta^{18}O$ 与地表温度关系
引自：Johnsen et al.，1989。

　　侯书贵等（2013）总结了多个地区 $\delta^{18}O$-T，δD-T 的相关关系，结果如表 8-2 所示，不同区域的相关关系差异性明显，表明了空间差异显著。由于极地地区的恶劣气候，进行长时间的同位素和温度的观测非常困难，有时候需要借助模型模拟的结果，例如大气环流模式 AGCM（Atmospheric General Circulation Models）模式的模拟结果证实南极冰盖年际尺度上 δ-T 存在很好的线性相关关系（Jouzel et al.，1997）。

表 8-2　南极冰盖不同区域稳定同位素随温度变化梯度

区域	$\delta^{18}O\text{-}T$ /‰·°C^{-1}	$\delta D\text{-}T$ /斜率/‰·°C^{-1}
D·d'Urville-Dome C	0.76	6.00
Patrot Hills-Vostok	0.77	5.84
Komsomolskaya-Mirnyy	0.90	7.00
Amundsenisen 区域	0.77±0.14	—
Dome C 区域	0.75±0.15	6.04
中山站-Dome A 断面	0.84	—
兰伯特冰川西侧	0.84	—
兰伯特冰川东侧	0.58	—
Vostok 站西侧	0.89±0.11	7.00
Vostok 站东侧	0.89±0.039	5.84
南极冰盖	0.89±0.01	6.34±0.09

引自：侯书贵等，2013。

　　虽然说降水与温度呈线性相关，水汽源区状况、水分来源的变化、降水类型、冰盖高程及大气环流特征的变化等诸因素均可能在不同程度上影响 $\delta\text{-}T$ 相关关系。积雪沉积后粒雪层内水汽与粒雪存在稳定同位素交换作用，即稳定同位素扩散作用。南极内陆的升华效应以及冰盖边缘区由于风产生的物质损耗效应也会导致稳定同位素的空间差异，进而影响到根据冰芯记录重建的古气温变化的精度（Masson-Delmotte et al.，2008）。因此同位素气候重建数据分析中要考虑如下干扰因素（侯书贵等，2013）：

　　1. 降水的区域不均衡性

　　由于降雪或降水的区域分布是不均匀的，局地区域内一次降水在有的地点可能达几十毫米，而有的地点可能只有几毫米甚至没有，这就造成相邻冰芯的同位素记录相关性较差。但这种干扰可以通过附近多支冰芯的比较和用较长时间尺度的滑动平均法消除从而提取出有用的气候环境信息。

　　2. 逆温层的影响

　　因为冰川的高反射率，一般冰雪区地表以上 1 km 内会形成逆温层，从而使地表温度和降水云层温度之间的关系变得复杂。通常情况下，降水的同位素比值所反映的温度更接近降水云层温度，而雾凇沉积的同位素反映的温度则更接近于逆温层以下的地表温度，这就对冰雪沉积同位素记录形成不稳定的干扰。目前对这种干扰的排除主要通过和冰芯的钻孔温度记录比较来解决，因为钻孔温度记录被认为是地表温度的反映。

　　3. 年际降水分布的不均衡性

　　由于划分年层的标志层并不一定出现在每年的同一时期，比如在南极有的年份冰盖同位素峰值可以出现在 11 月份，而有的年份出现在 2 月份，这就使得用 δ 值划分的年层对应的时间不一致，产生了年层的界线干扰，它一般可以通过与附近站点资料的比较和进行多年平均等方法消除。在年积累率高的地区，3～5年沉积记录的平均处理，就可使这种干扰的程度减少到0.2℃以内。

4. 雪层中同位素的再迁移过程

积雪沉降后一般要经过粒雪化过程和成冰过程，在此过程中积雪中的同位素会通过粒雪空隙间及积雪和空气间的再蒸发冻结作用而迁移，平滑了原始的分布。在这过程中如果积雪向空气蒸发掉的水汽比较多，那么表面积雪的同位素值将会因为分馏作用而增加。

5. 冰川流动作用的影响

冰川内部流动作用对同位素记录的影响，随着深冰芯研究的深入，也变得越来越重要了。由于冰川活动使其内部的冰层发生形变或叠置，从而使冰芯剖面变得更为复杂（张小伟等，2002）。

第三节　古气候重建

两极冰盖上的中浅深度冰芯已超过上千支，成果主要体现3大方面，即对过去气温、物质损失率变化序列的恢复，关键气候事件——诸如小冰期、ENSO等的探究，及火山喷发事件等环境事件的监测和检验。

通过以上冰芯的同位素值可以揭示温度的变化规律，当地球绕太阳运动轨道的几何形状发生变化时，地球表面所接受到的来自太阳的辐射能量也随之发生改变，进而造成地球上气候发生相应的变化，例如前文提到的冰期-间冰期气候旋回。第四纪晚期（过去100万年）不时发生一系列冰期和间冰期变化，周期持续约10万年。地球轨道的变化由轨道偏心率（Eccentricity）、地轴倾角（Obliquity）和岁差（Precession）三个主要参数控制。

偏心率（Eccentricity）：地球绕太阳旋转的椭圆形轨道并非一成不变，其变动范围是0～0.07，变化周期为40万年和10万年；偏心率变化对地球表面接受的太阳能量影响很小，主要通过调制岁差振幅进而影响地球表面太阳辐射量。

地轴倾斜度（Obliquity）：地球自转轴（赤道面）与公转轴（黄道面）的夹角，又称地轴倾角，在21.5°～24.5°缓慢变化，周期约4万年；倾角变化影响着地球纬度之间太阳辐射入射量差异，较小的地轴倾斜度意味着高纬地区接受更多太阳辐射。

岁差（Precession）：地球运转时近日点和远日点在公转轨道上做旋进运动，造成春（秋）分点在黄道面上位置变化称为岁差，其进动周期约2.6万年。岁差决定了地球二分二至点位置不是定点，而是在公转轨道上不断西移的动点，从而导致地球公转一周不等于太阳直射点纬度变化一周。

冰芯首次揭示了地球轨道偏心率、地轴倾斜和岁差频率附近的10万年的冰期-间冰期变化周期（Jouzel et al.，1987）。2010年，M.Siddall等人通过研究南极冰芯温度记录发现，过去50万年冰期的千年气候变率强度与岁差周期（约2.1万年）有显著相关性，并远强于其与北大西洋融冰事件的相关性，由此他们认为，岁差变化可能调控气候突变事件的发生（Siddall et al.，2010）。

一、轨道尺度上

在深冰芯方面，已经钻取并取得显著研究成果的冰芯主要有 VOSTOK、Dome C、Dome F、Bryd、WAIS 冰芯等。深冰芯记录可通过氢氧稳定同位素的变化来研究第四纪中更新世以来的全球气候，3 000 m 以上的冰芯年龄达数十万年，对于揭示千年尺度上、轨道尺度上气候演变规律具有独特优势。由于全球热量传送方式被中、新生代的大陆漂移和构造运动改变，新生代以来全球气候逐渐变冷，始新世末期南极周围出现冰冻和大面积的海冰，南极冰盖逐渐形成，在约 240 万年前北半球形成中等规模冰盖。这样，数千万年的缓慢、不规则的变冷过程终于被极度不稳定的气候所代替，地球的历史进入了第四纪气候。约 240 万年前以来，第四纪的气候包括几次冰期和间冰期的循环。第四纪气候的特点是冰期与间冰期的交替，是在万年尺度上的事件。该时期包含多个冰期和间冰期的旋回，它们在冰芯中有很好的记录。

Vostok 位于南极洲东部的中部，西南面是划分太平洋和印度洋盆地的主冰脊。该站附近的下伏表面代表了一个平均坡度小于 10^{-3} 的高原，其特征是没有大型的冰起伏。冰川表面终年积雪，即使在最温暖的月份也不会融化。该站的气候由其高山和高纬度的位置以及远离海洋（距离最近的海岸约 1 300 km）决定。寒冷干燥的南极气团在这里占主导地位。年平均地表气温为 – 55.4 ℃，冬季平均气温为 – 66.2 ℃，夏季平均气温为 – 32.6 ℃。风主要来自 WSW 和 WS 方向。苏联南极探险队在 Vostok 发现的冰芯，达到 3 623 m，是目前最长的冰芯，通过 $\delta^{18}O$、尘埃、CO_2、CH_4 还原 42 万年的气候，重建了 4 个完整冰期-间冰期旋回的气候变化，并发现该冰芯记录的冰期-间冰期旋回的气温变化幅度达 12 ℃ 左右，并指出全球变暖与 CO_2、CH_4 相关（Petit 等，1999）。

欧洲多个国家参与并实施南极冰芯钻探项目（European Project for Ice Coring in Antarctica，EPICA），位于 Dome C，该冰芯长度 3 270 m，恢复的气候时间尺度达到 80 万年前，是世界上最古老的冰芯。该冰芯记录近 80 万年以来的气温、粉尘含量和大气温室气体含量（CO_2、CH_4 和 N_2O）变化。在 80 万年期间存在 8 个冰期-间冰期的循环。南极洲曾经出现过以 10 万年为周期的冷暖交替现象，不过这种交替模式在 43 万年前发生了变化。同时，在轨道时间尺度（冰期-间冰期时间尺度）上大气气溶胶含量、温室气体含量与气候变化之间密切相关。而且，Dome C 结果将有助于找寻时间尺度在 150 万年左右的古老冰芯存在地点，进一步帮助理解中世纪气候转型的机制。

古里雅冰芯取自青藏高原西北边缘的西昆仑山古里雅冰帽。古里雅冰帽位于青藏高原最大的现代冰川作用中心。古里雅冰芯上下部分辨率差异大（上部冰芯分辨率以年计，下部冰芯分辨率以百年计），在冰芯上部 120 m（相当过去 2000 多年），用污化层和 $\delta^{18}O$ 年层来定年。在冰川下部，采用了 ^{36}Cl 定年。经测定，308.6 m 透底冰芯的年代最老达 70 多万年，仅次于南极冰盖。该冰芯中 $\delta^{18}O$ 记录反映了距今 12.5 万年以来的温度变化存在显著的 2 万年和 4 万年周期，并且与北半球 60 °N 太阳辐射变化呈现一致的变化趋势。该冰芯研究已详细恢复了自末次间冰期以来的气候环境变化记录，揭示出古里雅冰芯记录的末次间冰期最暖时的气温比现代高约 5 ℃。末次冰期时的最低气温出现在距今 2.3 万年，较现代低约 10 ℃；距今 1.5 万年之后气温逐步回升，新仙女木事件时期气温突然降低，距今约 1.05 万年气温又开始回升，之后进入全新世。古里雅冰芯记录末次冰期一系列冰期与间冰期的变化，与极地冰芯记录相对应。但古里雅冰芯 $\delta^{18}O$ 变化幅度与极地冰芯 $\delta^{18}O$ 变化幅度大得多。特别是从末次冰期最盛期到全新世，$\delta^{18}O$ 升高了 5.4‰，上升幅度与极地冰芯相同。古里雅冰芯 $\delta^{18}O$ 冰阶与间冰阶大幅度波动表明中低纬度气候变化更受岁差周期（2.3 万年）的影响，而不是地轴倾角的周期（4.1 万年）（Thompson et al.，1997）。古里雅冰芯与格陵兰和南极冰芯记录在大的冷暖事件变化上是一致的，但青藏高原地区的冷暖变化幅度大于格陵兰和南极地区，表明青藏高原对气候变化比其他地区更加敏感（田立德和姚檀栋，2016）。

二、亚轨道尺度（千年尺度）

五万到三万年前，走出非洲的现代人在旧石器时代晚期初段迅速扩张到整个欧亚大陆和澳洲地区。然而，欣欣向荣的景象在 3 万年前之后戛然而止，自现代人出现以来最严酷的一个冰期席卷全球，在地质学上称为末次冰期最盛期（Last Glacial Maximum-LGM），持续时间从 2.65 万年前到 1.9 万年前。随着冰期全球气温的不断下降，两极和高山的冰川开始不断向低纬度和低海拔地区延伸。1.9 万年前，持续了 1 万多年的末次冰盛期开始衰退，随着冰盖的缩减，末次冰期最盛期结束后出现了一个暖期，称为冰后期。12 800 年前，一轮新的冰期突然来袭，原有的升温过程被打断，全球气温骤降，因为欧洲在这一时期的沉积物中出现了大量原本存在于寒带地区的一种草本植物仙女木的残骸，故而命名为新仙女木事件（Younger Dryas）。这一降温事件一直持续到 11 500 年前结束。在地质学上，新仙女木事件代表着更新世的终结，此后进入了全新世（Holocene）时期。亚轨道时间尺度上的气候变化，其时间尺度比较短，一般在数千年至一万年间。从末次冰盛期到全新世这一时期，亚轨道时间尺度上的气候变化大都具有突发性。据冰芯记录，在北大西洋地区，末次冰盛期是以很多个时间尺度为 1 ka 左右的气候突变为特征的。这些气候突变事件中的一些就属于亚轨道时间尺度上的气候变化，如 Dansgaard/Oeschger（D-O）震荡和 YD Younger Dryas 冷事件。南极内陆冰芯稳定同位素记录多次出现末次冰期时增温幅度 1~3 ℃ 的变暖事件，被称作南极同位素极值事件（Antarctic Isotope Maxima events）（侯书贵等，2013）。

1981 年在格陵兰南部 Dye 3 地点成功地钻取了 2 038 m 透底冰芯，并对该冰芯进行了共计 61 000 多个样品的高分辨率采样，分析了该冰芯中 $\delta^{18}O$ 记录，发现末次冰期时存在多次气候突变事件。Dansgaard 领导的 GRIP 冰芯计划，于 1992 年夏季成功地钻取了长 3 029 m 的透底冰芯，并揭示出在末次冰期时存在 24 个气候突变事件。这些气候突变事件是 Dansgaard 教授在 Dye 3 冰芯记录中首先发现的，之后被 Hans Oeschger 教授所证实并给出解释。因此以他们的名字来命名这些气候突变事件为 Dansgaard-Oeschger Events，即 D-O 事件。D-O 事件的发现，使人们对末次冰期时的气候变化有了革命性的认识（王宁练等，2016）。

Masson-Delmotte 等人利用南极 6 个深冰芯的 $\delta^{18}O$ 记录，对比了南极末次间冰期和全新世气候变化。发现在这两个时期，东南极洲稳定同位素随时间变化的模式很相似，表明东南极洲千年尺度上气温变化的一致性（Masson-Delmotte et al.，2011）。千年尺度上南极气温变化具有一致性，然而从末次冰期到全新世转暖的速率区域差异显著。通过对格陵兰 Dye-3 冰芯中 $\delta^{18}O$ 高分辨率记录的分析发现，末次冰期时气候存在多次突变事件，即气候在几十年甚至更短的时间内迅速变暖 5～10 ℃ 并进入间冰阶，而在随后的几百年至几千年的时间里气候逐渐变冷并进入冰阶。Dansgaard 等通过对格陵兰冰芯记录的深入研究，发现距今 11.5 万～1.4 万年存在 24 次气候突变事件，证明 D-O 事件在北半球大的空间范围内是广泛存在的。

南、北极气候事件的位相关系对理解南、北半球气候系统耦合与相互作用机制至关重要。为研究南、北极地区气候事件的位相关系，将格陵兰 GISP2 冰芯和南极冰芯过去 90 ka 来的 ^{18}O 记录统一到同一定年标尺下，结果显示：南极温度逐渐升高，而格陵兰温度下降或恒定，南极变暖的结束显然与格陵兰岛迅速变暖的开始相吻合。对比南极和北极冰芯气候记录，发现当格陵兰冰芯中 D-O 事件处于暖位相时，南极冰芯记录的气候状况处于冷期；反之亦然，即末次冰期时南极和北极气候变化在千年时间尺度上存在"跷跷板"现象。最近，利用全球大气 CH_4 浓度变化的同步性，对南极冰芯和格陵兰冰芯记录的气候变化过程进行精确比较，发现格陵兰地区 D-O 事件时的突然变暖早于南极气候开始变冷（218±92）年，格陵兰气候变冷早于南极气候开始变暖（208±96）年。这种模式为气温中的"双极跷跷板"的运行和千年时间尺度上半球之间的海洋遥相关提供了进一步的证据（Blunier and Brook，2001）。

已有多项研究指出，随着人类活动的加剧和化石燃料的大量使用，全球气温在近百年来呈现上升趋势。无论是位于东南极冰盖边缘抑或是内陆高原区域的冰芯，基本在过去 100 年中 $\delta^{18}O$ 均呈快速上升趋势。有人研究 DA2005 冰芯近 100 年来的温度记录，通过线性拟合得出 $\delta^{18}O$ 随冰芯深度的增加呈下降趋势，即温度在近 100 年内呈波动上升趋势（马天鸣，2016）。南极冰芯同位素记录也保存了 ENSO 高频波动（田立德等，2021）。林振山等人用经验模态分解（EMD）方法对格陵兰冰盖 GISP2 冰芯古气候代用指标 $\delta^{18}O$ 序列进行分解，结果表明：格陵兰近 10 ka 来气候变化总趋势出现历时约 490 a 的中世纪暖期和历时约 570 a 的小冰期，其间还存在次级的冷暖期变化，可能受到 ENSO 和太阳活动的影响。总体看来，9 世纪至 12 世纪气温总体呈上升趋势，1111—1138A.D.，前后气候趋势出现转型，开始下降；12 世纪至 17 世纪呈下降趋势，1350A.D.气温下降进入低于平均气温的小冰期，1573—1650A.D.前后气候再度转型，开始上升；17 世纪以来呈上升趋势；1920A.D.前后再度高于平均气温，相应进入现代增暖阶段（俞鸣同等，2009）。

古里雅冰芯记录了近 2000 年来的气候变化，发现气温总体呈上升的趋势。对温度降水进行恢复，曾出现 7 次冷期和 8 次暖期，而干湿变化只可分出 4 次干期和 5 次湿期（姚檀栋，1997）。青藏高原中部的马兰冰芯记录了公元 1129 年以来的气候环境变化，^{18}O 也记录了 20 世纪的升温，与全球变化一致（王宁练等，2006）。在过去的 1000 年，青藏高原冰芯同位素波动存在空间差别，但所有冰芯记录都显示过去的 20 世纪，特别是后半叶，是过去 1000 年温度最高的时期，是全球气候转暖的证据。在南极多个冰芯记录中也发现了这一结果，而且冰芯 $\delta^{18}O$ 与赤道太平洋 Nino3.4 指数高度相关，并且近代冰芯同位素值升高是由 ENSO 活动增强导致的。模型模拟研究显示青藏高原南部达索普冰芯钻取点降水 $\delta^{18}O$ 与南方涛动指数（Southern Oscillation Index，SOI）显著负相关。根据对古里雅冰帽 10 m 冰芯取样测试，$\delta^{18}O$ 随深度变化，变化与温度有关。在厄尔尼诺年，青藏高原古里雅冰芯中 $\delta^{18}O_{max}$ 和 $\delta^{18}O_{min}$ 减小，表现为古里雅冰帽的降温；在拉尼娜年，$\delta^{18}O_{max}$ 增大，表现为古里雅冰帽的增温，但 $\delta^{18}O_{min}$

的变化不稳定（章新平等，2000）。不同学者研究中国西部地区冰芯的 $\delta^{18}O$ 和记录中 20 世纪 60 年代以来的 ENSO 信息。结果表明在厄尔尼诺年时，古里雅冰芯与马兰冰芯中 $\delta^{18}O$ 减小，表现出明显的降温，而达索普冰芯 $\delta^{18}O$ 增大，表现为降水量减少；在拉尼娜年时，古里雅冰芯与马兰冰芯中 $\delta^{18}O$ 增大，表现了明显的增温，而达索普冰芯 $\delta^{18}O$ 明显减小，表现为降水量增加（张彦成等，2012）。

南极洲西部积雪的同位素组成在 ENSO 时间尺度上表现出很大的变化，因为它靠近太平洋，而且 ENSO 对阿蒙森海低压（Amundsen Sea Low）和南极偶极子 Antarctic Dipole（ADP）环流异常都有影响。在年际到年代际的时间尺度上，对流层南极环流已知受到南环模 Southern Annular Mode（SAM）和/或厄尔尼诺/南方涛动（ENSO）的影响。SAM 是南半球主要的热带外大气环流模式，代表了环绕南极大陆的对流层西风带——环极涡旋强度的波动。另一方面，ENSO 的特点是赤道太平洋中部和东部的海表温度冷暖异常，伴有大气变化，甚至延伸到南极洲（Turner，2004）。已知 ENSO 的变化会影响 SAM，但以高度非线性的方式（Kwok and Comiso，2002）结合起来，这两种强迫有可能部分抵消或增强它们对彼此和整个南半球的影响（Bertler et al.，2006）。虽然已知 ENSO 发生在热带太平洋，但它的信号在南极洲的其他地区也有记录。这种遥相关是通过太平洋南美洲模式（PSA）发生的，它代表了一系列由热带对流引发的正、负位势高度异常，从赤道太平洋中部延伸到澳大利亚、南极洲附近的南太平洋、南美洲，然后向北弯曲到非洲。ENSO 与南极洲的遥相关，最明显的联系是通过太平洋南美洲 Pacific-South American（PSA）模式，但南极对个别事件的反应存在很大的变异性（Turner，2004）。在 ENSO 事件期间，PSA 型引起了阿蒙森-别令斯豪森海和威德尔海地区的位势高度异常。这种被称为南极偶极子的现象出现在南太平洋和南大西洋的海冰和表面温度异常的非相位关系中（Yuan，2004）。

第四节　冰芯采样及数据收集

采样前，准备器具主要包括铲子、直尺、薄片取样刀等，冰芯钻和能够提供钻机电源的发电设备，干燥而且无污染的采样瓶等。采样过程中必须身穿洁净服、头戴洁净帽、戴洁净口罩、洁净手套以及洁净鞋套等，以便隔绝冰芯与外界的直接接触（王晓香等，2017）。

就冰芯钻探技术目前的发展而言，钻取冰芯的方法主要分为两类：机械方法（Mechanical）或者热力学方法（Thermal）。两种钻机的区别在于，机电钻机的钻头是切割器，通过切割打入冰盖内部。而热电钻机的钻头是环状加热器，通过加热使冰柱周围的冰融化，来获得柱状冰芯。手摇冰芯钻是最简单的冰层机械钻具，其通过延长杆将地表动力传递至孔内钻具。在不依靠外界动力源的情况下，手摇钻最大钻进深度约为 30 m。当需要更长的冰芯时，就需要使用机电钻机（Electromechanical Drills）或热电钻机（Electrothermal Drills）。在山地冰川进行采样时，要选择晚上打钻，防止白天融化影响机器工作。

采样时，选择一个合适的钻取点，一般会在冰穹顶点进行钻取。因为冰穹顶点下部的冰层流动缓慢、冰川积累率高、冰川运动相对稳定、冰芯气候记录连续性强，这一处的底部冰层的层序较其他位置保存较好，提取到的冰芯能够较好地反映环境气候记录。当钻取冰芯时，首先分清冰芯的上端和下端，上端是出口，倒在预先准备的设在地面上的塑料薄膜或者挖槽内。往外倒冰芯时要注意冰芯与钻筒始终保持平行，否则易造成冰芯破损、折断。倒出冰芯后，测量冰芯长度。在筒袋表面用记号笔标注箭头、长度和序列号，同时也要记录冰芯剖面的物理特征。每一钻钻取的冰芯根据以上流程重复进行，详细描述记录冰芯表面可见的一些信息，直到冰芯钻取结束。根据装冰芯容器的长度装入筒袋，然后放入准备好的容器内。现场储存冰芯时，在远离钻机十几米处挖一雪坑埋入其中。临时储存冰芯地点必须避开阳光照射、风口等可能会污染冰芯表面的地方。最大限度地保护好冰芯样品不被污染，以保证分析结果的可靠性，等待后期运输。在运输冰芯时，将样品装入特制的圆筒内，防止冰芯摔落破损，并保持低温状态运输到安全位置。为了保证冰芯样品的原始性，在运输当中必须保持储存冰芯的空间温度的稳定性，一般保持低温在 –18 ℃ 左右。通常将提取的冰芯样品放置在 –18 ℃ 左右的冰柜中，让冰芯样品保持冻结状态运回实验室，然后储存在冷库中，等待分割。采样时，采样点的选择、雪层剖面状况、采样间距、样品的外观，采样时的风速、气温等气象状况均要做详细记录。

采样后，冰芯样品必须在低温、超净的环境中分割。如果环境温度不足以使冰芯样品保持冻结状态，则样品融化时会发生淋溶作用，使得分割的样品失去代表性，不具备测试的必要性。如果分割环境不是超净环境，空气中的杂质会对样品中所测组分造成一定程度的污染，影响测试结果的准确度。在分割冰芯前，应先找几个经过空白测试证明是洁净的，和冰芯直径相近并可密封的塑料瓶（要足够深）或塑料桶，装入 18.2 MΩ 的超纯水冻成冰柱。注意超纯水不宜装得太满，以免冻破容器。最后，对所分割的样品测试其本底，再次确保锯条和台面的洁净，才进行冰芯的分割。分割人员的穿着要保暖，最重要的是必须身穿洁净服，头戴洁净帽、戴洁净口罩、手套，洁净 PE/PP 手套必须是经空白测试证明过的产品。样品的预处理工作应在室内温度应不高于 –15 ℃ 的情况下完成。首先纵向剖取冰芯的 1/2，以相应长度进行连续分割，得到相应数量的样品。每一个样品用洁净的不锈钢手术刀片均匀刮取 0.5 cm 的外层后，用作氧同位素比率的分析。整个处理过程严格控制污染，每个处理日的开始和结束均要采用 18.2 MΩ 的超纯水设计空白样。最近，冰芯溶解技术已经发展到包括连续的数据集，在冰芯融水中在线测量氧和氢的稳定同位素，以及被包裹于冰芯气泡中的气体氧、氮和氩等同位素（Osterberg et al.，2006）。

我们得到冰芯在不同深度的数据，要想还原古气候，需要进行定年。冰芯定年的方法按照原理不同一般有以下几种：

（1）从顶至底依次计数可进行定年。鉴别年层时可在不同深度上取样，再利用光谱仪鉴别。在现场恶劣的条件下，无疑是很好的一种选择，但这种基础性方法缺点在于精度偏低、有数据损失、更深冰芯年际层薄或由于冰流运动导致年际层模糊无法目测。

（2）季节性变化参数。冰芯是由多年沉降的物质所构成，其中存在着一些指标会随着季节气候条件改变而发生变化，包括 ECM/DEP（电学）、$\delta^{18}O$、微粒、海盐离子等。这几种指标精度颇高，但只能给出相对定年结果，无法定出绝对年代。而且，随着冰芯底部质量的下降，指标缺失或混乱的情况十分常见。

（3）标志层。利用含量急剧增加的物质作为某一种特殊事件发生的标志，再与历史记录或已经得到公认的气候事件对应得到绝对年份。该方法只给出某些时间点，需要跟季节性变化参数结合才能得到连续记录。此外，物质传输和沉积过程相对缓慢，沉积时间差可能造成定年的不精确，而且路径也有一定的影响。

（4）宇宙放射性同位素或稀有气体同位素。放射性元素的半衰期是具有规律的，不受外界环境的影响而只由原子核内部决定，故应用到冰芯定年上可获得较高的精度。然而，该方法的测试要求较高且价格昂贵，尚未作为主要定年方法进行大规模使用。

（5）理论模型。无需其他指标的辅助，仅通过一些理想化的假设来计算不同深度处冰的年龄。缺点是与实际情况往往不符，会存在较大的限制或偏差。

（6）其他辅助手段。在其他方法不可行或缺少可信性的情况下作为辅助手段使用（马天鸣，2016）。各种定年方法适用的时间尺度不同，精度也不一样。在实际应用中，应利用各种方法对冰芯进行综合交叉定年，才能得到较为精确的时间序列（张明军等，2004）。

参考文献

[1] 曹乐，申建梅，聂振龙，等. 巴丹吉林沙漠降水稳定同位素特征与水汽再循环[J]. 地球科学，2021，46（08）：2973-2983.

[2] 常昕，章新平，戴军杰，等. 不同时间尺度氢氧稳定同位素效应的比较——以长沙降水为例[J]. 第四纪研究，2021，41（01）：99-110.

[3] 常昕，章新平，刘仲藜，等. 长沙降水中稳定同位素的昼夜差别[J]. 热带地理，2021，41（03）：635-644.

[4] 车存伟，张明军，王圣杰，等. 黄河流域降水稳定同位素的云下二次蒸发效应[J]. 干旱区地理，2019，42（04）：790-798.

[5] 陈利群，刘昌明，李发东. 基流研究综述[J]. 地理科学进展，2006，25（01）：1-15.

[6] 陈新明，甘义群，刘运德，等. 长江干流水体氢氧同位素空间分布特征[J]. 地质科技情报，2011，30（05）：110-114.

[7] 陈中笑，程军，郭品文，等. 中国降水稳定同位素的分布特点及其影响因素[J]. 大气科学学报，2010，33（06）：667-679.

[8] 陈宗宇. 从华北平原地下水系统中古环境信息研究地下水资源演化[D]. 长春：吉林大学，2001.

[9] 褚建民. 干旱区植物的水分选择性利用研究[D]. 北京：中国林业科学研究院，2007.

[10] 褚曲诚. 中国东部汛期降水的水汽来源变化及其气候动力学研究分析[D]. 兰州：兰州大学，2020.

[11] 丁悌平，高建飞，石国钰，等. 长江水氢、氧同位素组成的时空变化及其环境意义[J]. 地质学报，2013，87（5）：661-676.

[12] 董李勤. 全球气候变化对湿地生态水文的影响研究综述[J]. 水科学进展，2011，22（03）：429-436.

[13] 董立霞. 宁南山区骆驼林流域水源涵养林"三水"转化研究[D]. 银川：宁夏大学，2022.

[14] 董玉婷，穆兴民，王双银，等. 产流及其研究进展[J]. 华北水利水电大学学报（自然科学版），2022，43（02）：21-29.

[15] 杜晨，张丽娟，杨艺萍，等. 哈尔滨大气降水氢氧稳定同位素特征及水汽来源[J]. 环境科学学报，2022，42（07）：94-105.

[16] 杜康，张北赢. 珠江流域降水稳定同位素特征及水汽来源[J]. 水文，2020，40（06）：75-82.

[17] 段克勤，姚檀栋，王宁练，等. 青藏高原中部全新世气候不稳定性的高分辨率冰芯记录[J]. 中国科学：地球科学，2012，42（09）：1441-1449.

[18] 范百龄，张东，陶正华，等. 黄河水氢、氧同位素组成特征及其气候变化响应[J]. 中

国环境科学，2017，37（5）：1906-1914.

[19] 高建飞，丁悌平，罗续荣，等. 黄河水氢、氧同位素组成的空间变化特征及其环境意义[J]. 地质学报，2011，85（04）：596-602.

[20] 顾慰祖. 同位素水文学[M]. 北京：科学出版社，2011.

[21] 顾镇南，金德秋，周锡煌，等. 长江水中氢氧同位素组成的季节性变化[J]. 北京大学学报（自然科学版），1989（04）：408-411.

[22] 郭晓军，崔鹏，朱兴华. 泥石流多发区蒋家沟流域的下渗与产流特点[J]. 山地学报，2012，30（05）：585-591.

[23] 郭政升，郑国璋，曹富强，等. ENSO 事件对珠江中下游地区降水氢氧同位素的影响[J]. 自然资源学报，2019，34（11）：2454-2468.

[24] 国家气候中心，中国气象科学研究院. 厄尔尼诺/拉尼娜事件判别方法：GB/T 33666—2017[S]. 北京：中华人民共和国国家质量监督检验检疫总局，2017：12.

[25] 韩婷婷. 兰州市事件内尺度降水氢氧稳定同位素特征及其与水汽同位素的联系[D]. 兰州：西北师范大学，2021.

[26] 韩颖. 晋陕蒙接壤地区岩溶地下水与黄河水环境同位素特征分析[J]. 中国岩溶，2002（04）：52-58.

[27] 何光碧. 西南低涡研究综述[J]. 气象，2012，38（02）：155-163.

[28] 侯书贵，王叶堂，庞洪喜. 南极冰盖雪冰氢、氧稳定同位素气候学：现状与展望[J]. 科学通报，2013，58（01）：27-40.

[29] 胡勇博. 基于稳定同位素法量化太湖水汽再循环比例[D]. 南京：南京信息工程大学，2022.

[30] 黄菊梅. 水汽来源和云下二次蒸发对降水同位素的影响[D]. 兰州：西北师范大学，2022.

[31] 黄旭娟. 环鄱阳湖区浅层地下水化学和同位素特征及成因分析[D]. 北京：中国地质大学，2017.

[32] 黄一民，章新平，孙葭. 长沙大气水线及与局地气象要素的关系[J]. 长江流域资源与环境，2014，23（10）：1412-1417.

[33] 蒋志云，姜皓月，赖振，等. 基于稳定氢氧同位素的高寒草甸坡地壤中流产流研究[J]. 华南师范大学学报（自然科学版），2020，52（4）：79-85.

[34] 靳晓刚，张明军，王圣杰，等. 基于氢氧稳定同位素的黄土高原云下二次蒸发效应[J]. 环境科学，2015，36（04）：1241-1248.

[35] 靖淑慧，刘加珍，陈永金，等. 氢氧稳定同位素对东平湖枯水期水环境的指示作用[J]. 南水北调与水利科技，2019，17（1）：120-129+149.

[36] 孔彦龙，庞忠和. 高寒流域同位素径流分割研究进展[J]. 冰川冻土，2010，32（3）：619-625.

[37] 李广，章新平，许有鹏，等. 滇南蒙自地区降水稳定同位素特征及其水汽来源[J]. 环境科学，2016，37（04）：1313-1320.

[38] 李佳奇，黄亚楠，石培君，等. 陕北黄土区大气降水同位素特征及其水汽来源[J]. 应用生态学报，2022，33（06）：1459-1465.

[39] 李静，吴华武，李小雁，等. 青海湖流域农田生态系统氢氧同位素特征及其水分利用变化研究[J]. 自然资源学报，2017，32（8）：1348-1359.

[40] 李小飞，张明军，马潜，等. 我国东北地区大气降水稳定同位素特征及其水汽来源[J]. 环境科学，2012，33（09）：2924-2931.

[41] 李修仓，姜彤，吴萍. 水分再循环计算模型的研究进展及其展望[J]. 地球科学进展，2020，35（10）：1029-1040.

[42] 林芙蓉，顾大形，黄玉清，等. 植物根系水力再分配的研究进展[J]. 生态学杂志，2021，40（9）：2978-2986.

[43] 蔺铭益，金钊，余云龙. 降水产流同位素径流分割研究进展与展望[J]. 地球环境学报，2022，13（6）：667-678.

[44] 刘欢，甘永德，贾仰文，等. 考虑空气阻力影响的流域水文过程模拟研究[J]. 自然资源学报，2018，33（8）：1463-1474.

[45] 刘洁遥，张福平，冯起，等. 西北地区降水稳定同位素的云下二次蒸发效应[J]. 应用生态学报，2018，29（05）：1479-1488.

[46] 刘鑫，向伟，司炳成. 汾河流域浅层地下水水化学和氢氧稳定同位素特征及其指示意义[J]. 环境科学，2021，42（4）：1739-1749.

[47] 刘植，黄少鹏，金章东. 轨道及千年尺度上大气 CO_2 浓度与温度变化的时序关系[J]. 第四纪研究，2019，39（5）：1276-1288.

[48] 刘忠方，田立德，姚檀栋，等. 中国大气降水中 $\delta^{18}O$ 的空间分布[J]. 科学通报，2009，54（06）：804-811.

[49] 柳鉴容，宋献方，袁国富，等. 中国大气降水同位素观测网络[C]. 第九届中国水论坛，兰州，2011.

[50] 柳景峰，丁明虎，效存德. 大气水汽氢氧同位素观测研究进展——理论基础、观测方法和模拟[J]. 地理科学进展，2015，34（03）：340 -353.

[51] 陆宝宏，孙婷婷，许宝华，等. 长江干流径流同位素同步监测[J]. 河海大学学报（自然科学版），2009，37（4）：378-381.

[52] 马天鸣. 东南极中山站-Dome A 断面雪冰样品氢氧稳定同位素气候学意义研究[D]. 合肥：中国科学技术大学，2016.

[53] 孟玉川，刘国东. 长江流域降水稳定同位素的云下二次蒸发效应[J]. 水科学进展，2010，21（03）：327-334.

[54] 潘云芬，徐庆，于英茹. 淡水森林湿地植被恢复研究进展[J]. 世界林业研究，2007（06）：29-35.

[55] 庞忠和. 什么是同位素水文学[J]. 水文，2022，42（01）：109.

[56] 裴铁，王番，李金中. 壤中流模型研究的现状及存在问题[J]. 应用生态学报，1998（05）：96-101.

[57] 秦大河，康世昌. 现代冰川过程与全球环境气候演变[J]. 地学前缘，1997（Z1）：89-91+93-98.

[58] 瞿思敏，包为民，DONNELL J J M，等. 同位素示踪剂在流域水文模拟中的应用[J]. 水科学进展，2008（04）：587-596.

[59] 任雯，郑新军，吴雪，等. 云下二次蒸发对降水过程中氢氧稳定同位素构成的影响[J]. 干旱区研究，2017，34（06）：1263-1270.

[60] 芮孝芳. 水文学原理[M]. 北京：水利水电出版社，2004.

[61] 芮孝芳. 产流模式的发现与发展[J]. 水利水电科技进展，2013，33（1）：1-6+26.

[62] 宋献方，柳鉴容，孙晓敏，等. 基于 CERN 的中国大气降水同位素观测网络[J]. 地球科学进展，2007（07）：738-747.

[63] 宋洋. 塔里木河流域东部降水氢氧稳定同位素特征及其影响因素[D]. 兰州：西北师范大学，2021.

[64] 苏涛，卢震宇，周杰，等. 全球水汽再循环率的空间分布及其季节变化特征[J]. 物理学报，2014，63（09）：457-466.

[65] 苏小四，林学钰. 包头平原地下水水循环模式及其可更新能力的同位素研究[J]. 吉林大学学报（地球科学版），2003（04）：503-508+529.

[66] 苏小四，林学钰，廖资生，等. 黄河水 $\delta^{18}O$、δD 和 δ^3H 的沿程变化特征及其影响因素研究[J]. 地球化学，2003（04）：349-357.

[67] 苏小四，万玉玉，董维红，等. 马莲河河水与地下水的相互关系：水化学和同位素证据[J]. 吉林大学学报（地球科学版），2009，39（06）：1087-1094.

[68] 孙从建，陈伟. 基于稳定同位素的海河源区地下水与地表水相互关系分析[J]. 地理科学，2018，38（05）：790-799.

[69] 孙婷婷. 长江流域水稳定同位素变化特征研究[D]. 南京：河海大学，2007.

[70] 孙艳荣，穆治国，崔海亭. 全球变化研究中的同位素地球化学[J]. 北京大学学报（自然科学版），2001（04）：577-586.

[71] 谭明，南素兰. 中国季风区降水氧同位素年际变化的"环流效应"初探[J]. 第四纪研究，2010，30（03）：620-622.

[72] 田超，孟平，张劲松，等. 黄河小浪底库区降水 δD 和 $\delta^{18}O$ 季节变化特征及水汽来源[J]. 应用生态学报，2015，26（12）：3579-3587.

[73] 田立德，蔡忠银，邵莉莉，等. 亚洲季风区降水中稳定同位素气候意义研究进展[J]. 第四纪研究，2021，41（03）：856-863.

[74] 田立德，姚檀栋，蒲健辰，等. 拉萨夏季降水中氧稳定同位素变化特征[J]. 冰川冻土，1997（04）：7-13.

[75] 田立德，姚檀栋，孙维贞，等. 青藏高原中部降水稳定同位素变化与季风活动[J]. 地球化学，2001（03）：217-222.

[76] 田立德，姚檀栋，余武生，等. 青藏高原水汽输送与冰芯中稳定同位素记录[J]. 第四纪研究，2006（02）：145-152.

[77] 田立德，姚檀栋. 青藏高原冰芯高分辨率气候环境记录研究进展[J]. 科学通报，2016，61（09）：926-937.

[78] 田媛媛，张明军，张宇，等. 对流和层状降水比例的变化对兰州降水稳定同位素的影响[J]. 地理科学，2023，43（02）：370-378.

[79] 汪集旸，陈建生，陆宝宏，等. 同位素水文学的若干回顾与展望[J]. 河海大学学报（自然科学版），2015，43（05）：406-413.

[80] 王迪宙, 章新平, 刘仲黎, 等. 澳大利亚阿德莱德地区大气降水中稳定同位素变化特征[J]. 地球环境学报, 2023: 1-15.

[81] 王腊春, 史运良. 西南喀斯特山区三水转化与水资源过程及合理利用[J]. 地理科学, 2006 (02): 2173-2178.

[82] 王宁. 中国大陆地区大气水循环的研究[D]. 长沙: 国防科技大学, 2018.

[83] 王宁练, 姚檀栋, 蒲建辰, 等. 青藏高原北部马兰冰芯记录的近千年来气候环境变化[J]. 中国科学: 地球科学, 2006 (08): 723-732.

[84] 王宁练, 姚檀栋, 秦大河. 冰封的气候年鉴: 从水稳定同位素到冰芯古气候——1995 年 Crafoord 奖获得者 Willi Dansgaard 教授成就解读[J]. 中国科学: 地球科学, 2016, 46 (10): 1291-1300.

[85] 王荣军. 基于环境同位素的融雪期径流分割[D]. 乌鲁木齐: 新疆大学, 2013.

[86] 王锐, 郝成元, 马守臣. 郑州市降水氢氧同位素组成特征研究[J]. 灌溉排水学报, 2014, 33 (S1): 135-137.

[87] 王涛, 包为民, 陈翔, 等. 真空蒸馏技术提取土壤水实验研究[J]. 河海大学学报 (自然科学版), 2009, 37 (06): 660-664.

[88] 王涛. 中国东部季风区域降水稳定同位素的时空分布特征及其气候意义[D]. 南京信息工程大学, 2012.

[89] 王文科, 孔金玲, 段磊, 等. 黄河流域河水与地下水转化关系研究[J]. 中国科学: 技术科学, 2004: 23-33.

[90] 王小燕. 紫色土碎石分布及其对坡面土壤侵蚀的影响[]. 武汉: 华中农业大学, 2012.

[91] 王晓香, 效存德, 高新生, 等. 化学分析中雪冰样品采集和预处理应注意的问题[J]. 冰川冻土, 2017, 39 (05): 1075-1083.

[92] 王永森, 陈建生. 蒸发过程中饱和土壤水稳定同位素运移规律浅析[J]. 四川大学学报 (工程科学版), 2010, 42 (01): 10-13.

[93] 王有清, 姚檀栋. 冰芯记录中末次间冰期-冰期旋回气候突变事件的研究进展[C]. 第六届全国冰川冻土学大会暨冻土工程国际学术研讨会, 兰州, 2002, 9: 80-88.

[94] 温艳茹, 王建力. 重庆地区大气场降水中氢氧同位素变化特征及与大气环流的关系[J]. 环境科学, 2016, 37 (07): 2462-2469.

[95] 吴忱. 华北平原四万年来自然环境演变[M]. 北京: 科学技术出版社, 1992.

[96] 吴华武, 章新平, 关华德, 等. 不同水汽来源对湖南长沙地区降水中 δD、$\delta^{18}O$ 的影响[J]. 自然资源学报, 2012, 27 (08): 1404-1414.

[97] 吴敬禄, 林琳, 曾海鳌, 等. 长江中下游湖泊水体氧同位素组成[J]. 海洋地质与第四纪地质, 2006 (03): 53-56.

[98] 吴亚丽, 宋献方, 马英, 等. 基于"五水转化装置"的夏玉米耗水规律研究[J]. 资源科学, 2015, 7 (11): 2240-2250.

[99] 向伟. 基于稳定同位素的黄土高原区域尺度土壤蒸发和地下水补给研究[D]. 杨凌: 西北农林科技大学, 2021.

[100] 肖涵余, 张明军, 王圣杰, 等. 陕甘宁地区降水同位素云下二次蒸发效应[J]. 应用生态学报, 2020, 31 (11): 3814-3822.

[101] 肖涵余. 兰州市事件内尺度降水稳定同位素云下二次蒸发效应[D]. 兰州：西北师范大学，2022.

[102] 肖莺，张祖强，何金海. 印度洋偶极子研究进展综述[J]. 热带气象学报，2009，25（05）：7.

[103] 谢金艳，孙芳强，邹丽蓉，等. 厚层包气带土壤水氢氧同位素特征及其补给来源判别[J]. 地球与环境，2020，48（6）：728-735.

[104] 谢永玉，瞿思敏，勾建峰，等. 长江下游地区梅雨和台风雨降水同位素特征及影响因素[J]. 水电能源科学，2022，40（04）：70-73.

[105] 邢星，陈辉，朱建佳，等. 柴达木盆地诺木洪地区 5 种优势荒漠植物水分来源[J]. 生态学报，2014，34（21）：6277-6286.

[106] 徐磊磊，刘敬林，金昌杰，等. 水文过程的基流分割方法研究进展[J]. 应用生态学报，2011，22（11）：3073-3080.

[107] 徐庆，蒋有绪，刘世荣，等. 卧龙巴郎山流域大气降水与河水关系的研究[J]. 林业科学研究，2007（03）：297-301.

[108] 徐涛，刘国东，邢冰. 天津地区大气降水中氢氧稳定同位素特征及影响因素研究[J]. 西南民族大学学报（自然科学版），2014，40（03）：421-427.

[109] 徐学选，张北赢，田均良. 黄土丘陵区降水-土壤水-地下水转化实验研究[J]. 水科学进展，2010，21（1）：16-22.

[110] 徐英德，汪景宽，高晓丹，等. 氢氧稳定同位素技术在土壤水研究上的应用进展[J]. 水土保持学报，2018，32（03）：1-9+15.

[111] 许浩. 珠穆朗玛峰东绒布冰芯离子记录的过去 1000a 气候变化[D]. 南京：南京大学，2017.

[112] 闫胜文，刘加珍，陈永金，等. 聊城大气降水氢氧同位素特征及水汽来源分析[J]. 生态环境学报，2022，31（03）：546-555.

[113] 杨丽芝，张光辉，胡乃松，等. 利用环境同位素信息识别鲁北平原地下水的补给特征[J]. 地质通报，2009，28（04）：515-522.

[114] 杨守业，王朔，连尔刚，等. 长江河水氢氧同位素组成示踪流域地表水循环[J]. 同济大学学报（自然科学版），2021，49（10）：1353-1362.

[115] 姚檀栋，焦克勤，杨志红，等. 古里雅冰芯中小冰期以来的气候变化[J]. 中国科学：化学 生命科学 地学，1995（10）：1108-1114.

[116] 姚檀栋，秦大河，王宁练，等. 冰芯气候环境记录研究：从科学到政策[J]. 中国科学院院刊，2020，35（04）：466-474.

[117] 姚檀栋，秦大河. 南极冰盖表层雪内稳定同位素分布特征[J]. 科学通报，1995（04）：343-346.

[118] 姚檀栋，谢自楚，武筱舲，等. 敦德冰帽中的小冰期气候记录[J]. 中国科学：化学 生命科学 地学，1990（11）：1196-1201.

[119] 姚檀栋，徐柏青，蒲健. 青藏高原古里雅冰芯记录的轨道、亚轨道时间尺度的气候变化[J]. 中国科学：地球科学，2001（S1）：287-294.

[120] 姚檀栋. 古里雅冰芯近2000年来气候环境变化记录[J]. 第四纪研究，1997（01）：52-61.

[121] 于静洁，李亚飞. 稳定氢氧同位素定量植物水分来源的不确定性解析[J]. 生态学报，2018，38（22）：7942-7949.

[122] 于维忠. 论流域产流[J]. 水利学报，1985（02）：1-11.

[123] 俞鸣同，林振山，杜建丽，等. 格陵兰冰芯氧同位素显示近千年气候变化的多尺度分析[J]. 冰川冻土，2009，31（06）：1037-1042.

[124] 袁瑞强，刘贯群，张贤良，等. 黄河三角洲浅层地下水中氢氧同位素的特征[J]. 山东大学学报（理学版），2006（05）：138-143.

[125] 袁瑞强，宋献方，王鹏，等. 白洋淀渗漏对周边地下水的影响[J]. 水科学进展，2012，23（06）：751-756.

[126] 曾康康. 伊犁喀什河流域不同水体同位素特征及水汽来源分析[D]. 乌鲁木齐：新疆师范大学，2021.

[127] 詹泸成，陈建生，张时音. 洞庭湖湖区降水-地表水-地下水同位素特征[J]. 水科学进展，2014，25（03）：327-335.

[128] 张百娟，李宗省，王昱，等. 祁连山北坡中段降水稳定同位素特征及水汽来源分析[J]. 环境科学，2019，40（12）：5272-5285.

[129] 张蓓蓓，徐庆，高德强，等. 中国亚热带大气降水氢氧稳定同位素特征及其影响因素[J]. 陆地生态系统与保护学报，2022，2（04）：13-20.

[130] 张兵，宋献方，张应华，等. 第二松花江流域地表水与地下水相互关系[J]. 水科学进展，2014，25（03）：336-347.

[131] 张博雄. 石家庄大气降水稳定同位素特征与水汽来源研究[D]. 石家庄：河北师范大学，2020.

[132] 张丛志，张佳宝，张辉. 不同深度土壤水分对黄淮海封丘地区小麦的贡献[J]. 土壤学报，2012，49（04）：655-664.

[133] 张德祯，徐世民. 大气水-地表水-土壤水-地下水相互转化关系的试验研究[J]. 水文地质工程地质，1993（05）：36-38.

[134] 张峦，朱志鹏，杨言，等. 上海地区大气降水中氢氧同位素特征及其环境意义[J]. 地球与环境，2020，48（01）：120-128.

[135] 张明军，效存德，任贾文，等. 南极冰芯定年综述[J]. 自然杂志，2004（02）：63-68.

[136] 张小娟，宋维峰，王卓娟. 应用氢氧同位素技术研究土壤水的原理与方法[J]. 亚热带水土保持，2015，27（01）：32-36.

[137] 张小伟，康建成，周尚哲. 极地冰雪氢氧同位素指标及其指示意义[J]. 极地研究，2002（01）：73-80.

[138] 张晓东，郭政升. 福州降水稳定同位素对 ENSO 事件的响应机制[J]. 水土保持研究，2020，27（01）：221-226.

[139] 张艳婷. 人类活动对半干旱区气候变化的影响[D]. 兰州：兰州大学，2018.

[140] 张应华，仵彦卿，温小虎，等. 环境同位素在水循环研究中的应用[J]. 水科学进展，2006，17（05）：738-747.

[141] 张玉翠，孙宏勇，沈彦俊，等. 氢氧稳定同位素技术在生态系统水分耗散中的应用研究进展[J]. 地理科学，2012，32（3）：289-293.

[142] 张玉兰. 青藏高原中部各拉丹冬冰芯近 500 年来气候和大气粉尘以及重金属元素记录 [D]. 合肥：中国科学院大学，2011.

[143] 张之淦，刘芳珍，张洪平，等. 应用环境氚研究黄土包气带水分运移及入渗补给量[J]. 水文地质工程地质，1990（03）：5-7+54.

[144] 章新平，施雅风，姚檀栋. 青藏高原东北部降水中 $\delta^{18}O$ 的变化特征[J]. 中国科学：化学 生命科学 地学，1995（05）：540-547.

[145] 章新平，姚檀栋，金会军. ENSO 事件对青藏高原古里雅冰芯中现代 $\delta^{18}O$ 的影响[J]. 冰川冻土，2000（01）：23-28.

[146] 章新平，姚檀栋. 我国降水中 $\delta^{18}O$ 的分布特点[J]. 地理学报，1998（04）：70-78.

[147] 章新平，姚檀栋. 全球降水中氧同位素比率的分布特点[J]. 冰川冻土，1994（03）：202-210.

[148] 赵华标，徐柏青，王宁练. 青藏高原冰芯稳定氧同位素记录的温度代用性研究[J]. 第四纪研究，2014，34（06）：1215-1226.

[149] 赵佩佩. 中国北方季风地区大气降水稳定同位素特征及影响因子[D]. 西安：西北大学，2018.

[150] 赵人俊，庄一鸰. 降雨径流关系的区域规律[J]. 华东水利学院学报（水文分册），1963：53-68.

[151] 赵晓丽，袁瑞强. 大气水汽同位素观测与研究新进展[J]. 测绘科学技术，2022，10（2）：23-35.

[152] 翟媛. 黄土高原地区降雨径流理论分析[J]. 人民黄河，2015，37（9）：14-16.

[153] 郑淑蕙，侯发高，倪葆龄. 我国大气降水的氢氧稳定同位素研究[J]. 科学通报，1983（13）：801-806.

[154] 周苏娥，张明军，王圣杰，等. 基于 Stewart 模型改进方案的新疆降水同位素的云下蒸发效应比较[J]. 冰川冻土，2019，41（02）：304-315.

[155] 周天河，赵成义，俞永祥，等. 基于稳定氢氧同位素的胡杨与柽柳幼苗水分来源研究[J]. 水土保持学报，2015，29（04）：241-246.

[156] 周毅，吴华武，贺斌，等. 长江水 $\delta^{18}O$ 和 δD 时空变化特征及其影响因素分析[J]. 长江流域资源与环境，2017，26（05）：678-686.

[157] ABDOLGHAFOORIAN A, DIRMEYER P A. Validating the land-atmosphere coupling behavior in weather and climate models using observationally based global products[J]. Journal of Hydrometeorology, 2021, 22(6): 1507-1523.

[158] AEMISEGGER F, SPIEGEL J K, et al. Isotope meteorology of cold front passages: a case study combining observations and modeling[J]. Geophysical Research Letters, 2015, 42(13): 5652-5660.

[159] AGGARWAL P K, ROMATSCHKE U, ARAGUAS-ARAGUAS L, et al. Proportions of convective and stratiform precipitation revealed in water isotope ratios[J]. Nature Geoscience, 2016, 9(8): 624-629.

[160] AGGARWAL P K, GAT J R, FROEHLICH K F O. Isotopes in the water cycle: past, present and future of a developing science[M]. Netherlands: Springer, 2005: 453-479.

205

[161] AGUIRRE-GUTIéRREZ C A, HOLWERDA F, GOLDSMITH G R, et al. The importance of dew in the water balance of a continental semiarid grassland[J]. Journal of Arid Environments, 2019, 168: 26-35.

[162] AHN J, WAHLEN M, DECK B L, et al. A record of atmospheric CO_2 during the last 40,000 years from the Siple Dome, Antarctica ice core[J]. Journal of Geophysical Research: Atmospheres, 2004, 109(D13): D13305.

[163] ALLEN S T, KIRCHNER J W, BRAUN S, et al.. Seasonal origins of soil water used by trees[J]. Hydrology and Earth System Sciences, 2019, 23(2): 1199-1210.

[164] ALLISON G B, GAT J R, LEANEY F W J.. The relationship between deuterium and oxygen-18 values in leaf water[J]. Isotope Geosci, 1985, 58: 145-156

[165] ALLISON G B, BARNES C J. Estimation of evaporation from non-vegetated surfaces using natural deuterium[J]. Nature, 1983, 301: 143-145.

[166] ALLISON G B, HUGHES M W. The use of natural tracers as indicators of soil-water movement in a temperate semi-arid region[J]. Journal of Hydrology, 1983, 60(1): 157-173.

[167] ALY A I M, FROEHLICH K, NADA A, et al. Study of environmental isotope distribution in the Aswan High Dam Lake (Egypt) for estimation of evaporation of lake water and its recharge to adjacent groundwater[J]. Environmental Geochemistry and Health, 1993, 15(1): 37-49.

[168] ANDERSEN K K, AZUMA N, BARNOLA J M, et al. High-resolution record of Northern Hemisphere climate extending into the last interglacial period[J]. Nature, 2004, 431(7005): 147-151.

[169] ARAGUÁS-ARAGUÁS L, FROEHLICH K, ROZANSKI K. Stable isotope composition of precipitation over southeast Asia[J]. Journal of Geophysical Research: Atmospheres, 1998, 103(D22): 28721-28742.

[170] BAILEY A, BLOSSEY P N, NOONE D, et al. Detecting shifts in tropical moisture imbalances with satellite-derived isotope ratios in water vapor[J]. J Geophys Res, 2017, 122: 5763-5779.

[171] BARBANTE C, BARNOLA J M, BECAGLI S, et al. One-to-one coupling of glacial climate variability in Greenland and Antarctica[J]. Nature, 2006, 444(7116): 195-198.

[172] BARNES C J, ALLISON G B. Tracing of water movement in the unsaturated zone using stable isotopes of hydrogen and oxygen[J]. J Hydrol, 1988, 100: 143-176

[173] BARNES S L. An empirical shortcut to the calculation of temperature and pressure at the lifted condensation level[J]. J Ap Me, 2010, 7(41): 4135-4139.

[174] BAUMGARTNER A, REICHEL E. The world water balance[M]. Amsterdam: Elsevier, 1975: 179.

[175] BEDOYA-SOTO J M, POVEDA G, SAUCHYN D. New insights on land surface-atmosphere feedbacks over tropical South America at interannual timescales[J]. Water, 2018, 10(8): 1095.

[176] BERKOWITZ B, ZEHE E. Surface water and groundwater: Unifying conceptualization and

quantification of the two "water worlds"[J]. Hydrology & Earth System Sciences, 2020, 24(4): 1831-1858.

[177] BERRONES G, CRESPO P, WILCOX B P, et al. Assessment of fog gauges and their effectiveness in quantifying fog in the Andean páramo[J]. Ecohydrology, 2021, 14(6).

[178] BERRY Z C, EVARISTO J, MOORE G, et al. The two water worlds hypothesis: addressing multiple working hypotheses and proposing a way forward[J]. Ecohydrology, 2017, 11(3): 1-10.

[179] BERTLER N N, NAISH T R, OERTER H, et al. The effects of joint ENSO-antarctic oscillation forcing on the McMurdo dry valleys antarctica[J]. Antarctic Science, 2006, 18(4): 507-514.

[180] BERTRAND G, MASINI J, GOLDSCHEIDER N, et al. Determination of spatiotemporal variability of tree water uptake using stable isotopes (^{18}O, ^{2}H) in an alluvial system supplied by a high altitude watershed, Pfyn forest, Switzerland[J]. Ecohydrology, 2012, 7(2):319-333.

[181] BIGELEISEN J. The effects of isotopic substitutions on the rates of chemical reactions[J]. J Phys Chem, 1952, 56: 823-828.

[182] BIGELEISEN J, WOLFSBERG M. Theoretical and experimental aspects of isotope effects in chemical kinetics[J]. Adv Chem Phys, 1958, 1: 15-76.

[183] BINKS O, FINNIGAN J, COUGHLIN I, et al. Canopy wetness in the Eastern Amazon[J]. Agricultural and Forest Meteorology, 2021, 297(3): 108250.

[184] BLUNIER T, BROOK E J. Timing of millennial-scale climate change in Antarctica and Greenland during the last glacial period[J]. Science, 2001, 291(5501): 109-112.

[185] BOLOT M, LEGRAS B, MOYER E J. Modelling and interpreting the isotopic composition of water vapour in convective updrafts[J]. Atmospheric Chemistry and Physics, 2013, 13(16): 7903-7935.

[186] BONAL D, ATGER C, BARIGAH T S, et al. Water acquisition patterns of two wet tropical canopy tree species of French Guiana as inferred from $H_2{}^{18}O$ extraction profiles[J]. Ann for Sci, 2000, 57(7): 717-724.

[187] BOUTRON C F, CANDELONE J P, HONG S. Past and recent changes in the large-scale tropospheric cycles of lead and other heavy metals as documented in Antarctic and Greenland snow and ice: a review[J]. Geochimica et Cosmochimica Acta, 1994, 58(15): 3217-3225.

[188] BOWEN G J, CAI Z, FIORELLA R P, et al. Isotopes in the water cycle: regional-to global-scale patterns and applications[J]. Annual Review of Earth and Planetary Sciences, 2019, 47(1): 453-479.

[189] BRAHNEY J L. Paleolimnology of Kluane Lake[D]. Burnaby BC: Simon Fraser University, 2007.

[190] BROOKS R, BARNARD R, COULOMBE R, et al. Ecohydrologic separation of water between trees and streams in a Mediterranean climate[J]. Nat Geosci, 2010, 3(2): 100-104.

[191] BRUBAKER K L, ENTEKHABI D, EAGLESON P S. Estimation of continental precipitation recycling[J]. Journal of Climate, 1993, 6(6): 1077-1089.

[192] CAI Z, TIAN L. Atmospheric controls on seasonal and interannual variations in the precipitation isotope in the east Asian monsoon region[J]. Journal of Climate, 2016, 29(4): 1339-1352.

[193] CAO L, NIE Z, SHEN J, et al. Stable isotopes reveal the lake shrinkage and groundwater recharge to lakes in the Badain Jaran Desert, NW China[J]. Journal of Hydrology, 2022, 612(PC): 128289.

[194] CAPPA C D, HENDRICKS M B, DEPAULO D J, et al. Isotopic fractionation of water during evaporation[J]. Journal of Geophysical Research, 2003, 108(D16): 4525.

[195] CASADO M, LANDAIS A, PICARD G, et al. Archival processes of the water stable isotope signal in East Antarctic ice cores[J]. The Cryosphere, 2018, 12(5): 1745-1766.

[196] CELLE-JEANTON H, GONFIANTINI R, TRAVI Y, et al. Oxygen-18 variations of rainwater during precipitation: application of the Rayleigh model to selected rainfalls in Southern France[J]. Journal of Hydrology, 2004, 289(1): 165-177.

[197] CERNUSAK L A, BARBETA A, BUSH R T, et al. Do ^{2}H and ^{18}O in leaf water reflect environmental drivers differently?[J]. New Phytologist, 2022, 235(1): 41-51.

[198] CERNUSAK L A, BARBOUR M M, ARNDT S K, et al. Stable isotopes in leaf water of terrestrial plants[J]. Plant, Cell & Environment, 2016, 39(5): 1087-1102.

[199] CHAMIZO S, RODRIGUEZ-CABALLERO E, MORO M J, et al. Non-rainfall water inputs: a key water source for biocrust carbon fixation[J]. Sci Total Environ, 2021, 792: 148299.

[200] CHAZETTE P, FLAMANT C, SODEMANN H, et al. Experimental investigation of the stable water isotope distribution in an Alpine lake environment (L-WAIVE) [J]. Atmospheric Chemistry and Physics, 2021, 21(14): 10911-10937.

[201] CHEN F, ZHANG M, ARGIRIOU A A, et al. Modeling insights into precipitation deuterium excess as an indicator of raindrop evaporation in Lanzhou, China[J]. Water, 2021, 13(2): 193.

[202] CHEN F, ZHANG M, ARGIRIOU A, et al. Deuterium excess in precipitation reveals water vapor source in the monsoon margin sites in Northwest China[J]. Water, 2020, 12(12): 3315.

[203] CHEN F, ZHANG M, WANG S, et al. Relationship between sub-cloud secondary evaporation and stable isotopes in precipitation of Lanzhou and surrounding area[J]. Quaternary International, 2015, 380-381(SEP.4): 68-74.

[204] CHEN H, CHEN Y, LI D, et al. Effect of sub-cloud evaporation on precipitation in the Tianshan Mountains (Central Asia) under the influence of global warming[J]. Hydrological Processes, 2020, 34(26): 5557-5566.

[205] CHEN T, AO T Q, ZHANG X, et al. Spatial and temporal variation and probability

characteristics of extreme precipitation events in the Min River basin from 1961 to 2016[J]. Applied Ecology and Environmental Research, 2019, 17(5): 11375-11394.

[206] CHENG H, SINHA A, WANG X F, et al. The global paleomonsoon as seen through speleothem records from Asia and the Americas[J]. Climate Dynamics, 2012, 39(5): 1045-1062.

[207] CLARK I D, FRITZ P, MICHEL F A, et al. Isotope hydrogeology and geothermometry of the Mount Meager geothermal area[J]. Canadian Journal of Earth Sciences, 1982, 19(7): 1454-1473.

[208] CLARK I D, FRITZ P, QUINN O P, et al. Modern and fossil groundwater in an arid environment: a look at the hydrogeology of southern Oman[J]. Symposium on Isotope Techniques in Water Resources Development, 1987: 167-187.

[209] CLARK I, FRITZ P. Environmental isotopes in hydrogeology[M]. Boca Raton: Lewis Publishers, 1997: 328.

[210] COLÓN-RIVERA R J, FEAGIN R A, WEST J B, et al. Hydrological modification, saltwater intrusion, and tree water use of a Pterocarpus officinalis swamp in Puerto Rico[J]. Estuarine, Coastal and Shelf Science, 2014, 147: 156-167.

[211] CRAIG H, GORDON L I. Deuterium and oxygen-18 variations in the ocean and marine atmosphere[J]. Environmental Science, Geology, 1965: 129-130.

[212] CRAIG H. Standards for reporting concentrations of deuterium and oxygen-18 in natural waters[J]. Science, 1961, 133(3467): 1833-1834.

[213] CRAWFORD J, HOLLINS S E, MEREDITH K T, et al. Precipitation stable isotope variability and subcloud evaporation processes in a semi-arid region[J]. Hydrological Processes, 2017, 31(1): 20-34.

[214] Gryazin V, Risi C, et al. To what extent could water isotopic measurements help us understand model biases in the water cycle over Western Siberia[J]. Atmos Chem Phys, 2014, 14(18): 9807-9830.

[215] DAHL-JENSEN D, ALBERT M R, ALDAHAN A, et al. Eemian interglacial reconstructed from a Greenland folded ice core[J]. Nature, 2013, 493(7433): 489-494.

[216] DANSGAARD W, JOHNSEN S J, CLAUSEN H B, et al. Evidence for general instability of past climate from a 250-kyr ice-core record[J]. Nature, 1993, 364(6434): 218-220.

[217] DANSGAARD W. Stable isotopes in precipitation[J]. Tellus, 1964, 16(4): 436-468.

[218] DAUBE B, KIMBALL K D, LAMAR P A, et al. Two new ground-level cloud water sampler designs which reduce rain contamination[J]. Atmospheric Environment, 1987, 21(4): 893-900.

[219] DAWSON T E, EHLERINGER J R. Plants, isotopes and water use: a catchment-scale perspective[J]. Isotope Tracers in Catchment Hydrology, 1998: 165-202.

[220] DAWSON T E, EHLERINGER J R. Streamside trees that do not use stream water[J].

Nature, 1991, 350: 335-337.

[221] DE WIT J C, VAN DER STRAATEN C M, MOOK W G. Determination of the absolute D/H ratio of VSMOW and SLAP[J]. Geostandards Newslett, 1980, 4(1): 33-36.

[222] DEMOZ B B, COLLETT J L, DAUBE B C. On the Caltech active strand cloudwater collectors[J]. Atmospheric Research, 1996, 41(1): 47-62.

[223] DENG K, YANG S, LIAN E, et al.. Three gorges dam alters the Changjiang (Yangtze) river water cycle in the dry seasons: evidence from H-O isotopes[J]. Science of The Total Environment, 2016, 562, 89-97.

[224] DEPAOLO D J, CONRAD M E, MAHER K, et al. Evaporation effects on oxygen and hydrogen isotopes in deep vadose zone pore fluids at Hanford, Washington[J]. Vadose Zone Journal, 2004, 3(1): 220-232.

[225] DESSLER A E, SHERWOOD S C. A model of HDO in the tropical tropopause layer[J]. Atmos Chem Phys, 2003, 3(6): 2173-2181.

[226] DINÇER T, PAYNE B R, FLORKOWSKI T, et al. Snowmelt runoff from measurements of tritium and oxygen-18[J]. Water Resources Research, 1970, 6(1): 110-124.

[227] DIRMEYER P A. The terrestrial segment of soil moisture — climate coupling[J]. Geophysical Research Letters, 2011, 38(16): L16702.

[228] DIRMEYER P A, SCHLOSSER C A, BRUBAKER K L. Precipitation, recycling, and land memory: an integrated analysis[J]. Journal of Hydrometeorology, 2009, 10(1): 278-288.

[229] DOMINGUEZ F, KUMAR P, LIANG X Z, et al. Impact of atmospheric moisture storage on precipitation recycling[J]. Journal of Climate, 2006, 19(8): 1513-1530.

[230] DRAXLER R, HESS G. An overview of the HYSPLIT_4 modeling system for trajectories, dispersion, and deposition[J]. Australian Meteorological Magazine, 1998, 47(4): 295-308.

[231] DUBBERT M, CALDEIRA M C, DUBBERT D, et al. A pool-weighted perspective on the two-water-worlds hypothesis[J]. New Phytologist, 2019, 222(3): 1271-1283.

[232] DÜTSCH M, PFAHL S, WERNLI H. Drivers of $\delta^2 H$ variations in an idealized extratropical cyclone, Geophys[J]. Res Lett, 2016, 43: 5401-5408.

[233] EHHALT D, KNOTT K. Kinetische isotopentrennung bei der verdampfung von wasser[J]. Tellus, 1965, 17(3): 389.

[234] EPSTEIN S, MAYEDA T. Variations of O^{18} content of waters from natural sources[J]. Geochim Cosmochim Acta, 1953(5), 4: 213-224.

[235] FANG S, QI Y, HAN G, et al. Changing trends and abrupt features of extreme temperature in Mainland China from 1960 to 2010[J]. Atmosphere, 2016, 7(2): 22.

[236] FARQUHAR G D, HUBICK K T, CONDON A G, et al. Carbon isotope fractionation and plant water-use efficiency[C]//Stable Isotopes in Ecological Research. Berlin: Springer-Verlag, 1989: 21-46.

[237] FELDMAN A F, CHULAKADABBA A, GIANOTTI D J S, et al. Landscape-scale plant

water content and carbon flux behavior following moisture pulses: from dryland to Mesic environments[J]. Water Resources Research, 2021, 57(1): e2020WR027592.

[238] FENG F, LI Z, ZHANG M, et al. Deuterium and oxygen 18 in precipitation and atmospheric moisture in the upper Urumqi River Basin, eastern Tianshan Mountains[J]. Environmental Earth Sciences, 2013, 68(4): 1199-1209.

[239] FINDELL K L, ELTAHIR E A B. Atmospheric controls on soil moisture-boundary layer interactions. part II: feedbacks within the continental United States[J]. Journal of Hydrometeorology, 2003, 4(3): 570-583.

[240] FIORELLA R P, WEST J B, BOWEN G J. Biased estimates of the isotope ratios of steady-state evaporation from the assumption of equilibrium between vapour and precipitation[J]. Hydrological Processes, 2019, 33(19): 2576-2590.

[241] FLOSSMANN A I, WOBROCK W. A review of our understanding of the aerosol-cloud interaction from the perspective of a bin resolved cloud scale modelling[J]. Atmospheric Research, 2010, 97(4): 478-497.

[242] FRIEDMAN I, MACHTA L, SOLLER R. Water-vapor exchange between a water droplet and its environment[J]. Journal of Geophysical Research, 1962, 67(7): 2761-2766.

[243] FRIEDMAN I, O'NEI J R. Compilation of stable isotope fractionation factors of geochemical interest[J]. Data of Geochemistry, 1977.

[244] FRIEDMAN I. Deuteriun content of natural water and other substances[J]. Geochim Cosmochim Acta, 1953, 4(1-2): 89-103.

[245] FROEHLICH K, KRALIK M, PAPESCH W, et al. Deuterium excess in precipitation of Alpine regions — moisture recycling[J]. Isotopes in Environmental and Health Studies, 2008, 44(1): 61-70.

[246] FU P, LIU W, FAN Z, et al. Is fog an important water source for woody plants in an Asian tropical karst forest during the dry season[J]. Ecohydrology, 2016, 9(6): 964-972.

[247] GALEWSKY J, HURLEY J V. An advection-condensation model for subtropical water vapor isotopic ratios[J]. Journal of Geophysical Research: Atmospheres, 2010, 115(D16): D16116.

[248] GALEWSKY J, STEEN-LARSEN H C, FIELD R D, et al. Stable isotopes in atmospheric water vapor and applications to the hydrologic cycle[J]. Reviews of Geophysics, 2016, 54(4): 809-865.

[249] GAO C, CHEN H, SUN S, et al. Regional features and seasonality of land-atmosphere coupling over Eastern China[J]. Advances in Atmospheric Sciences, 2018, 35(6): 689-701.

[250] GAT J R. Oxygen and hydrogen isotopes in the hydrologic cycle[J]. Annual Review of Earth and Planetary Sciences, 1996, 24(1): 225-262.

[251] GAT J R, BOWSER C, KENDALL C. The contribution of evaporation from the Great Lakes to the continental atmosphere: estimate based on stable isotope data[J]. Geophys Res

Lett, 1994, 21(7): 557-560.

[252] GAT J R, SHEMESH A, TZIPERMAN E, et al. The stable isotope composition of water of the eastern Mediterranean Sea[j]. J Geophys Res, 1995, 101(C3): 6441-6451.

[253] GAT J R. Stable isotopes of fresh and saline lakes[M]//Physics and Chemistry of Lakes. New York: Springer-Verlag, 1995: 139-166.

[254] GAT J R. Atmospheric water balance — the isotopic perspective[J]. Hydrological Processes, 2000, 14(8): 1357-1369.

[255] GAT J R. Oxygen and hydrogen isotopes in the hydrologic cycle[J]. Annual Review of Earth and Planetary Sciences, 1996, 24(1): 225-262.

[256] GIANNINI A. Mechanisms of climate change in the semiarid African Sahel: the local view[J]. Journal of Climate, 2010, 23(3): 743-756.

[257] GIBSON J J, PREPAS E E, MCEACHERN P. Quantitative comparison of lake throughflow, residency, and catchment runoff using stable isotopes: modelling and results from a regional survey of Boreal lakes[J]. Journal of Hydrology, 2002, 262(1): 128-144.

[258] GLICKMAN T S. Glossary of meteorology[M/OL]. 2nd ed. Boston: American Meteorological Society, 2000. http://amsglossary.allenpress.com/glossary.

[259] GONFIANTINI R, LONGINELLI A. Oxygen isotopic composition of fogs and rains from the North Atlantic[J]. Experientia, 1962, 18: 222-223.

[260] GOOD S P, SODERBERG K, WANG L, et al. Uncertainties in the assessment of the isotopic composition of surface fluxes: a direct comparison of techniques using laser-based water vapor isotope analyzers[J]. Journal of Geophysical Research: Atmospheres, 2012, 117: D15301.

[261] GRAF P, WERNLI H, et al. A new interpretative framework for below-cloud effects on stable water isotopes in vapour and rain[J]. Atmos Chem Phys, 2019, 19(2): 747-765.

[262] GRIFFIS T J, SARGENT S D, LEE X, et al. Determining the oxygen isotope composition of evapotranspiration using eddy covariance[J]. Boundary-Layer Meteorology, 2010, 137(2): 307-326.

[263] GROH J, SLAWITSCH V, HERNDL M, et al. Determining dew and hoar frost formation for a low mountain range and alpine grassland site by weighable lysimeter[J]. Journal of hydrology, 2018, 563: 372-381.

[264] GROOTES P M, STUIVER M, WHITE J W C, et al. Comparison of oxygen isotope records from the GISP2 and GRIP Greenland ice cores[J]. Nature, 1993, 366(6455): 552-554.

[265] GUERREIRO M S, DE ANDRADE E M, DE SOUSA M M M, et al. Contribution of non-rainfall water input to surface soil moisture in a tropical dry forest[J]. Hydrology, 2022, 9(6): 102.

[266] GUO F, MA J J, ZHENG L J, et al. Estimating distribution of water uptake with depth of winter wheat by hydrogen and oxygen stable isotopes under different irrigation depths[J].

Journal of Integrative Agriculture, 2016, 15(4): 891-906.

[267] HAGEMANN R, NIEF G, ROTH E. Absolute isotopic scale for deuterium analysis of natural waters. Absolute D/H ratio for SMOW[J]. Tellus, 1970, 22(6): 712-715.

[268] HAGHIGHI E, GIANOTTI D J S, AKBAR R, et al. Soil and atmospheric controls on the land surface energy balance: a generalized framework for distinguishing moisture-limited and energy-limited evaporation regimes[J]. Water Resources Research, 2018, 54(3): 1831-1851.

[269] HAO S, LI F, LI Y, et al. Stable isotope evidence for identifying the recharge mechanisms of precipitation, surface water, and groundwater in the Ebinur Lake basin[J]. Science of The Total Environment, 2019, 657: 1041-1050.

[270] HERVÉ-FERNÁNDEZ P, OYARZÚN C, BRUMBT C, et al. Assessing the 'two water worlds' hypothesis and water sources for native and exotic evergreen species in south-central Chile[J]. Hydrological Processes, 2016, 30(23): 4227-4241.

[271] HIGHWOOD E J, HOSKINS B J. The tropical tropopause[J]. Q J R Meteorol Soc, 1998, 124(549): 1579-1604.

[272] HIRON T, FLOSSMANN A I. Oxygen isotopic fractionation in clouds: a bin-resolved microphysics model approach[J]. Journal of Geographical Research: Atmospheres, 2020, 125(21): e2019JD031753.

[273] HORITA J, WESOLOWSKI D J. Liquid-vapor fractionation of oxygen and hydrogen isotopes of water from the freezing to the critical temperature[J]. Geochimica et Cosmochimica Acta, 1994, 58(16): 3425-3437.

[274] HOU S G, JENK T M, ZHANG W B, et al. Age ranges of the Tibetan ice cores with emphasis on the Chongce ice cores, western Kunlun Mountains[J]. Cryosphere, 2018, 12(7): 2341-2348.

[275] HUA L, ZHONG L, KE Z. Characteristics of the precipitation recycling ratio and its relationship with regional precipitation in Chinac. Theoretical and Applied Climatology, 2017, 127(3-4): 513-531.

[276] HUANG J, GUAN X, JI F. Enhanced cold-season warming in semi-arid regions[J]. Atmos Chem Phys, 2012, 12(12): 5391-5398.

[277] HUANG T, PANG Z, YANG S, et al. Impact of afforestation on atmospheric recharge to groundwater in a semiarid area[J]. Journal of Geophysical Research: Atmospheres, 2020, 125(9).

[278] HUANG T, MA B, PANG Z, et al. How does precipitation recharge groundwater in loess aquifers? evidence from multiple environmental tracers[J]. Journal of Hydrology, 2020, 583: 124532.

[279] HUANG T, PANG Z. The role of deuterium excess in determining the water salinisation mechanism: a case study of the arid Tarim River basin, NW China[J]. Applied

Geochemistry, 2012, 27(12): 2382-2388.

[280] HUANG T, PANG Z, YUAN L. Nitrate in groundwater and the unsaturated zone in (semi) arid Northern China: baseline and factors controlling its transport and fate[J]. Environmental Earth Sciences, 2013, 70(1): 145-156.

[281] JACOBS A F G, HEUSINKVELD B G, BERKOWICZ S M. Passive dew collection in a grassland area, The Netherlands[J]. Atmospheric Research, 2008, 87(3): 377-385.

[282] JASECHKO S, GIBSON J J, EDWARDS T W D. Stable isotope mass balance of the Laurentian Great Lakes[J]. Journal of Great Lakes Research, 2014, 40(2): 336-346.

[283] JASECHKO S, SHARP Z D, GIBSON J J, et al. Terrestrial water fluxes dominated by transpiration[J]. Nature, 2013, 496(7445): 347-350.

[284] JIA Z, MA Y, LIU P, et al. Relationship between sand dew and plant leaf dew and its significance in irrigation water supplementation in Guanzhong Basin, China[J]. Environmental Earth Sciences, 2019, 78(12): 1-10.

[285] JOHNSEN S J, DAHL-JENSEN D, GUNDESTRUP N, et al. Oxygen isotope and palaeotemperature records from six Greenland ice-core stations: Camp Century, Dye-3, GRIP, GISP2, Renland and NorthGRIP[J]. Journal of Quaternary Science, 2001, 16(4): 299-307.

[286] JOHNSEN S J, DANSGAARD W, WHITE J W C. The origin of Arctic precipitation under present and glacial conditions[J]. Tellus B, 1989, 41B(4): 452-468.

[287] JOUZEL J, ALLEY R B, CUFFEY K M, et al. Validity of the temperature reconstruction from water isotopes in ice cores[J]. Journal of Geophysical Research: Oceans, 1997, 102(C12): 26471-26487.

[288] JOUZEL J, LORIUS C, PETIT J R, et al. Vostok ice core: a continuous isotope temperature record over the last climatic cycle (160,000 years) [J]. Nature, 1987, 329(6138): 403-408.

[289] JOUZEL J, MASSON-DELMOTTE V, CATTANI O, et al. Orbital and millennial antarctic climate variability over the past 800,000 years[J]. Science, 2007, 317(5839): 793-796.

[290] JOUZEL J, MERLIVAT L. Deuterium and oxygen 18 in precipitation: modeling of the isotopic effects during snow formation[J]. Journal of Geophysical Research, 1984, 89(D7): 11749.

[291] JUAN G, LI Z, QI F, et al. Environmental effect and spatiotemporal pattern of stable isotopes in precipitation on the transition zone between the Tibetan Plateau and arid region[J]. Science of the Total Environment, 2020, 749(11): 141559.

[292] KAPLAN D, MUÑOZ-CARPENA R. Complementary effects of surface water and groundwater on soil moisture dynamics in a degraded coastal floodplain forest[J]. Journal of Hydrology, 2011, 398(3): 221-234.

[293] KINZER G D, GUNN R. The evaporation, temperature and thermal relaxation-time of freely falling waterdrops[J]. Journal of Meteorology, 1951, 8(2): 71-83.

[294] KIRCHNER J W. Quantifying new water fractions and transit time distributions using ensemble hydrograph separation: theory and benchmark tests[J]. Hydrology and Earth System Sciences, 2019, 23(1): 303-349.

[295] KOENIGER P, GAJ M, BEYER M, et al. Review on soil water isotope-based groundwater recharge estimations[J]. Hydrological Processes, 2016, 30(16): 2817-2834.

[296] KONG Y, PANG Z, FROEHLICH K. Quantifying recycled moisture fraction in precipitation of an arid region using deuterium excess[J]. Tellus B, Chemical and Physical Meteorology, 2013, 65(0):1-8.

[297] KONG Y, WANG K, LI J, et al. Stable isotopes of precipitation in China: a consideration of moisture sources[J]. Water, 2019, 11(6): 1239.

[298] KOSTER R D, WANG H, SCHUBERT S D, et al. Drought-induced warming in the continental United States under different SST regimes[J]. Journal of Climate, 2009, 22(20): 5385-5400.

[299] KOTWICHI V. Water in the universe[J]. Hydrological Sciences Journal, 1991, 36: 49-66.

[300] KUANG Z, TOON G C, WENNBERG P O, et al. Measured HDO/H_2O ratios across the tropical tropopause[J]. Geophysical Research Letters, 2003, 30(7) :1372.

[301] KWOK R, COMISO J C. Spatial patterns of variability in Antarctic surface temperature: connections to the Southern Hemisphere Annular Mode and the Southern Oscillation[J]. Geophysical Research Letters, 2002, 29(14): 50-54.

[302] LAKATOS M, OBREGÓN A, BÜDEL B, et al. Midday dew — an overlooked factor enhancing photosynthetic activity of corticolous epiphytes in a wet tropical rain forest[J]. New Phytol, 2012, 194(1): 245-253.

[303] LAMBERT F, DELMONTE B, PETIT J R, et al. Dust-climate couplings over the past 800,000 years from the EPICA Dome C ice core[J]. Nature, 2008, 452(7187): 616-619.

[304] LEE J E, FUNG I. "Amount effect" of water isotopes and quantitative analysis of post-condensation processes[J]. Hydrological Processes, 2008, 22(1): 1-8.

[305] LEE X, GRIFFIS T, BAKER J, et al. Canopy-scale kinetic fractionation of atmospheric carbon dioxide and water vapor isotopes[J]. Glob Biogeochem Cycles, 2009, 23(1): GB1002.

[306] LEE K S, KIM J M, LEE D R, et al. Analysis of water movement through an unsaturated soil zone in Jeju Island, Korea using stable oxygen and hydrogen isotopes[J]. Journal of Hydrology, 2007, 345(3): 199-211.

[307] LI S, BOWKER M A, XIAO B. Biocrusts enhance non-rainfall water deposition and alter its distribution in dryland soils[J]. Journal of hydrology, 2021, 595: 126050.

[308] LI S, ROMERO-SALTOS H, TSUJIMURA M, et al. Plant water sources in the cold semiarid ecosystem of the upper Kherien River catchment in Mongolia: a stable isotope approach[J]. J Hydrol, 2007, 333(1): 109-117.

[309] LI X, TANG C, CUI J. Intra-event isotopic changes in water vapor and precipitation in South China[J]. Water, 2021, 13(7): 940.

[310] LI Z X, FENG Q, SONG Y, et al. Stable isotope composition of precipitation in the south and north slopes of Wushaoling Mountain, Northwestern China[J]. Atmospheric Research, 2016, 182: 87-101.

[311] LI G, ZHANG X, XU Y, et al. Synoptic time-series surveys of precipitation $\delta^{18}O$ and its relationship with moisture sources in Yunnan, southwest China[J]. Quaternary International, 2017, 440: 40-51.

[312] LI Y, TIAN L, BOWEN G J, et al. Deep lake water balance by dual water isotopes in Yungui Plateau, southwest China[J]. Journal of Hydrology, 2021, 593(10): 125886.

[313] LIN H. Linking principles of soil formation and flow regimes[J]. Journal of Hydrology, 2010, 393(1): 3-19.

[314] LIN R, WEI K. Tritium profiles of pore water in the Chinese loess unsaturated zone: implications for estimation of groundwater recharge[J]. Journal of Hydrology, 2006, 328(1): 192-199.

[315] LIN Y, CLAYTON R, GRÖNING M. Calibration of delta (17)O and delta (18)O of international measurement standards — VSMOW, VSMOW2, SLAP, and SLAP2[J]. Rapid communications in mass spectrometry: RCM, 2010, 24(6): 773-776.

[316] LIU X, RAO Z, ZHANG X, et al. Variations in the oxygen isotopic composition of precipitation in the Tianshan Mountains region and their significance for the Westerly circulation[J]. Journal of Geographical Sciences, 2015, 25(7): 801-816.

[317] LIU Y, FANG Y, HU H, et al. Ecohydrological separation hypothesis: review and prospect[J]. Water, 2020, 12(8): 2077.

[318] LLOYD J, FARQUHAR G D. ^{13}C discrimination during CO_2 assimilation by the terrestrial biosphere[J]. Oecologia, 1994, 99(3-4): 201-202.

[319] LONG X, ZHANG K, YUAN R, et al. Hydrogeochemical and isotopic constraints on the pattern of a deep circulation groundwater flow system[J]. Energies, 2019, 12(3): 404.

[320] LUO Z, GUAN H, ZHANG X, et al. Examination of the ecohydrological separation hypothesis in a humid subtropical area: comparison of three methods[J]. Journal of Hydrology, 2019, 571(1): 642-650.

[321] MAHINDAWANSHA A, KÜLLS C, KRAFT P, et al. Investigating unproductive water losses from irrigated agricultural crops in the humid tropics through analyses of stable isotopes of water[J]. Hydrology and Earth System Sciences, 2020, 24(7): 3627-3642.

[322] MAJOUBE M. Fractionation factor of ^{18}O between water vapour and ice[J]. Nature, 1970, 226(5252): 1242.

[323] MAJOUBE M. Fractionnement en oxygène 18 et deutérium entre l'eau et sa vapeur[J]. J Chim Phys, 1971, 68: 1423-1436.

[324] MARTINEC J. Subsurface flow from snowmelt traced by tritium[J]. Water Resources Research, 1975, 11(3): 496-498.

[325] MASSON-DELMOTTE V, BUIRON D, EKAYKIN A, et al. A comparison of the present and last interglacial periods in six Antarctic ice cores[J]. Climate of the Past, 2011, 7(2): 397-423.

[326] MASSON-DELMOTTE V, HOU S, EKAYKIN A, et al. A review of antarctic surface snow isotopic composition: observations, atmospheric circulation, and isotopic modeling[J]. Journal of Climate, 2008, 21(13): 3359-3387.

[327] MCINERNEY F A, GERBER C, DANGERFIELD E, et al. Leaf water $\delta^{18}O$, δ^2H and *d-excess* isoscapes for Australia using region-specific plant parameters and non-equilibrium vapour[J]. Hydrological Processes, 2023, 37(5): e14878.

[328] MERLIVAT L, JOUZEL J. Global climatic interpretation of the deuterium-oxygen 18 relationship for precipitation[J]. Journal of Geophysical Research, 1979, 84(C8): 5029-5033.

[329] MERLIVAT L. Molecular diffusivities of $H_2{}^{16}O$, $HD^{16}O$ and $H_2{}^{18}O$ in gases[J]. J Chim Phys, 1978, 69(6): 2864-2871.

[330] MERLIVAT L, JOUZEL J. Global climatic interpretation of the deuterium-oxygen 18 relationship for precipitation[J]. Journal of Geophysical Research: Oceans, 1979, 84(C8): 5029-5033.

[331] MIRALLES D G, GENTINE P, SENEVIRATNE S I, et al. Land-atmospheric feedbacks during droughts and heatwaves: state of the science and current challenges[J]. Ann N Y Acad Sci, 2019, 1436(1): 19-35.

[332] MIX H, REILLY S, MARTIN A, et al. Evaluating the roles of rainout and post-condensation processes in a landfalling atmospheric river with stable isotopes in precipitation and water vapor[J]. Atmosphere, 2019, 10(2): 86.

[333] MONTEITH J L. Evaporation and environment[J]. Proc Symp Experimental Biology, 1965, 19: 205-234.

[334] MOOK G W. Environmental isotopes in the hydrological cycle[EB]. UNESCO, Technical Documents in Hydrology, 2000, 39(1).

[335] MOREIRA M Z, STERNBERG L D S L, NEPSTAD D C. Vertical patterns of soil water uptake by plants in a primary forest and an abandoned pasture in the eastern Amazon: an isotopic approach[J]. Plant and Soil, 2000, 222(1-2): 95-107.

[336] MOYER E J, IRION F W, YUNG Y L, et al. ATMOS stratospheric deuterated water and implications for troposphere-stratosphere transport[J]. Geophysical Research Letters, 1996, 23(17): 2385-2388.

[337] MUELLER M H, ALAOUI A, KUELLS C, et al. Tracking water pathways in steep hillslopes by $\delta^{18}O$ depth profiles of soil water[J]. Journal of Hydrology, 2014, 519:

340-352.

[338] MÜLLER O V, VIDALE P L, VANNIÈRE B, et al. Land-atmosphere coupling sensitivity to GCMS resolution: a multimodel assessment of local and remote processes in the sahel hot spot[J]. J Clim, 2021, 34(3): 967-985.

[339] MUNKSGAARD N C, CHEESMAN A W, ENGLISH N B, et al. Identifying drivers of leaf water and cellulose stable isotope enrichment in eucalyptus in northern Australia[J]. Oecologia, 2017, 183(1): 31-43.

[340] MÜNNICH K O. Messung des ^{14}C-Gehaltes von hartem Grundwasser[J]. Naturwiss, 1957, 44: 32-39.

[341] NEWCOMBE M E, NIELSEN S G, PETERSON L D, et al. Degassing of early-formed planetesimals restricted water delivery to Earth[J]. Nature, 2023, 615(7954): 854-857.

[342] NIER A O. A redetermination of the relative abundances of the isotopes of carbon nitrogen, oxygen, argon and potassium[J]. Phys Rev, 1950, 77(6): 789-793.

[343] OSTERBERG E C, HANDLEY M J, SNEED S B, et al. Continuous ice core melter system with discrete sampling for major ion, trace element, and stable isotope analyses[J]. Environmental Science &amp, Technology, 2006, 40(10): 3355-3361.

[344] PATERSON W S B. 10-Distribution of temperature in glaciers and ice sheets[M]//PATERSON W S B. The physics of glaciers. 3rd Edition. Amsterdam: Pergamon, 1994: 204-237.

[345] PATERSON W S B. The Physics of Glaciers[M]. United Kingdom: Elsevier Science & Technology, 1995.

[346] PENG H, MAYER B, HARRIS S, et al. The influence of below-cloud secondary effects on the stable isotope composition of hydrogen and oxygen in precipitation at Calgary, Alberta, Canada[J]. Tellus Series B: Chemical and Physical Meteorology, 2007, 59(4): 698-704.

[347] PENG T R, WANG C H, HUANG C C, et al. Stable isotopic characteristic of Taiwan's precipitation: a case study of western Pacific monsoon region[J]. Earth and Planetary Science Letters, 2010, 289(3): 357-366.

[348] PENMAN H L. Natural evaporation from open water, bare soil and grass[J]. Proc Royal Soc, 1948, 139(1032): 120-145.

[349] PENNA D, HOPP L, SCANDELLARI F, et al. Ideas and perspectives: tracing terrestrial ecosystem water fluxes using hydrogen and oxygen stable isotopes — challenges and opportunities from an interdisciplinary perspective[J]. Biogeosciences, 2018, 15(21): 6399-6415.

[350] PETIT J R, JOUZEL J, RAYNAUD D, et al. Climate and atmospheric history of the past 420,000 years from the Vostok ice core, Antarctica[J]. Nature, 1999, 399(6735): 429-436.

[351] PHILLIPS D L, GREGG J W. Source partitioning using stable isotopes: coping with too many sources[J]. Oecologia, 2003, 136(2): 261-269.

[352] POKAM W M, DJIOTANG L A T, MKANKAM F K. Atmospheric water vapor transport and recycling in equatorial Central Africa through NCEP/NCAR reanalysis data[J]. Climate Dynamics, 2012, 38(9-10): 1715-1729.

[353] PYZOHA J E, CALLAHAN T J, SUN G, et al. A conceptual hydrologic model for a forested Carolina bay depressional wetland on the Coastal Plain of South Carolina, USA[J]. Hydrological Processes, 2008, 22(14): 2689-2698.

[354] QIAN L, LONG M, TINGXI L. Transformation among precipitation, surface water, groundwater, and mine water in the Hailiutu River Basin under mining activity[J]. Journal of Arid Land, 2022, 14(6): 620-636.

[355] RADOLINSKI J, PANGLE L, KLAUS J, et al. Testing the 'two water worlds' hypothesis under variable preferential flow conditions[J]. Hydrological Processes, 2021, 35(6): e14252.

[356] RANDEL W J, WU F, GAFFEN D J. Interannual variability of the tropical tropopause derived from radiosonde data and NCEP reanalyses[J]. J Geophys Res, 2000, 105(D12): 15509-15523.

[357] RANKAMA K. Isotope geology[M]. Oxford: Pergamon, 1954.

[358] REGALADO C M, RITTER A. On the estimation of potential fog water collection from meteorological variables[J]. Agricultural and Forest Meteorology, 2019, 276(10): 276-277.

[359] REN J, XIAO C, HOU S, et al. New focuses of polar ice-core study: NEEM and Dome A[J]. Chinese Science Bulletin, 2009, 54(6): 1009-1011.

[360] REN W, YAO T, XIE S. Key drivers controlling the stable isotopes in precipitation on the leeward side of the central Himalayas[J]. Atmospheric Research, 2017, 189(10): 134-140.

[361] REYES-GARCÍA C, GRIFFITHS H, RINCÓN E, et al. Niche differentiation in tank and atmospheric epiphytic bromeliads of a seasonally dry forest[J]. Biotropica, 2008, 40(2): 168-175.

[362] RICHARDS J H, CALDWELL M M. Hydraulic lift: Substantial nocturnal water transport between soil layers by Artemisia tridentata roots[J]. Oecologia, 1987, 73(4): 486-489.

[363] RITTERBUSCH F, TIAN L, TONG A, et al. A Tibetan ice core covering the past 1,300 years radiometrically dated with ^{39}Ar[C]. Proceedings of the National Academy of Sciences of the United States of America, 2022, 119(40): e2200835119.

[364] ROA-GARCÍA M C, WEILER M. Integrated response and transit time distributions of watersheds by combining hydrograph separation and long-term transit time modeling[J]. Hydrology and Earth System Sciences, 2010, 14(8): 1537-1549.

[365] ROBERTS J, MOY A, PLUMMER C, et al. A revised Law Dome age model (LD2017) and implications for last glacial climate[J]. Climate of the Past Discussions, 2017: 1-22.

[366] ROCKSTRÖM J, FALKENMARK M. Semiarid crop production from a hydrological perspective: gap between potential and actual yields[J]. Critical Reviews in Plant Sciences,

2000, 19(4): 319-346.

[367] ROSENLOF K H, OLTMANS S J, KLEY D, et al. Stratospheric water vapor increases over the past half-century[J]. Geophys Res Lett, 2001, 28(7): 1195-1198.

[368] ROZANSKI K, ARAGUÁS-ARAGUÁS L, GONFIANTINI R. Isotopic patterns in modern global precipitation[J]//Climate change in continental isotopic records, 1993: 1-36.

[369] ROZANSKI K, SONNTAG C, MÜNNICH K O. Factors controlling stable isotope composition of European precipitation[J]. Tellus, 1982, 34(2): 142-150.

[370] SAHA A K, DA SILVEIRA O'REILLY STERNBERG L, ROSS M S, et al. Water source utilization and foliar nutrient status differs between upland and flooded plant communities in wetland tree islands[J]. Wetlands Ecology and Management, 2010, 18(3): 343-355.

[371] SALAMALIKIS V, ARGIRIOU A A, DOTSIKA E. Isotopic modeling of the sub-cloud evaporation effect in precipitation[J]. Science of the Total Environment, 2016, 544: 1059-1072.

[372] SALATI E, DALL'OLIO A, MATSUI E, et al. Recycling of water in the Amazon Basin: an isotopic study[J]. Water Resources Research, 1979, 15(5): 1250-1258.

[373] SCHINDLER D W. The cumulative effects of climate warming and other human stresses on Canadian freshwaters in the new millennium[J]. Canadian Journal of Fisheries and Aquatic Sciences, 2001, 58(1): 18-29.

[374] SCHMID S, BURKARD R, FRUMAU K F A, et al. Using eddy covariance and stable isotope mass balance techniques to estimate fog water contributions to a Costa Rican cloud forest during the dry season[J]. Hydrological Processes, 2011, 25(3): 429-437.

[375] SCHMIEDER J, HANZER F, MARKE T, et al. The importance of snowmelt spatiotemporal variability for isotope-based hydrograph separation in a high-elevation catchment[J]. Hydrology and Earth System Sciences, 2016, 20(12): 5015-5033.

[376] SCHMITT R W, WIJFFELS S E. The role of the oceans in the global water cycle[J]//McBean G A. Interactions between global climate subsystems: the legacy of hann. Washington, D. C: American Geophysical Union, 1993, 75: 77-84.

[377] SCHOLL M A, GIAMBELLUCA T W, GINGERICH S B, et al. Cloud water in windward and leeward mountain forests: the stable isotope signature of orographic cloud water[J]. Water Resources Research, 2007, 43(12): W12411.

[378] SCHOLL M A, GINGERICH S B, TRIBBLE G W. The influence of microclimates and fog on stable isotope signatures used in interpretation of regional hydrology: East Maui, Hawaii[J]. Journal of Hydrology, 2002, 264(1-4): 170-184.

[379] SCHOLL M, EUGSTER W, BURKARD R. Understanding the role of fog in forest hydrology: stable isotopes as tools for determining input and partitioning of cloud water in montane forests[J]. Hydrological Processes, 2011, 25(3): 353-366.

[380] SEAL R R, SHANKS W C. Oxygen and hydrogen isotope systematics of Lake Baikal,

Siberia: implications for paleoclimate studies[J]. Limnology and Oceanography, 1998, 43(6): 1251-1261.

[381] SENEVIRATNE S I, LÜTHI D, LITSCHI M, et al. Land-atmosphere coupling and climate change in Europe[J]. Nature, 2006, 443(7108): 205-209.

[382] SHI Y F, YU G, LIU X D, et al. Reconstruction of the 30-40 ka bp enhanced Indian monsoon climate based on geological records from the Tibetan Plateau[J]. Palaeogeography, Palaeoclimatology, Palaeoecology, 2001, 169(1-2): 69-83.

[383] SHI M, WORDEN J R, BAILEY A, et al. Amazonian terrestrial water balance inferred from satellite-observed water vapor isotopes[J]. Nature Communications, 2022, 13(1): 2686.

[384] SHI M, WANG S, ARGIRIOU A A, et al. Stable isotope composition in surface water in the upper Yellow River in Northwest China[J]. Water, 2019, 11(5): 967.

[385] SHI X N, ZHANG F, TIAN L D, et al. Tracing contributions to hydro-isotopic differences between two adjacent lakes in the southern Tibetan Plateau[J]. Hydrological Processes, 2014, 28(22): 5503-5512.

[386] SHIRAISHI K. Dome Fuji station in East Antarctica and the Japanese Antarctic Research Expedition[C]. Proceedings of the International Astronomical Union, 2012, 8(S288): 161-168.

[387] SIDDALL M, ROHLING E J, BLUNIER T, et al. Patterns of millennial variability over the last 500 ka[J]. Climate of the Past, 2010, 6(3): 295-303.

[388] SIMMONDS I, BI D, HOPE P. Atmospheric water vapor flux and its association with rainfall over China in summer[J]. Journal of Climate, 1999, 12(5): 1353-1367.

[389] SIMONIN K A, LINK P, REMPE D, et al. Vegetation induced changes in the stable isotope composition of near surface humidity[J]. Ecohydrology, 2014, 7(3): 936-949.

[390] SONG T, ZHANG L, LIU P, et al. Transformation process of five water in epikarst zone: a case study in subtropical karst area[J]. Environmental Earth Sciences, 2022, 81(10): 293.

[391] SPRENGER M, ALLEN S T. What ecohydrologic separation is and where we can go with it[J]. Water Resources Research, 2020, 56(7): e2020WR027238.

[392] SPRENGER M, LEISTERT H, GIMBEL K, et al. Illuminating hydrological processes at the soil-vegetation-atmosphere interface with water stable isotopes[J]. Reviews of Geophysics, 2016, 54(3): 674-704.

[393] SPRENGER M, SEEGER S, BLUME T, et al. Travel times in the vadose zone: variability in space and time[J]. Water Resources Research, 2016, 52(8): 5727-5754.

[394] STEIG E J, BROOK E J, WHITE J W C, et al. Synchronous climate changes in Antarctica and the North Atlantic[J]. Science, 1998, 282(5386): 92-95.

[395] STENNI B, BUIRON D, FREZZOTTI M, et al. Expression of the bipolar see-saw in Antarctic climate records during the last deglaciation[J]. Nature Geoscience, 2011, 4(1):

46-49.

[396] STEWART M K. Stable isotope fractionation due to evaporation and isotopic exchange of falling waterdrops: applications to atmospheric processes and evaporation of lakes[J]. Journal of Geophysical Research, 1975, 80(9): 1133-1146.

[397] SUN C, CHEN Y, LI J, et al. Stable isotope variations in precipitation in the northwesternmost Tibetan Plateau related to various meteorological controlling factors[J]. Atmospheric Research, 2019, 227: 66-78.

[398] SUN C, CHEN W, CHEN Y, et al. Stable isotopes of atmospheric precipitation and its environmental drivers in the Eastern Chinese Loess Plateau, China[J]. Journal of Hydrology, 2020, 581: 124404.

[399] TAN M. Circulation effect: response of precipitation $\delta^{18}O$ to the ENSO cycle in monsoon regions of China[J]. Climate Dynamics, 2014, 42(3-4): 1067-1077.

[400] TAN H, LIU Z, RAO W, et al. Stable isotopes of soil water: implications for soil water and shallow groundwater recharge in hill and gully regions of the Loess Plateau, China[J]. Agriculture, Ecosystems & Environment, 2017, 243: 1-9.

[401] TANG Y, PANG H, ZHANG W, et al. Effects of changes in moisture source and the upstream rainout on stable isotopes in precipitation — a case study in Nanjing, eastern China[J]. Hydrology and Earth System Sciences, 2015, 19(10): 4293-4306.

[402] TAO Z, LI M, SI B, et al. Rainfall intensity affects runoff responses in a semi-arid catchment[J]. Hydrological Processes, 2021, 35(4): e14100.

[403] THARAMMAL T, BALA G, NOONE D. Impact of deep convection on the isotopic amount effect in tropical precipitation[J]. Journal of Geophysical Research: Atmospheres, 2017, 122(3): 1505-1523.

[404] THOMA M, FRENTRESS J, TAGLIAVINI M, et al. Comparison of pore water samplers and cryogenic distillation under laboratory and field conditions for soil water stable isotope analysis[J]. Isotopes in Environmental and Health Studies, 2018, 54(4): 403-417.

[405] THOMPSON L G, YAO T, DAVIS M E, et al. Tropical climate instability: the last glacial cycle from a Qinghai-Tibetan ice core[J]. Science, 1997, 276(5320): 1821-1825.

[406] TIAN L, YAO T, LI Z, et al. Recent rapid warming trend revealed from the isotopic record in Muztagata ice core, eastern Pamirs[J]. Journal of Geophysical Research, 2006, 111(D13).

[407] TIAN L, YAO T, MACCLUNE K, et al. Stable isotopic variations in West China: a consideration of moisture sources[J]. Journal of Geophysical Research: Atmospheres, 2007, 112(D10).

[408] TRENBERTH K E. Atmospheric moisture recycling: role of advection and local evaporation[J]. Journal of Climate, 1999, 12(5): 1368-1381.

[409] TSE R S, WONG S C, YUEN C P. Determination of deuterium/hydrogen ratios in natural

waters by Fourier transform nuclear magnetic resonance spectrometry[J]. Anal Chem, 1980, 52: 2445.

[410] TURNER J. The El Niño-southern oscillation and Antarctica[J]. International Journal of Climatology, 2004, 24(1): 1-31.

[411] TUURE J, KORPELA A, HAUTALA M, et al. Comparison of surface foil materials and dew collectors location in an arid area: a one-year field experiment in Kenya[J]. Agricultural and Forest Meteorology, 2019, 276-277: 107613.

[412] TYLER S W, CHAPMAN J B, CONRAD S H, et al. Soil-water flux in the Southern Great Basin, United States: temporal and spatial variations over the last 120,000 years[J]. Water Resources Research, 1996, 32(6): 1481-1499.

[413] UKKOLA A M, PITMAN A J, DONAT M G, et al. Evaluating the contribution of land-atmosphere coupling to heat extremes in CMIP5 models[J]. Geophysical Research Letters, 2018, 45(17): 9003-9012.

[414] UREY H C. The thermodynamic properties of isotopic substances[J]. J Amer Chem Soc, 1947: 562-581.

[415] VAN DER ENT R J, SAVENIJE H H G, SCHAEFLI B, et al. Origin and fate of atmospheric moisture over continents[J]. Water Resources Research, 2010, 46(9): W09525.

[416] VODILA G, PALCSU L, FUTO I, et al. A 9-year record of stable isotope ratios of precipitation in Eastern Hungary: implications on isotope hydrology and regional palaeoclimatology[J]. Journal of Hydrology, 2011, 400(1): 144-153.

[417] VOGEL J C, EHHALT D. The use of carbon isotopes in ground-water studies[J]. Proc Conf on Isotopes in Hydrology, IAEA, 1963, 383-396.

[418] VYSTAVNA Y, HARJUNG A, MONTEIRO L R, et al. Stable isotopes in global lakes integrate catchment and climatic controls on evaporation[J]. Nature Communications, 2021, 12(1): 7224.

[419] WANG J, LI W, WANG Y, et al. Characteristics of stable isotopes in precipitation and their moisture sources in the Guanling Region, Guizhou Province[J]. Journal of Chemistry, 2021: 1-12.

[420] WANG S, ZHANG M, CHE Y, et al. Contribution of recycled moisture to precipitation in oases of arid central Asia: a stable isotope approach[J]. Water Resources Research, 2016, 52(4): 3246-3257.

[421] WANG S, ZHANG M, CHE Y J, et al. Influence of below-cloud evaporation on deuterium excess in precipitation of arid central Asia and its meteorological controls[J]. Journal of Hydrometeorology, 2016, 17(7): 1973-1984.

[422] WANG S, ZHANG M, CRAWFORD J, et al. The effect of moisture source and synoptic conditions on precipitation isotopes in arid central Asia[J]. Journal of Geophysical Research: Atmospheres, 2017, 122(5): 2667-2682.

[423] WANG X F, YAKIR D. Using stable isotopes of water in evapotranspiration studies[J]. Hydrological Processes, 2000, 14: 1407-1421.

[424] WANG L, HU F, YIN L, et al. Hydrochemical and isotopic study of groundwater in the Yinchuan plain, China[J]. Environmental Earth Sciences, 2013, 69(6): 2037-2057.

[425] WCRP. Stratospheric processes and their role in climate (SPARC) assessment of UT/LS water vapour[R]. WCRP113, WMO/TD-No.1043, Geneva, 2000.

[426] WEBSTER C R, HEYMSFIELD A J. Water isotope ratios D/H, $^{18}O/^{16}O$, $^{17}O/^{16}O$ in and out of clouds map dehydration pathways[J]. Science, 2003, 302(5651): 1742-1745.

[427] WEISS-PENZIAS P, FERNANDEZ D, MORANVILLE R, et al. A low cost system for detecting fog events and triggering an active fog water collector[J]. Aerosol Air Qual Res, 2018, 18(1): 214-233.

[428] WEST J B, SOBEK A, EHLERINGER J. A simplified GIS approach to modeling global leaf water isoscapes[J]. PLoS One, 2008, 3(6): e2447.

[429] WILLIAMS D G, EHLERINGER J R. Intra- and interspecific variation for summer precipitation use in pinyon-juniper woodlands[J]. Ecological Monographs, 2000, 70(4): 517-537.

[430] WOLF A, ROBERTS W H G, ERSEK V, et al. Rainwater isotopes in central Vietnam controlled by two oceanic moisture sources and rainout effects[J]. Scientific Reports, 2020, 10(1): 16482.

[431] WOO J, ZHAO L, BOWEN G J. Streamlining geospatial data processing for isotopic landscape modeling[J]. Concurrency and Computation: Practice and Experience, 2021, 33(19): e6324.

[432] WU H, HUANG Q, FU C, et al. Stable isotope signatures of river and lake water from Poyang Lake, China: implications for river-lake interactions[J]. Journal of Hydrology, 2021, 592: 125619.

[433] WU H, LI X Y, HE B, et al. Characterizing the Qinghai Lake watershed using oxygen-18 and deuterium stable isotopes[J]. Journal of Great Lakes Research, 2017, 43(3): 33-42.

[434] WU H, ZHANG X P, GUAN H. Influences of different moisture sources on δD and $\delta^{18}O$ in precipitation in Changsha, Hunan Province[J]. Journal of Natural Resources, 2012, 27(8): 1404-1414.

[435] XIA C C, LIU G D, MENG Y C, et al. Impact of human activities on urban river system and its implication for water-environment risks: an isotope-based investigation in Chengdu, China[J]. Human and Ecological Risk Assessment, 2021, 27(5): 1416-1439.

[436] XIANG W, SI B C, BISWAS A, et al. Quantifying dual recharge mechanisms in deep unsaturated zone of Chinese Loess Plateau using stable isotopes[J]. Geoderma, 2019, 337: 773-781.

[437] XIANG W, SI B C, LI M, et al. Stable isotopes of deep soil water retain long-term

evaporation loss on China's Loess Plateau[J]. Science of The Total Environment, 2021, 784: 147153.

[438] XIAO H Y, ZHANG M J, ZHANG Y, et al. Sub-cloud secondary evaporation in precipitation stable isotopes based on the Stewart model in Yangtze River basin[J]. Atmosphere, 2021, 12(5): 575.

[439] XIAO W, WEN X F, WANG W, et al. Spatial distribution and temporal variability of stable water isotopes in a large and shallow lake[J]. Isotopes in Environmental and Health Studies, 2016, 52(4-5): 443-454.

[440] XU Y, JIA C, LIU H. Dew evaporation amount and its influencing factors in an urban ecosystem in Northeastern China[J]. Water (Basel), 2022, 14(15): 2428.

[441] YANG F, KUMAR A, SCHLESINGER M E, et al. Intensity of hydrological cycles in warmer climates[J]. Journal of Climate, 2003, 16(14): 2419-2423.

[442] YANG J, SONG H, ZHANG X, et al. Characteristics of hydrogen and oxygen stable isotopes in six monsoon-affected cities in South China[J]. Polish Journal of Environmental Studies, 2021, 31(1): 367-375.

[443] YANG Y, FU B. Soil water migration in the unsaturated zone of semiarid region in China from isotope evidence[J]. Hydrology and Earth System Sciences, 2017, 21(3): 1757-1767.

[444] YANG Y, ZHANG M, ZHANG Y, et al. Evaluating the soil evaporation loss rate in a gravel-sand mulching environment based on stable isotopes data[J]. J Arid Land, 2022, 14(8): 925-939.

[445] YAO T D, MASSON-DELMOTTE V, GAO J, et al. A review of climatic controls on $\delta^{18}O$ in precipitation over the Tibetan Plateau: observations and simulations[J]. Reviews of Geophysics, 2013, 51(4): 525-548.

[446] YEPEZ E A, WILLIAMS D G, SCOTT R L, et al. Partitioning overstory and understory evapotranspiration in a semiarid savanna woodland from the isotopic composition of water vapor[J]. Agricultural and Forest Meteorology, 2003, 119(1): 53-68.

[447] YU W, YAO T, LEWIS S, et al. Stable oxygen isotope differences between the areas to the north and south of Qinling Mountains in China reveal different moisture sources[J]. International Journal of Climatology, 2014, 34(6): 1760-1772.

[448] YUAN X. ENSO-related impacts on Antarctic sea ice: a synthesis of phenomenon and mechanisms[J]. Antarctic Science, 2004, 16(4): 415 - 425.

[449] YUAN F S, SHENG Y W, YAO T D, et al. Evaporative enrichment of oxygen-18 and deuterium in lake waters on the Tibetan Plateau[J]. Journal of Paleolimnology, 2011, 46(2): 291-307.

[450] YUAN Q, WANG G J, ZHU C X, et al. Coupling of soil moisture and air temperature from multiyear data during 1980—2013 over China[J]. Atmosphere, 2020, 11(1): 25.

[451] YUAN R Q, SONG X F, HAN D M, et al. Rate and historical change of direct recharge

from precipitation constrained by unsaturated zone profiles of chloride and oxygen-18 in dry river bed of North China plain[J]. Hydrological Processes, 2012, 26(9): 1291-1301.

[452] YUAN R Q, WANG M, WANG S Q, et al. Water transfer imposes hydrochemical impacts on groundwater by altering the interaction of groundwater and surface water[J]. Journal of Hydrology, 2020, 583: 124617.

[453] YUAN R Q, ZHANG Y, LONG X T. Deep groundwater circulation in a syncline in Rucheng County, China[J]. Journal of Hydrology, 2022, 610: 127824.

[454] YUAN R Q, LI Z B, GUO S Y. Health risks of shallow groundwater in the five basins of Shanxi, China: geographical, geological and human activity roles[J]. Environmental Pollution, 2023, 316: 120524.

[455] YUAN R Q, LI F, YE R Y. Global diagnosis of land-atmosphere coupling based on water isotopes[J]. Scientific Reports, 2023, 13(1): 21319.

[456] YUAN R Q, GUO S Y, WU Z X. Isotopic compositions of precipitation and cloud base raindrops in Taiyuan, China[J]. Climate Dynamics, 2024.

[457] YUAN R Q, LI Z B, GUO S T. Hydrochemical evolution of groundwater in a river corridor: the compounded impacts of various environmental factors[J]. Discover Water, 2024, 4(32).

[458] ZHAN L C, CHEN J S, ZHANG S Y, et al. Isotopic signatures of precipitation, surface water, and groundwater interactions, Poyang Lake basin, China[J]. Environmental Earth Sciences, 2016, 75(19): 1307.

[459] ZHANG Y C, SHEN Y J, SUN H Y, et al. Evapotranspiration and its partitioning in an irrigated winter wheat field: a combined isotopic and micrometeorologic approach[J]. Journal of Hydrology, 2011, 408(3): 203-211.

[460] ZHANG Z, CHEN X, XU C Y, et al. Examining the influence of river-lake interaction on the drought and water resources in the Poyang Lake basin[J]. Journal of Hydrology, 2015, 522: 510-521.

[461] ZHANG M J, WANG S J. A review of precipitation isotope studies in China: basic pattern and hydrological process[J]. Journal of Geographical Sciences, 2016, 26(7): 921-938.

[462] ZHANG Q, WANG S, YUE P, et al. Variation characteristics of non-rainfall water and its contribution to crop water requirements in China's summer monsoon transition zone[J]. Journal of Hydrology, 2019, 578: 124039.

[463] ZHANG Y, HAO X, SUN H, et al. How populus euphratica utilizes dew in an extremely arid region[J]. Plant Soil, 2019, 443(1-2): 493-508.

[464] ZHANG F, HUANG T, MAN W, et al. Contribution of recycled moisture to precipitation: a modified *d-excess*-based model[J]. Geophysical Research Letters, 2021, 48(21): e2021GL095909.

[465] ZHENG J, PENG C, LI H, et al. The role of non-rainfall water on physiological activation in desert biological soil crusts[J]. Journal of Hydrology, 2018, 556: 790-799.

[466] ZHOU H, ZHANG X, YAO T, et al. Variation of $\delta^{18}O$ in precipitation and its response to upstream atmospheric convection and rainout: a case study of Changsha station, South-Central China[J]. Science of The Total Environment, 2019, 659: 1199-1208.

[467] ZHOU S, WILLIAMS A P, BERG A M, et al. Land-atmosphere feedbacks exacerbate concurrent soil drought and atmospheric aridity[J]. Proceedings of the National Academy of Sciences, 2019, 116(38): 18848-18853.

[468] ZHUANG Y, ZHAO W, LUO L, et al. Dew formation characteristics in the gravel desert ecosystem and its ecological roles on Reaumuria soongorica[J]. Journal of Hydrology, 2021, 603: 126932.

[469] ZHUANG Y, ZHAO W. Dew formation and its variation in Haloxylon ammodendron plantations at the edge of a desert oasis, northwestern China[J]. Agricultural and Forest Meteorology, 2017, 247: 541-550.

[470] ZIMMERMANN U, EHHALT D H, MUENNICH K O. Soil-water movement and evapotranspiration: changes in the isotopic composition of the water[R]. International Atomic Energy Agency, Vienna, 1967.

附录　本书部分彩图

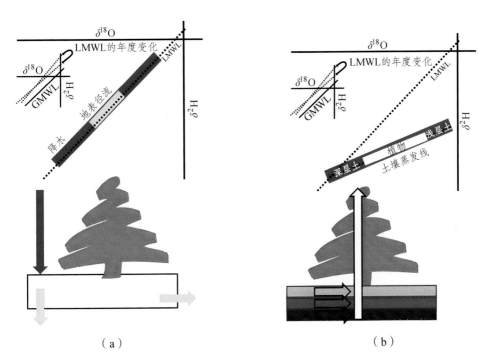

（a）　　　　　　　　　　　　（b）

图 2-7　两个水世界假设的图解形式

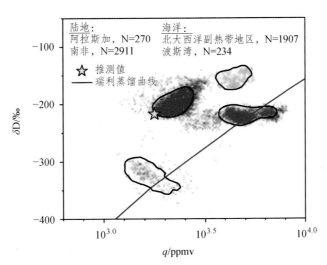

图 4-3　MUSICA MetOp/IASI 于 2014 年 8 月 16 日上午观测的四个区域
对流层中部大气水汽同位素组成 δD 和水汽含量 q

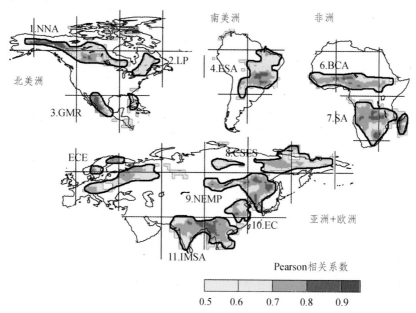

图 4-4　由月尺度降水和水汽的 HDO 相关系数指示的地球主要陆地陆-气耦合热点位置示意图

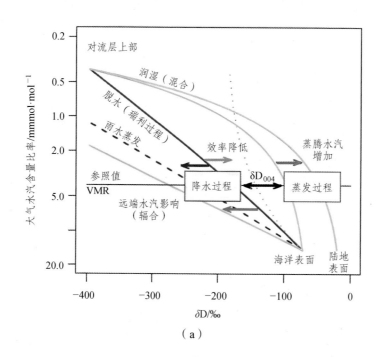

（a）

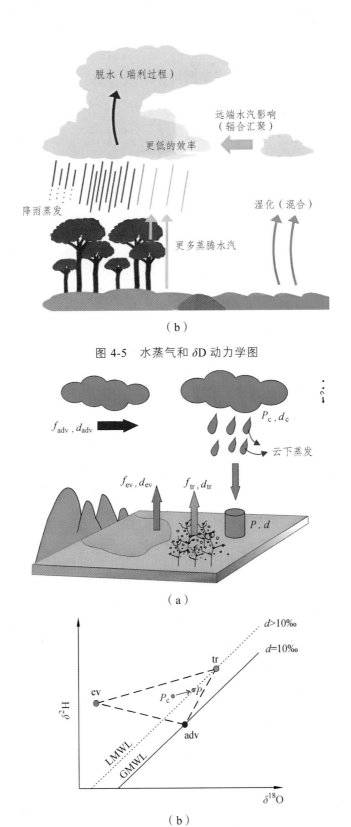

（b）

图 4-5　水蒸气和 δD 动力学图

（a）

（b）

图 5-8　确定降水再循环水汽来源的同位素方法概念模型

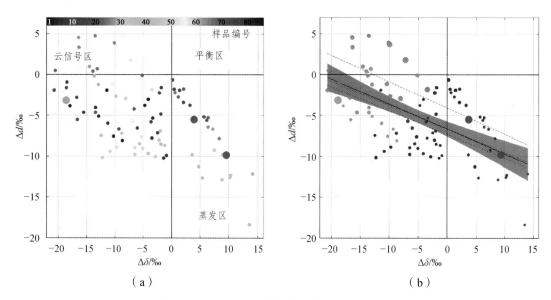

图 5-11　2015 年 11 月 20 日在瑞士收集的锋面过程降水样品的 $\Delta\delta$-Δd 图

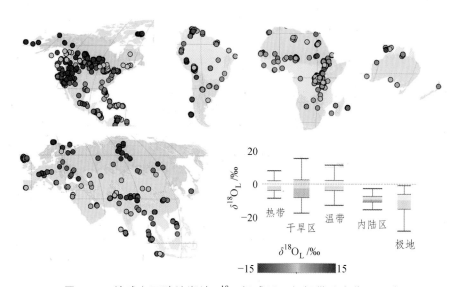

图 6-16　地球主要陆地湖泊 $\delta^{18}O$ 组成以及气候带分布位置示意图